U0743186

普通高等教育"十四五"规划教材

航空航天陶瓷材料

主　编　杨守磊　李明亮　樊　磊
副主编　关　莉　宋勃震

北　京
冶金工业出版社
2025

内 容 提 要

本书系统介绍了先进陶瓷制备理论与前沿技术,以及航空航天用陶瓷材料的特点及性能要求等。全书主要内容包括绪论、先进陶瓷材料的成型与干燥、陶瓷材料的烧结理论及先进烧结技术、氧化物结构陶瓷材料、非氧化物结构陶瓷材料、高熵陶瓷材料、功能陶瓷材料、碳纤维及碳/碳陶瓷基复合材料、高性能纤维/晶须增强陶瓷基复合材料。书中章后增加了相关课程思政和课后习题,全方位融入思政元素,理论与实践有机结合。

本书可作为高等院校材料科学与工程、材料物理、飞行器设计与制造等航空航天类专业本科生和研究生教学用书,也可供航空航天领域及材料科学领域有关技术人员及科研人员参考。

图书在版编目(CIP)数据

航空航天陶瓷材料 / 杨守磊,李明亮,樊磊主编.
北京 :冶金工业出版社,2025.6. -- (普通高等教育
"十四五"规划教材). -- ISBN 978-7-5240-0223-9

Ⅰ. V25

中国国家版本馆 CIP 数据核字第 2025A2T996 号

航空航天陶瓷材料

出版发行	冶金工业出版社	电 话	(010)64027926
地 址	北京市东城区嵩祝院北巷 39 号	邮 编	100009
网 址	www. mip1953. com	电子信箱	service@ mip1953. com

责任编辑 刘林烨 美术编辑 吕欣童 版式设计 郑小利
责任校对 郑 娟 责任印制 范天娇
三河市双峰印刷装订有限公司印刷
2025 年 6 月第 1 版,2025 年 6 月第 1 次印刷
787mm×1092mm 1/16;13 印张;312 千字;196 页
定价 **43.00** 元

投稿电话 (010)64027932 投稿信箱 tougao@cnmip. com. cn
营销中心电话 (010)64044283
冶金工业出版社天猫旗舰店 yjgycbs. tmall. com
(本书如有印装质量问题,本社营销中心负责退换)

前　　言

　　随着航空航天技术的飞速发展，人们对材料性能的要求日益提高。在众多高性能材料中，先进陶瓷材料以其卓越的物理和化学性能，成为航空航天领域不可或缺的重要组成部分。本书旨在为读者提供一个全面而深入的视角，以理解先进陶瓷材料特性、制备技术及其在航空航天领域的应用。

　　本书突出航空航天特色，注重先进陶瓷制备基础理论与最新进展相结合、材料性能与航空航天服役环境需求相结合，具有系统性、基础性和前沿性。本书不仅涵盖了传统的氧化物结构陶瓷材料和非氧化物结构陶瓷材料，还特别介绍了近年来备受关注的高熵陶瓷材料，这些材料以其独特的性能组合，为航空航天领域带来了新的可能。此外，本书还详细介绍了航空航天用功能陶瓷材料，这些材料在热障涂层、电子器件等方面有着广泛的应用。碳纤维及碳/碳陶瓷基复合材料作为轻质高强度材料的代表，也在本书中得到了充分的讨论。在航空航天材料的研究和应用领域仍面临着许多挑战和机遇，本书的出版正是为了响应这一时代的召唤，为推动材料科学的进步贡献一份力量。

　　本书由郑州航空工业管理学院杨守磊、郑州大学李明亮、郑州航空工业管理学院樊磊担任主编，郑州航空工业管理学院关莉、宋勃震担任副主编，具体编写分工如下：杨守磊、李明亮负责第1、4、9章的编写。李明亮、关莉负责第2、6、7章的编写，樊磊、宋勃震负责3、5、8章的编写。郭晓琴教授对本书进行了全面审阅。庞瑞、高前程、杨梦婕、张瑞负责全书资料整理、图片处理和文字编辑及校对，同时王志毅、王兆华、岳震、孙瑞鑫、吴孟莹、王金川等参与教材的资料收集和图片整理等工作，在此对他们表示感谢。

　　本书可以作为航空航天相关院校材料类专业本科生、研究生专业课程教材，也可作为从事先进陶瓷相关领域的工程师、研究人员的参考资料和指导参考书。希望通过本书的阅读，读者能够对航空航天陶瓷材料有一个全面的认识，并激发出更多的创新思维和研究方向。

本书在编写过程中参考了相关文献资料，在此对文献作者表示衷心的感谢。

由于编者水平所限，书中不妥之处，敬请读者批评指正。

编　者
2024 年 11 月 1 日于郑州

目　　录

1 绪 论

1.1 传统陶瓷材料与先进陶瓷材料

材料是人类社会赖以生存的物质基础和科学发展的技术先导。从使用天然材料到制造陶器和青铜器、钢铁冶炼、材料设计合成，人类制备了各种材料来满足自身发展的需求。同时，材料也促使人类从深山和洞穴，奔向茫茫平原、辽阔海洋，飞向广袤太空。材料的开发、使用、完善贯穿了人类发展史。材料是衡量社会生产力发展的重要标志。20 世纪 70 年代，人们把材料、能源与信息誉为现代科学技术的三大支柱，而能源科学与信息科学技术的进步都是以材料发展为基础。

材料是指人类用于制造物品、器件、构件、机器或其他产品的物质。材料是物质，并不是所有物质都是材料。如燃料、化学原料、工业化学品、食物和药物，一般都不算是材料。但是这个定义并不那么严格，如炸药、固体火箭推进剂，一般称为含能材料，属于火炮或火箭的组成部分。

由于其多种多样，材料分类方法也就没有统一标准。从物理化学属性来分，材料可分为金属材料、无机非金属材料、有机高分子材料和其相互组成的复合材料，见表 1-1。按照材料的用途来分，可以分为电子材料、航空航天材料、核材料、建筑材料、能源材料、生物材料等。更常见的两种分类方法则是结构材料与功能材料。

表 1-1　按照材料物理化学属性分类及其性能特点

材料种类	化学组成	结合键	主要性能特征
金属材料	金属元素	金属键	有光泽、良好塑性、导电、导热、较高强度和刚度
无机非金属材料	氧和硅或其他金属的化合物、碳化物、氮化物等	离子键、共价键	耐高温、高强、耐蚀、具有特殊物理性能（功能）、脆性大、塑性差
高分子材料	碳、氢、氧、氮、氯、氟等	共价键、分子键	轻、比强度高、橡胶具有高弹性、耐磨、耐蚀、易老化、刚度小、耐高温差
复合材料	两种或两种以上不同材料组合而成	—	比强度和比模量高、抗疲劳、高温和减震性能好、功能复合

从材料物理化学属性来分类，陶瓷材料属于无机非金属材料。陶瓷是陶器与瓷器的统称，是最古老的一种材料，是人类征服自然中获得的第一种经化学变化而制成的产品。据考古发现，陶器在我国已有一万多年的历史，瓷器也有两千多年的历史。陶瓷（尤其是瓷器）是我国古代劳动人民的伟大发明，是对世界文明发展的卓越贡献。英语中用 china（陶瓷）与中国（China）拼字相同，足可说明中国陶瓷在世界文化交流发展中所起的巨大作用。

根据其发展和应用，陶瓷材料一般分为传统陶瓷材料和先进陶瓷材料。传统陶瓷又称普通陶瓷，是以黏土等天然硅酸盐为主要原料烧成的制品。传统陶瓷制品包括日用陶瓷、建筑卫生陶瓷、工业美术陶瓷等，其种类繁多，性能各异。先进陶瓷又称新型陶瓷、精细陶瓷或特种陶瓷，是在传统陶瓷的基础上发展起来，但远远超出了传统陶瓷的范畴，是陶瓷发展史上一次革命性的变化。先进陶瓷常用人工合成原料，如氧化物（氧化铝、氧化锆、氧化钛等）和非氧化物（氮化硅、碳化硼等），经高温烧结而成。先进陶瓷具有优异绝缘、耐腐蚀、耐高温、硬度高、密度低、耐辐射等诸多优点，已在国民经济各领域得到广泛应用。随着高新技术工业的兴起，各种新型特种陶瓷也获得较大发展，陶瓷已日趋成为卓越的结构材料和功能材料。它们具有比传统陶瓷更高的耐温性能、力学性能、特殊的电学性能和优异的耐化学性能。传统陶瓷与先进陶瓷的主要区别见表1-2。

表1-2　传统陶瓷与先进陶瓷的主要区别

区别	传统陶瓷	先 进 陶 瓷
原料	天然矿物原料	人工精制合成原料
成型	以注浆、可塑成型为主	模压、等静压、流延、注射成型为主
烧结	烧结温度一般在1350 ℃以下	结构陶瓷烧成温度在1600 ℃或更高，功能陶瓷需要精确控制烧成温度
加工	一般不需要加工	需要切割、打孔、研磨和抛光等
性能	以外观效果为主	以内在质量为主表现出特定的物理化学性能
用途	炊具、餐具、陈设品和墙地砖、洁具	主要应用于航空、能源、冶金机械、交通、家用电器等行业

与传统陶瓷不同，先进陶瓷在原料上通常采用高度精选或合成的原料，具有精确控制的化学组成和结构设计。在工艺上通常采用新型制备技术，制成性能优异的陶瓷材料。目前，先进陶瓷已成为新材料的重要组成部分，是许多高技术发展的重要关键材料，其发展水平在一定程度影响着国家工业发展和进步。

按照化学组成，先进陶瓷材料通常可以分为氧化物陶瓷（如 Al_2O_3、ZrO_2、MgO、$MgAl_2O_4$、TiO_2 等）、非氧化物陶瓷［如碳化物陶瓷（SiC、TiC、ZrC 等）］、氮化物陶瓷（Si_3N_4、BN、AlN 等）和硼化物陶瓷（TiB_2、ZrB_2）。按照性能和用途，先进陶瓷材料可以分为结构陶瓷和功能陶瓷，见表1-3。结构陶瓷是主要作为结构材料使用的陶瓷材料，通常具有高强度、高硬度、高弹性模量、耐高温、耐磨损、抗热震等。功能陶瓷是指具有声、光、电、磁、热等特性陶瓷材料。据统计，功能陶瓷约占先进陶瓷市场份额的70%，其余为结构陶瓷。按照应用领域，先进陶瓷材料可以分为航空航天陶瓷、电子陶瓷、生物陶瓷等。

表1-3　先进陶瓷应用性能分类

种　类		性　　能	应　　用
结构陶瓷	高温陶瓷	800 ℃以上长期使用，超高温短期使用	窑炉器件、柴油机等发动机、航空航天、空间技术等
	高强陶瓷	高韧性、高强度、良好的抗冲击性热稳定性	机床主轴轴承、密封环、模具等
	超硬陶瓷	化学稳定性、弹性模量优良	高速磨削刀具、防弹装甲等
	耐腐蚀陶瓷	优良的化学稳定性和耐冲刷性能	化工设备、舰船潜艇密封、金属液体防护、过滤陶瓷等

续表 1-3

种　类		性　　能	应　用
功能陶瓷	电子陶瓷	压电、光电、热释电、铁电、绝缘性	电子元器件、超高压绝缘子等
	超导陶瓷	超导特性、耐低温	超导光缆、空间、电子、生物等
	光学陶瓷	透波性能、透明性、荧光性	基板、天线罩、发光器、陶瓷传感器、激光器件等
	生物陶瓷	与血液、器官良好的生物相容性	陶瓷关节、骨骼、牙齿等
	磁性陶瓷	磁导率、矫顽力大、硬度高	微波器件、量子无线电等
	储能陶瓷	能量转换与存储特性	热、电、光、氢储能等

与金属材料不同，陶瓷材料主要由离子键或共价键构成，赋予了陶瓷材料高熔点、高强度、高硬度、良好热稳定性和化学稳定性等特点。因此，陶瓷材料可以用于使用环境苛刻的领域，如高温、腐蚀等。然而，陶瓷材料一般属于多晶相，不同晶粒的滑移系统方向不同，位错运动会积塞，不易发生滑移，所以很难产生塑性形变。陶瓷材料中或多或少存在一些裂纹，裂纹扩展会消除一定的应力集中。当外部机械力足够大的时候，就直接断裂。这导致陶瓷材料脆性大，断裂韧性差。在热冲击条件下，由于有些陶瓷导热性较差，热膨胀系数大，热应力由此增加，因此裂纹的扩展速度会进一步加剧，表现出热震稳定性差。

1.2　先进陶瓷在航空航天中的应用

航空航天已经成为 21 世纪最活跃和最具影响的领域，其发展水平标志着人类进步和科学技术发展的程度，是衡量国家科学技术创新性的重要标志，也代表了一个国家经济发展和国防建设的现代化水平。目前，随着航空航天科学技术水平的发展，航空航天器的服役环境越来越恶劣，对材料的要求也越来越苛刻。先进陶瓷密度低，同时具有良好高温强度、高硬度、出色耐热和化学稳定性，以及其特殊功能特性，在航空航天领域受到极大的关注。

1.2.1　航空航天领域中的先进陶瓷材料

航空发动机是航空飞行器最为重要的部件之一，通常处在高温、高压、高速等比较恶劣的工作环境，对材料和制造技术的要求达到了极限。先进材料和制造工艺的发展促进了航空发动机更新换代，如第一代和第二代航空发动机的主要结构件均为金属材料；第三代航空发动机开始应用复合材料及先进工艺技术；第四代航空发动机广泛应用复合材料及先进工艺技术。这充分体现了一代材料、一代装备的特点。

世界各航空发动机公司都在寻求新的方法，用来提高军用和民用航空发动机的性能，保持其竞争能力。推重比是评定航空发动机性能的主要指标之一。从总体上看，航空发动机正向着高推重比、高压比、高可靠性发展；航空发动机性能提升主要靠先进材料发展。推重比为 10 以上的航空发动机涡轮前进口温度高达 1600~1650 ℃。目前，镍基单晶高温合金叶片最高工作温度已达到1100℃左右，接近其熔点（1350℃）的85%，很难满足使用温度的再提升。

与高温合金相比，陶瓷基复合材料（CMC）密度低（仅为前者的1/4～1/3），热膨胀系数小，同时具有耐高温、高强度、高硬度、良好抗腐蚀等优异性能，是最有希望的新一代航空发动机热端部件的候选材料之一。例如，Si_3N_4和SiC陶瓷基复合材料是最具有竞争力的超高温结构材料之一，SiC_f/SiC复合材料在空气中的极限使用温度为1400℃。按照基体材料，陶瓷基复合材料可以分为氧化物陶瓷基复合材料、非氧化物陶瓷基复合材料和玻璃陶瓷基复合材料。其中非氧化物陶瓷基复合材料主要有碳化硅（SiC）基、氮化硅（Si_3N_4）基、氮化硼（BN）基等。碳化硅具有良好耐高温性、抗氧化性和力学强度等，目前航空用陶瓷基复合材料主要有碳化硅纤维增强碳化硅陶瓷基复合材料（SiC_f/SiC）、碳纤维增强碳化硅陶瓷基复合材料（C_f/SiC）和连续氧化铝纤维增强陶瓷基复合材料。非氧化物陶瓷基复合材料在高温环境中易氧化，从而导致性能下降，甚至失效，在制造过程中也很难消除纤维中的氧，以及确保保护涂层完全覆盖且不破损。

尽管氧化物陶瓷具有熔点高、抗氧化性和抗腐蚀性良好的特点，能够长期在高温氧化性气氛下工作，但氧化物陶瓷在高温下对塑性变形十分敏感，难以作为高温结构材料使用。由于共晶相间共用氧原子面，氧化物共晶陶瓷（如Al_2O_3/YAG共晶陶瓷等）相与相之间保持的价键结合，因此材料力学性能显著增强，尤其是超高温条件下力学稳定性，有望成为新一代可在高温氧化性气氛中长期工作的超高温结构材料。

火箭发动机喷管壁受到高速气流冲刷，工作条件十分恶劣，碳/碳（C/C）复合材料最早用作喷管内衬。近10年来，C/C复合材料作为结构材料用于宇宙飞行器得到了广泛认可，已成功地用于制造航天飞机的鼻锥、机翼前缘及其他高温部件。此外，C/C复合材料还用于制造飞机制动器，减轻飞机重量。然而，C/C复合材料使用过程通常面临氧化等难题。为了防止氧化，需要在其表面制备陶瓷涂层，使C/C复合材料防氧化寿命大大提高。

1.2.2　航空航天用陶瓷的特点

1.2.2.1　高温强度和热稳定性

航空航天用陶瓷材料适应极端环境下的高低温变化和强烈振动。用于制造燃烧室、喷嘴、喷管等高温部件的陶瓷不仅具有良好高温强度，而且能够在高温环境下保持稳定的结构性能，同时还要具有较高热稳定性，能够在高温下保持稳定，不易变形（或氧化）。此外，航空航天用陶瓷材料热膨胀系数较小，能够减少因温度变化而产生的热应力，具有较好的抗热震性能，能够在快速温度变化下保持稳定。为了适应强烈振动环境，航空航天用陶瓷材料通常具有较高的强度和刚度，能够抵抗振动引起的应力，不易破裂或变形。此外，一些航空航天用陶瓷材料还具有较好的阻尼性能，减少振动对材料性能的影响。

1.2.2.2　良好抗氧化性

陶瓷应具有出色的抗氧化性能，能够在高温环境下保持稳定化学性质。因此，陶瓷成为航空航天器外部覆盖层和热防护系统的理想材料，能够保护航天器在高温环境下免受氧化和烧蚀。

1.2.2.3 轻质

陶瓷是一种轻质材料,具有较低的密度和良好的力学性能。这使得陶瓷成为航空航天器结构材料的重要选择,可以减轻航天器的重量,提高其有效载荷和性能。

1.2.2.4 电绝缘性能

陶瓷具有优异的电绝缘性能,能够在高电压和高温度环境下保持稳定的电气性能。这使得陶瓷成为航空电子设备和控制系统的理想材料,可以保证其电气性能的稳定性和可靠性。

1.2.2.5 抗腐蚀性

陶瓷具有出色的抗腐蚀性能,能够在恶劣的环境下保持稳定的化学性质和结构性能。这使得陶瓷成为航空航天器油箱和液体管道的理想材料,能够防止腐蚀和泄漏问题。

⭐ 课程思政

陶瓷承载着中华五千多年文明智慧的古老材料,在当代航空航天领域焕发出新的生机。它不仅是尖端科技的载体,更凝聚着一代代材料人科技报国的赤子之心,诠释着材料强国的时代使命。

航天器热防护系统中,陶瓷隔热瓦的应用彰显着中国智慧。运载火箭的陶瓷隔热瓦需耐受返回大气层时 3000 ℃ 的极端高温,我国科研工作者创造性提出梯度复合结构设计理念,通过微结构调控使材料热导率降低 40%,浇筑出航天陶瓷的"中国铠甲"。在卫星载荷系统领域,陶瓷基板的应用谱写着自主创新的篇章。北斗导航卫星的微波组件要求陶瓷基板兼具高导热与低介电损耗特性,我国科研工作者打破国外垄断,开发出介电常数波动小于 0.1% 的专用陶瓷材料。传承"两弹一星"精神,连续攻克工艺难题,最终使国产陶瓷基板性能超越进口产品。这种"板凳要坐十年冷"的科研定力,正是新时代科学家精神的生动写照。

从敦煌莫高窟的琉璃瓦到天宫空间站的陶瓷轴承,从景德镇青花瓷到航空航天飞行器中陶瓷器件,材料科技的进步始终与民族复兴同频共振。这些闪耀在苍穹的陶瓷器件,既承载着五千年文明基因,更熔铸着当代科研人员"材料报国"的理想信念。它们无声地诉说着:在建设科技强国的征程上,每个材料的突破都是民族精神的升华,每次技术的革新都是初心使命的践行。

2　先进陶瓷材料的成型与干燥

先进陶瓷材料是在传统陶瓷的基础上不断探索总结而发展起来的，其制备工艺流程包括了先进陶瓷粉末合成、陶瓷生坯成型与干燥、烧结、后续加工及检验等重要步骤，如图 2-1所示。

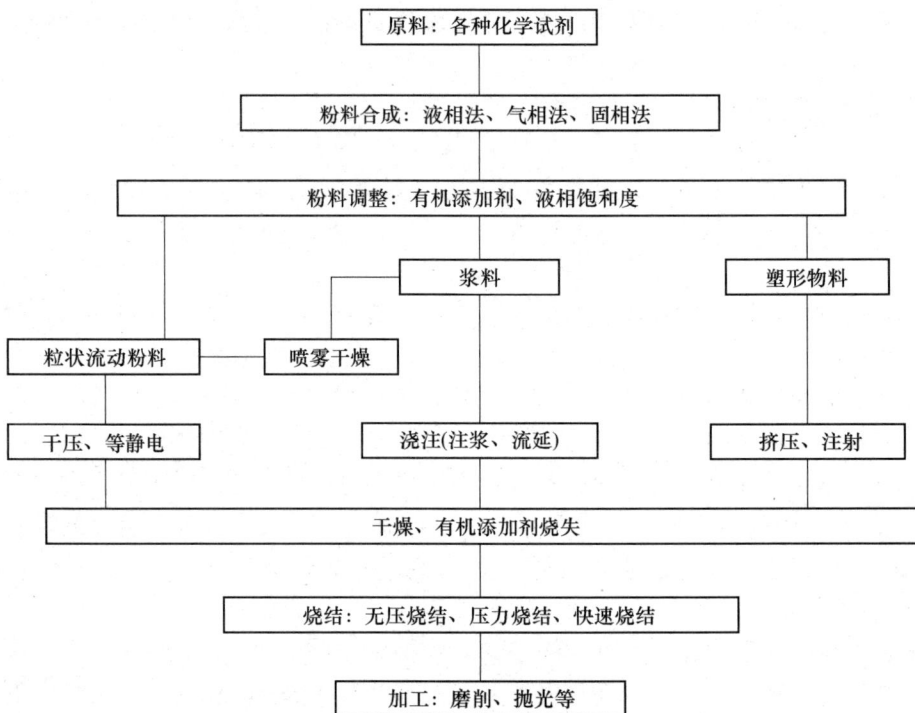

```
┌─────────────────────────┐
│   原料：各种化学试剂      │
└─────────────────────────┘
            │
┌─────────────────────────┐
│ 粉料合成：液相法、气相法、固相法 │
└─────────────────────────┘
            │
┌───────────────────────────────────┐
│   粉料调整：有机添加剂、液相饱和度    │
└───────────────────────────────────┘
      │          │            │
  ┌───────┐              ┌───────┐
  │ 浆料  │              │ 塑形物料│
  └───────┘              └───────┘
      │
┌──────────┐  ┌──────────┐
│粒状流动粉料│  │ 喷雾干燥  │
└──────────┘  └──────────┘
      │              │              │
┌──────────┐  ┌──────────────┐ ┌──────────┐
│干压、等静电│  │浇注(注浆、流延)│ │ 挤压、注射 │
└──────────┘  └──────────────┘ └──────────┘
      │              │              │
┌───────────────────────────────────┐
│       干燥、有机添加剂烧失           │
└───────────────────────────────────┘
            │
┌───────────────────────────────────┐
│   烧结：无压烧结、压力烧结、快速烧结  │
└───────────────────────────────────┘
            │
┌─────────────────────┐
│   加工：磨削、抛光等   │
└─────────────────────┘
```

图 2-1　先进陶瓷材料工艺流程图

陶瓷成型是指将粉体物料通过一定工艺转变成为具有一定几何形状和一定强度的陶瓷素坯（生坯）的过程。成型是先进陶瓷材料制备过程中一个重要的环节，对最终产品质量具有重要影响。成型过程中形成的某些缺陷（如层裂、坯体密度不均匀等），仅靠烧结工艺的改进是难以克服的。成型工艺是陶瓷材料设计、功能实现的前提。通过改进成型工艺能有效改善陶瓷材料微观均匀性和材料性能，从而提高产品重复性和成品率。

2.1　先进陶瓷成型方法分类与干燥

2.1.1　先进陶瓷成型方法分类

无论是日用陶瓷、工业陶瓷还是航空航天用陶瓷，其用途各异、种类繁多，制品形状不同，因此需要根据产品形状、尺寸、产量、性能等要求选择合适的陶瓷成型方法。产品的多样性也造就了成型工艺的多样性和复杂化。先进陶瓷材料成型工艺可以按照以下几个方面进行分类。

2.1.1.1　按坯料特性分类

根据陶瓷粉末坯料中含量水量和流变性质，可将陶瓷成型方法分干坯成型法、可塑成型法和浆料成型法。

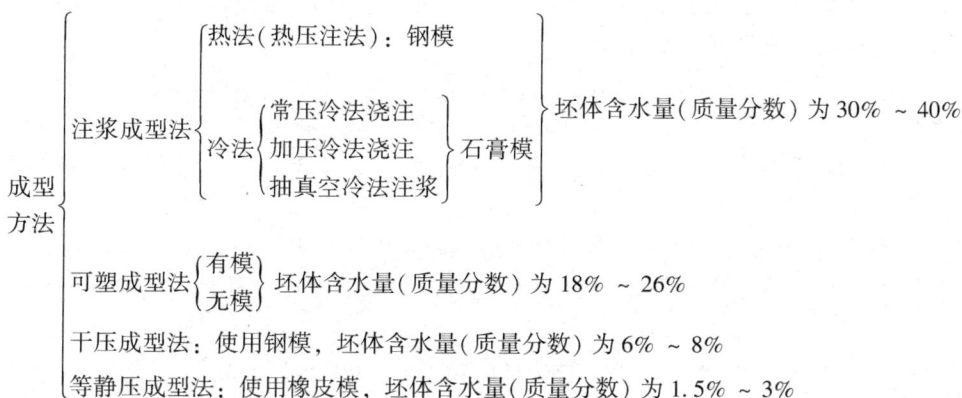

```
         ┌ 注浆成型法 ┌ 热法(热压注法)：钢模
         │           │           ┌ 常压冷法浇注 ┐        ┐ 坯体含水量(质量分数)
         │           └ 冷法 ┤ 加压冷法浇注 ├ 石膏模 ├ 为30% ~ 40%
成型     │                  └ 抽真空冷法注浆 ┘        ┘
方法  ┤
         │ 可塑成型法 ┌ 有模 ┐ 坯体含水量(质量分数)为18% ~ 26%
         │           └ 无模 ┘
         │ 干压成型法：使用钢模，坯体含水量(质量分数)为6% ~ 8%
         └ 等静压成型法：使用橡皮模，坯体含水量(质量分数)为1.5% ~ 3%
```

A　干坯成型法

干坯成型法一般是指粉末经粉碎、磨细至一定粒度并混合均匀后制成的坯料，基本不含水分等液体［或含量（质量分数）很少（不大于6%~7%)］，其他成型剂或润滑剂也极少（为1%~2%)。以这种坯料成型的方法有压制成型、等静压成型及轧制成型等。

B　可塑成型法

坯料中所含各种成型剂的量较干坯料要多，但一般不超过（质量分数）20%~30%。水在与粉末颗粒润湿的情况下也是一种成型剂，其他成型剂一般溶于水后才能发挥增加坯料可塑性和黏结颗粒的作用。可塑成型坯料呈半固化状态，具有一定的流变性和良好的可塑性，成型后（或成型）再冷却，坯体后能够保持形状。塑性坯料成型方法包括挤制成型、轧模成型、热压注成型、注射成型等。其中，因为注射成型是针对超细粉末的，所以粉末的比表面积大，虽然成型剂量（质量分数）大于30%，但是从坯料的流变性和保型性看仍属于可塑成型。

C　浆料成型法

坯料中除了陶瓷粉末外，一般水含量（质量分数）为28%~35%和极少量的分散剂。粉末颗粒依靠分散剂的作用呈分散状态悬浮在水中，形成固液两相混合的浆料，并呈现出具有一定黏度和流动性。浆料成型方法主要有注浆成型法和原位凝固成型法。

2.1.1.2　按有无模具分类

根据有无模具可分为有模成型法和无模成型法。有模成型法主要有干压成型法、等静压成型法、注浆成型法、注射成型法、热压注成型法、原位凝固成型法等，有模成型法成型出的坯体形状、尺寸由模具所决定，最为常用的模具材料是金属材料，有时也使用非金属材料作为模具材料，如注浆成型用石膏模或多孔塑料模，冷等静压成型则用橡胶模（或塑料模）。无模成型法主要有挤制成型法、3D打印成型法等。用这类方法成型的坯体至少有一个方向的尺寸是自由的。

为了避免坯体在干燥和烧成时由过大收缩（或不均匀收缩）引起的制品变形或开裂，成型坯体的密度应该尽可能高，并且坯体各部分的密度应该保持均匀一致，这是对任何陶瓷成型工艺的基本要求。先进陶瓷坯体的成型方法很多，总的来说可归纳为干法成型法和湿法成型法两种，它们都具有各自的特点。

2.1.2 先进陶瓷成型方法选择

以图纸（或样品）为依据，确定工艺路线，选择合适的陶瓷生坯成型方法。先进陶瓷成型方法选择要从下列几方面来考虑：

（1）产品的形状、大小和厚薄等。一般形状复杂、大件或薄壁产品，可采用注浆成型法，而具有简单回转体形状的器皿则可采用旋压或滚压成型法。

（2）坯料的工艺性能。可塑性较好的坯料适用于可塑成型法，可塑性较差的坯料可适用于注浆或干压成型法。

（3）产品的产量和质量要求。产量大的产品可采用可塑法成型，产量小的产品可采用注浆法成型。有些产品可根据用户要求采用指定的成型方法，如蛋壳通常采用指定的手工可塑法做坯成型。

（4）成型设备要简单，劳动强度要小，劳动条件要好。

（5）技术指标要高，经济效益要好。

总之，在选择成型方法时，希望在保证产品产量、质量的前提下，选用设备最简单、生产周期最短和成本最低的方法。

2.2 先进陶瓷生坯常用的成型方法

2.2.1 干压成型

干压成型又称模压成型，是将陶瓷粉末中加入黏结剂经过造粒后装入钢模中，在压力机上加压制成一定形状陶瓷坯体的工艺过程。干压成型是常用的先进陶瓷坯体成型法。干压成型的特点是黏结剂含量低（一般为 7% ~ 8%），不经干燥可直接烧结，具有生产工序简单、效率高、坯体收缩小、可自动化生产等许多优点，可大量用于圆形、薄片状的各种功能陶瓷、电子元件等的生产。干压成型通常可分为干法、半干法和湿法压制。干法压制：坯料的含水量（质量分数）为 0 ~ 5%，包括润滑介质和其他液态加入物。半干法压制：坯料的含水量（质量分数）为 5% ~ 8%。湿法压制：坯料的含水量（质量分数）为 8% ~ 18%。

2.2.1.1 粉末的基本性质

干压成型是基于较大压力将粉状原料在模型中压制成型，其实质是在外力作用下颗粒在模具内相互靠近，并借助内摩擦力牢固地把各颗粒联系起来，并保持一定形状的工艺。这种内摩擦力作用在相互靠近的颗粒外围结合剂薄层上。总之，干压坯体可以看成是由一个液相层（结合剂）、空气、坯料组成的三相分散的体系。如果坯料的颗粒级配和造粒恰当，堆集的密度比较高，那么空气的含量可以大大减少。随着压力的增大，坯料将改变外形，相互滑动，间隙被填充并减少，逐渐加大接触且相互紧贴。由于颗粒之间进一步靠近，胶体分子与颗粒之间的作用力加强，因而坯体具有一定的机械强度。如果坯料的颗粒级配合适，结合剂使用正确，加压方式合理，干压法可以得到比较理想的坯体密度。

A 粒度及其分布

粒度是指粉料的颗粒大小，通常以颗粒的半径 r （或直径 d）表示。实际上并非所有粉料颗粒都是球状。非球形颗粒的大小可以用等效半径来表示，也就是把不规则的颗粒换算成为和它同体积的球体，以相当球体半径作为其粒度的量度。例如棒状粒子长度为 a、宽度为 b、高度为 c，则其体积为 $V=abc$。若与它等同体积球体的半径 r，则：

$$V = abc = \frac{4}{3}\pi r^3 \tag{2-1}$$

即该颗粒等效半径为：

$$R = \sqrt[3]{\frac{3}{4}\frac{V}{\pi}} \tag{2-2}$$

粒度分布是指各种大小颗粒所占的百分比。从生产实践中可知，很细（或很粗）的粉料，在一定压力下被压紧成型的能力较差，从而表现在相同压力下坯体的密度和强度相差很大。此外，细粉加压成型时，颗粒中分布着的大量空气会沿着与加压方向垂直的平面逸出，从而产生层裂。而含有不同粒度的粉料成型后密度和强度均高。其原因可由粉料的堆积性质来说明。

B 粉末的堆积性质

粉料的形状不规则、表面粗糙，使堆积起来的粉料颗粒间存在大量孔隙。粉料颗粒的堆积密度与堆积形式有关。以等径球状粉料为例，排列方式和孔隙的关系见表 2-1。

表 2-1 等径球体堆积形式及孔隙率

堆积形式	图 像	配位数	孔隙率/%
立方		6 （上面一个，下面一个） （同一平面四个）	47.64
单斜		8 （上面一个，下面一个） （同一平面六个）	39.55
双斜		10 （上面二个，下面二个） （同一平面六个）	30.20
棱锥		12 （上面四个，下面四个） （同一平面四个）	25.95
四面		12 （上面三个，下面三个） （同一平面六个）	25.95

注：1. 计算立方堆积的孔隙率，立方体的边长为两个球半径之和 $2d$，所以立方体的体积为 $V_立 = (2d)^3 = 8d^3$；

2. 立方体中含有 8 个球，每个球的体积为 $\frac{1}{6}\pi d^3$，所以立方体中球的总体积为 $V_球 = 8 \cdot \frac{1}{6}\pi d^3$；

3. 相对密度为 $\frac{V_立}{V_球} = \frac{8\pi d^3/6}{8d^3} = \frac{\pi}{6} = 0.5236$，孔隙率为 1-相对密度 = 0.4764，即 47.64%。

若采用大小不同的球体堆积，则可能小球填塞在较大等径球体的孔隙中。因此采用一定粒度分布的粉料可以减少其孔隙率，提高自由堆积的密度。例如，只有一种粒度粉料堆积时的孔隙率为40%，若用两种粒度（平均粒径比为10:1）配合则其堆积密度增大。若采用三级颗粒配合，则可得到更大的堆积密度。粗颗粒为50%，中颗粒为10%，细颗粒为40%时粉料的孔隙率仅为23%。

    C   粉料的拱桥效应（或称桥接）

粉料自由堆积的孔隙率往往比理论计算值大得多。因为实际粉料不是球形，加上表面粗糙，结果颗粒互相交错咬合，形成拱桥形空间，增大孔隙率。这种现象称为拱桥效应（或称桥接），如图2-2所示。

如图2-2所示，当粉料颗粒B落在A上，粉料B的自重为G，则在接触处产生反作用力，其合力为P，大小与G相等，但方向相反。若颗粒间附着力较小，则P不足以维持B的重量G，便不会形成拱桥，颗粒B落入空隙中。因此，粗大而光滑的颗粒堆积在一起时，空隙容易形成拱桥。

    2.2.1.2 粉料的流动性

粉料虽然由固体颗粒所组成，但是分散度较高，具有一定的流动性。当堆积到一定高度后，粉料会向四周流动，始终保持为圆锥形，其自然安息角（偏角）α保持不变，如图2-3所示。当粉料堆的斜度超过其固有α角时，粉料向四周流泻，直到倾斜角降至α角为止，因此可用α角判断粉料的流动性。一般粉料的自然安息角α为20°~40°，如粉料呈球形，表面光滑，易于向四周流动，α角值越小。

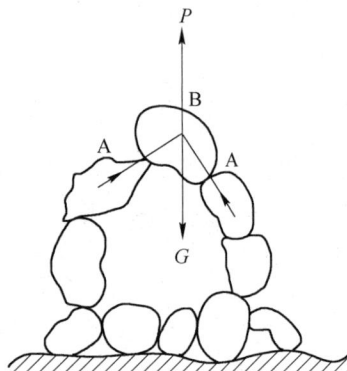

图2-2 粉料堆积的拱桥效应   图2-3 粉料自然堆积的外形

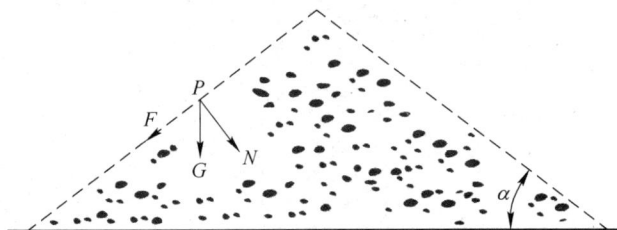

粉料的流动性取决于内摩擦力。设P点的颗粒本身重为G（见图2-3），它可以分解为沿自然斜坡发生的推动力$F = G\sin\alpha$和垂直于斜坡的正压力$N = G\cos\alpha$。

$$F = \frac{N}{\cos\alpha}\sin\alpha = N\tan\alpha \qquad (2-3)$$

当粉料维持自然安息角α时，颗粒不再流动。这时必然产生与F力大小相等、方向相反的摩擦力P，才能维持平衡。$P = \mu N$，μ为粉料内摩擦系数。由此可见，$\mu = \tan\alpha$，即粉料安息角的正切值等于其摩擦系数。

实际上，粉料的流动性与其粒度分布、颗粒的形状与大小、表面形状等因素有关。在生产中，粉料流动性决定着其在模具中的充填速度和充填程度。流动性差的粉料难以在短时间内填满模具，影响压机产量和坯体质量，因此往往向粉料中加入润滑剂以提高其流动性。

2.2.1.3 干压成型过程中坯体的变化

A 密度变化

干压成型过程中，随着压力增加，松散粉料迅速形成坯体。坯体的相对密度有规律地发生变化。若以成型压力为横坐标，以坯体的相对密度为纵坐标作图，可定性地得到图 2-4 的关系曲线。加压的第一阶段坯体密度急剧增加；第二阶段压力继续增加时，坯体密度增加缓慢，后期几乎无变化；第三阶段压力超过某一数值（极限变形压力）后，坯体的密度又随压力增高而加大。塑性材料的粉料压制时，第二阶段不明显，第一和第三阶段直接衔接，只有脆性粉料第二阶段才明显表现出来。

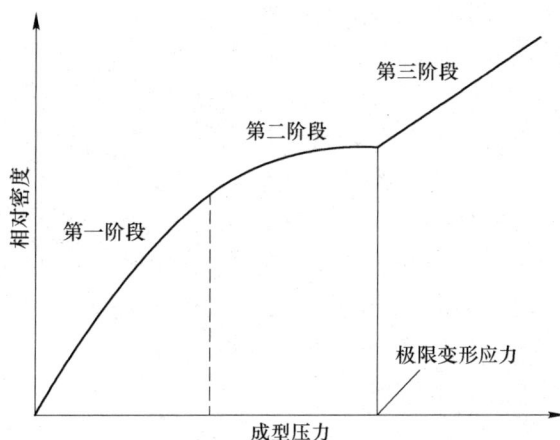

图 2-4 坯体密度与压力的关系

对于轧制成型，坯体的成型密度主要有以下影响因素。

（1）粉料装模时自由堆积的孔隙率越小，则坯体成型后的孔隙率也越小。因此，应控制粉料的粒度和级配，或采用振动装料时减少起始孔隙率，从而可以得到较致密的坯体。

（2）增加压力可使坯体孔隙率减少，而且它们呈指数关系。实际生产中坯体受到设备结构的限制，同时根据坯体质量的要求压力值不能过大，否则会出现层裂，导致其密度降低。加压压力与坯体密度关系曲线如图 2-5 所示。

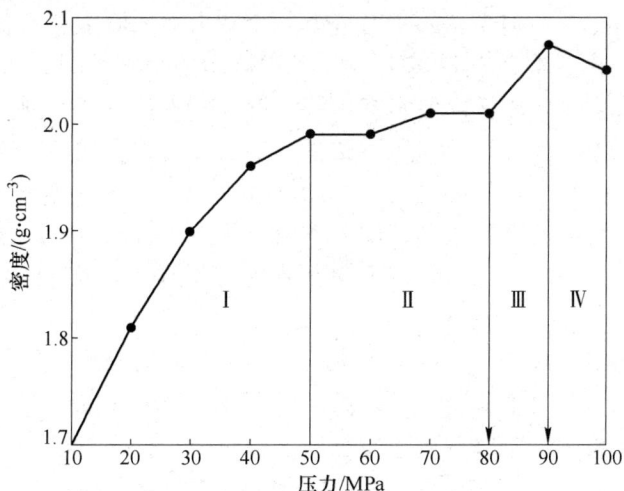

图 2-5 加压压力与坯体密度关系曲线

（3）延长加压时间，也可以降低坯体气孔率，但会降低生产率。

（4）减少颗粒间内摩擦力也可使坯体孔隙率降低，实际上粉粒经过造粒（或通过喷雾干燥）得到球形颗粒，且加入成型润滑剂或采取一面加压一面升温（如热压），均可达到这种效果。

（5）坯体形状、尺寸和粉料性质对坯体密度的关系反应在数值影响上。压制过程中，粉料与模壁产生摩擦作用，导致压力损失。坯体的高度 H 与直径 D 比（H/D）越大，压力损失也越大，坯体密度更加不均匀，如图2-6所示。模具不够光滑、材料硬度不够都会增加压力损失；模具结构不合理（出现锐角、尺寸急剧变化），某些部位粉末不易填满，会降低坯体密度并使密度分布不均匀。

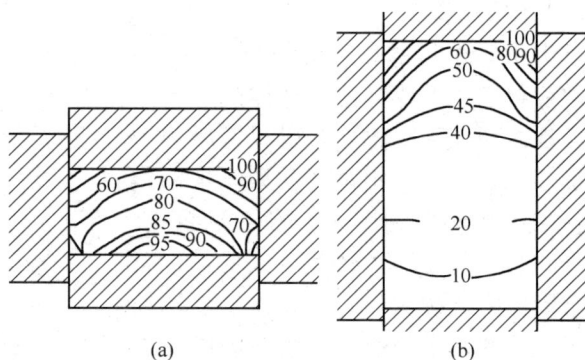

图 2-6　单向压制压力分布示意图
（图中数字为各层的压强相对值）
(a) L/D = 0.45；(b) L/D = 1.75

B　强度变化

坯体强度随成型压力的变化大致分为三个阶段。第一阶段压力较低，虽然由于粉料颗粒发生位移填充孔隙，坯体孔隙减小，但颗粒间接触面积仍小，因此强度并不大；第二阶段是成型压力增加，不仅颗粒发生位移和填充孔隙继续进行，而且能使颗粒发生弹-塑性变形颗粒间接触面积大大增加，从而出现原子间力的相互作用，因此强度直线提高；压力继续增大至第三阶段，坯体密度和孔隙变化不明显，强度变化也较平坦。

C　干压过程中坯体压力分布

压制成型遇到的一个问题是坯体中压力分布不均匀，即不同部位受到的压力不等，因而导致坯体各部分的密度出现差别。这种现象产生的原因是颗粒移动的重新排列时，颗粒之间产生内摩擦力，颗粒与模壁之间产生外摩擦力。这两种摩擦力妨碍着压力的传递。坯体中离加压面的距离越大，则受到的压力越小。摩擦力对坯体中压力和密度分布的影响随长径比（H/D）而变化。H/D 比值越大，则不均分布现象越严重。因此，高而细的产品不适于采用压制法成型。坯体各部位密度不同，烧成时收缩也就不同，因此容易引起产品变形和开裂。施加压力的中心线应与坯体和模型的中心对正。如果产生错位，会引起压力分布更不均匀。

干压成型时坯体的成型密度主要受加压方式、压力、含水量、因素加压速度、保压时间等因素的影响，特别是由于压力分布不均而造成的坯体内部密度分布不一致，从而影响制品的性能。

单向压制由于粉末颗粒之间，粉末与模头、模壁之间的摩擦，压制压力损失，因此造成坯体密度分布的不均。为了克服这一缺点，可以改为双向压制，由于上下加压，压力梯度的有效传递距离缩短，由摩擦带来的能量损失也减少。在这种情况下，坯体密度均匀得到提高，如图2-7所示。双向加压可分为同时双向加压和双向先后加压两种。双向同时加压在制品的中间部位粉料位移极小，上下两端的位移较大，由于侧壁摩擦力的作用，传递到压制品中间部位的压力减小，易形成制品中间部位密度较两端低的情形。双向先后加压可使中间部位的粉料先向下作压缩移动，再在底模的驱动下向上作移动，可较好地减轻中间部位密度低的现象；但其上模和底模需分别驱动，并在时间上要错开适当的间隔，设备较为复杂，价格也较高。对于纵向尺寸较大的制品采用双向先后加压是有明显优势的。当然，不论是单向压制还是双向压制，在粉料中混入润滑剂［如油酸、硬脂酸锌、硬脂酸镁、石蜡、汽油等（1%以内）］，或对模壁涂以润滑剂，都会有效改善坯体中的压力分布不均的现象。

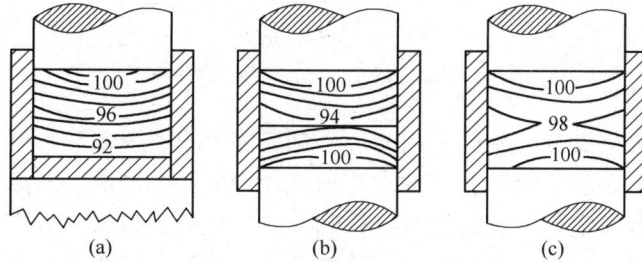

图 2-7 加压方式对坯体密度的影响
（图中数字为各层的压强相对值）
（a）单向压制；（b）双压加压；（c）双向加压并用

2.2.1.4 加压制度对坯体质量的影响

A 成型压力的影响

压制过程中，加于粉料上的压力主要消耗在以下两个方面：

（1）克服粉料的阻力 P_1 称为静压力，它包括颗粒相对位移时所需克服的内摩擦力和使粉料颗粒变形所需的力；

（2）克服粉料颗粒对模壁摩擦所消耗的力 P_2 称为消耗压力。

因此，压制过程中的总压力为 $P = P_1 + P_2$，这就是一般所说的成型压力。它一方面与粉料的组成和性质有关；另一方面与壁模和粉料的摩擦力和摩擦面积有关，即与坯体大小和形状有关。如果坯体横截面不变，而高度增加、形状复杂，则压力损耗增大；若高度不变，横截面尺寸增加，则压力损耗减小。对于某种粉料来说，为了获得致密度一定的坯体，所需要施加的单位面积上的压力是一个定值；而压制不同尺寸坯体所需的总压力等于单位压力乘以受压面积。

B 加压方式

单面加压时，坯体中压力分布是不均匀的［见图 2-8（a）］，不但有低压区，还有死角；为了使坯体的致密度完全一致，应采用双面加压。双面同时加压时，可消除底部的低压区和死角，但坯体中部的密度较低，如图 2-8（b）所示；若两面先后加压，两次加压之间有间歇，利于空气排出，使整个坯体压力与密度都较均匀，如图 2-8（c）所示；如果在粉料四周都施加压力（也就是等静压成型），则坯体密度最均匀，如图 2-8（d）所示。

C 加压速度和保压时间

加压速度与保压时间的实践证明，加压速度与保压时间对坯体性能有很大的影响，即压力的传递和气体的排出有很大关系。如果加压速度过快，保压时间过短，气体不易排出，就会使坯体出现鼓泡、夹层和裂纹等；同样，当压力还未传递到应有的深度时，外力就已卸掉，显然也难以达到理想的坯体质量。当然，如果加压速度过慢、保压时间过长，

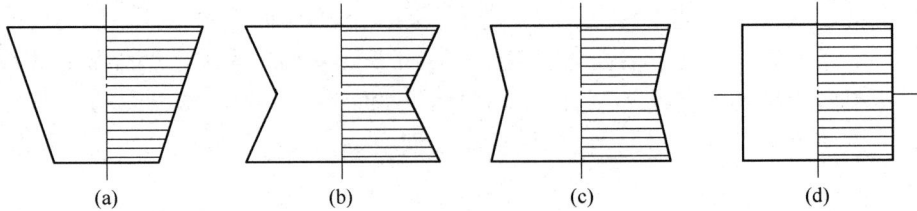

图 2-8　加压方式和压力分布关系图
（横条线为等密度线）

（a）单面加压；（b）双面同时加压；（c）双面先后加压；（d）四面加压

使得生产率降低，也是没有必要的。因此应根据坯体大小、厚薄和形状来调整加压速度和保压时间。一般对于大型、壁厚、高度大、形状较为复杂的产品，开始加压宜慢，中间可快，后期宜慢，并有一定的保压时间，这样利于排气和压力传递。如果压力足够大时，保压时间可短些。对于小型薄片坯体，加压速度可适当加快，以提高生产率。

　　D　含水量

在压力不变的情况下，粉料的含水量也是影响坯体密度的因素之一。如果粉料在过于干燥状态下施加压力，颗粒间相互摩擦力大，将难以使其充分固结。当含水量逐渐增加时，由于水的润滑作用，制品较易结实。但当水分超过某一比例时，过剩水在压缩状态下将占据空隙，影响颗粒固结。Al_2O_3 瓷坯体的含水量与密度的关系如图 2-9 所示。实际

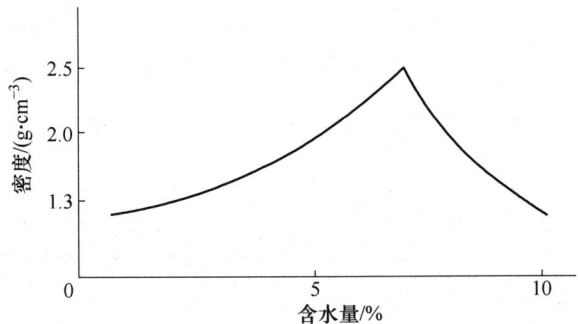

图 2-9　氧化铝瓷坯体的含水量对密度的影响

操作过程中应根据不同的粉料特性寻找合适的含水量，以期达到最好的成型效果。

　　2.2.1.5　弹性后效

坯体被压制时，施加于坯体上的外力被方向相反、大小相等的内部弹性力所均衡。内部弹性力不仅产生应力，而且向它所有方向发展，侧向力为模壁所均衡。当外力取消时，内部弹性力被释放出来，使坯体向所有方向膨胀。外力取消后，由压制过程中产生的弹性力所引起的坯体膨胀作用称为弹性后效。弹性后效在压制过程中往往是造成废品的直接原因。压制时，坯体受压方向（纵向）的压力是横向的数倍，因而弹性后效在纵向上较大。压力取消后，坯体的横向膨胀被模具侧壁阻止，而纵向膨胀仅被侧壁摩擦力抵消一部分，因此纵向呈现较大的膨胀，有的坯体纵向膨胀达 1%~2%。弹性后效引起的不均匀膨胀，以及坯体本身性质的不均匀性，往往会导致坯体产生"层裂"，俗称过压裂，而实际上并非过压。试验研究表明，如果坯料性质非常均匀，利用液压机压制，即使压力高达 1000 MPa 也不会产生过压裂。

　　2.2.1.6　干压成型过程中坯体层裂因素和防止办法

干压成型过程中坯体产生层裂是一个非常复杂的过程，其影响因素较多且复杂，如坯料本身的影响（颗粒组成、水分、可塑性等）和操作条件（压机结构、加压操作情况等）的影响。

A 气体的影响

坯料中大部分气体在压制过程中被排除，一部分被压缩，然而，压制时坯料体积的减少并不等于排出坯料中空气的体积，因为压制时尚有颗粒的弹性、脆性变形，以及空气本身的压缩。坯料中的气体能够增加物料的弹性变形和弹性后效。如果压制过程中坯料中的空气未从模内排出，则被压缩在坯体内的空气压力是很大的。计算结果表明，这样高的压力实际已经超过了坯体断裂强度。残留在坯体内的空气是造成坯体层裂的重要原因，在其他条件相同的状况下，坯料内的空气量越多，压制时造成层裂的可能性越大，所以空气若不能从坯体中排出，则不可能得到优质产品。

B 坯料水分的影响

在半干压制坯料中水分太大会引起层裂。这是因为水的压缩性很小，具有弹性，在高压力下，水从颗粒的间隙处被挤入气孔内，当压力消除后，它又重新进入颗粒之间，使颗粒分离，从而引起坯体体积膨胀，产生层裂。总之，在水分过大时，水分是引起层裂的主要原因；在水分小时，弹性后效是引起层裂的主要原因。

C 加压次数对层裂的影响

若加载卸载次数增多，则残余变形逐渐减小，因此在条件相同的情况下，间断的卸荷比一次压制密度高。

D 压制时间及压力的影响

在条件相同的情况下，慢慢地增加压力，既延长加压时间，又能得到类似压缩程度很大的结果。物料在持续负载的作用下塑性变形很大，塑性变形的绝对值取决于变形程度，在任一级最终荷重下，缓慢加载比快速加载使坯体具有更大的塑性变形。

2.2.2 可塑成型

可塑成型是利用模具（或道具等）运动所造成的压力、剪切力、挤压等外力对具有可塑性的坯料进行加工，迫使坯料在外力的作用下发生可塑性变形，进而制成坯体的成型方法。可塑性物料是由固相、液相、气相组成的塑性黏性系统，由粉料、黏结剂、增塑剂和溶剂组成。在传统陶瓷生产中普遍采用可塑成型，在先进陶瓷的生产中可塑成型也是经常应用的一种成型方法。

可塑成型主要有挤压成型、轧模成型等，其适合生产管、棒和薄片状的制品。可塑成型所用的结合剂比注浆成型方法的少，坯料制备比较方便，对泥料加工作用外力不大，对模具强度要求不算很高，其操作也比较容易掌握。但是，由于含水量比较高，可塑成型的样品干燥热耗比较大，变形开裂等缺陷较多，对泥料的要求也比较苛刻。

挤压成型也称挤出成型或挤制成型，是一种塑性成型工艺，适合制造截面一致的陶瓷产品，特别是对长宽比高的管状或棒状产品更具有优势。该工艺是将陶瓷粉与可提供塑性的黏土或有机黏结剂与水一起混合并反复混炼，通过真空除气、陈腐等工艺环节，使待挤出的坯料获得良好的塑性和均匀性，然后在挤出螺旋或柱塞的作用下，通过挤压机嘴处的模具挤出得到所需形状的产品。挤压成型可用于各种氧化物陶瓷，以及碳化物、氮化物等非氧化物陶瓷制品的成型。目前挤压成型已广泛用于制备陶瓷炉管、电瓷绝缘子、催化剂载体或支撑体、热交换器管、汽车尾气过滤用蜂窝陶瓷载体、陶瓷棍棒等各种陶瓷产品。

挤压成型时需要注意以下工艺问题。

（1）挤制的压力。挤制压力过小时，要求泥料水分较多才能顺利挤出。这样得到的坯体强度低、收缩大；若压力过大则摩擦阻力大，因此会加重设备负荷。挤制压力主要决定于机头喇叭口的锥度（见图2-10），如果锥角α过小，则挤出泥段或坯体不紧密、强度低；如果锥角过大，则阻力大。为了克服阻力使泥料前进，需要更大推力，设备的负荷加重，甚至泥料向

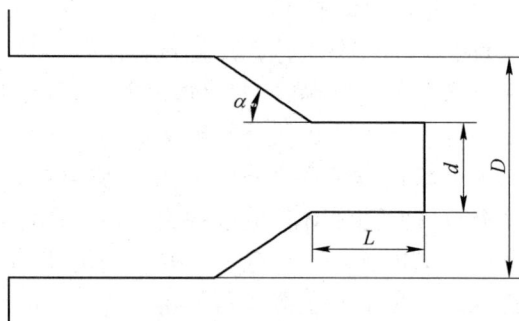

图2-10　挤坯机机头尺寸

相反方向退回。根据实践经验，当机嘴出口直径d在10 mm以下时，α角为12°~13°；当d在10 mm以上时，α角为17°~20°较合适。挤制较粗坯体，当坯料塑性较强时，α角可增大至20°~30°。影响挤制压力的另一个因素是挤嘴出口直径d与机筒直径D之比。比值越小则对泥料挤制的压力越大。一般比值在1/1.6~1/2。

（2）挤出速率。当挤制压力固定后，挤出速率主要决定于主轴转数和加料快慢。出料太快时，由于弹性后效，坯体容易变形。

（3）挤出管子时，管壁厚度必须能承受本身的重力作用和适应工艺要求；管壁薄则其机械强度低（尤其是径向的强度低），容易变成椭圆形。

（4）挤压成型的缺陷。

1）气孔。由于练泥时真空度不够，或者手工揉料不均匀，经挤泥机出口后坯体断面上出现裂纹。

2）弯曲变形。坯料太湿、组成不均匀、承接坯体的托板不光滑均会出现弯曲变形。

3）管壁厚度不一致，型芯与机嘴的中心不同心。

4）表面不光滑，挤坯时压力不稳定，坯料塑性不好或颗粒呈定向排列都可能产生这种缺陷。挤制大型泥段时，机头锥度过大、机嘴润滑不良也会使坯体表面粗糙或呈波浪形。

2.2.3　注射成型

陶瓷注射成型是将聚合物注射成型方法与陶瓷制备工艺相结合而发展起来的一种制备陶瓷零部件的新工艺。其特别是对于大批量生产的尺寸精度高、形状复杂的陶瓷制品，采用陶瓷粉末注射成型最有优势。该工艺突出的优点如下。

（1）成型过程具有机械化和自动化程度高、生产效率高、成型周期短、坯件强度高等优点；生产过程中的管理和控制也很方便，易于实现大批量、规模化生产。

（2）可近净成型各种几何形状复杂的和有特殊要求的小型陶瓷零部件，使烧结后的陶瓷产品无需进行机加工或少加工，从而减少昂贵的陶瓷加工成本。

（3）成型出的陶瓷产品具有极高的尺寸精度和表面光洁度。

2.2.4　注浆成型

注浆成型工艺是一种非常简便且灵活性很强的成型技术，不仅在传统的瓷器工业

中被广泛使用，在现代精密陶瓷、结构陶瓷产品的制备中也获得越来越多的应用。

注浆成型的基本原理是将具有较高固相含量和良好流动性的料浆注入多孔模具（通常用石膏模具）。由于模具多孔性所具有的毛细管吸力，模具内壁从浆料中吸取水分从而沿模壁形成固化的坯体，待坯体形成一定强度即可脱模。

注浆成型的突出优点是采用价廉的石膏模具，设备简单、成本低，适合于复杂形状的陶瓷零部件及大尺寸陶瓷制品的制造；且成型工艺控制方便、产品致密度高。

若在上述普通石膏模注浆成型工艺中进行改进，可加快注浆的速率。若增加浆料注模的压力，即为压力注浆；若将模具形成一定真空度，增加模具的吸浆能力，即为真空辅助注浆；或再施以离心力作用，即为离心注浆。这些新发展的注浆成型工艺也开始得到应用。

目前，无论是氧化物（如 Al_2O_3、ZrO_2、莫来石）、还是非氧化物（如 SiC、Si_3N 等）；无论是在实验室中的小批量试验，还是企业的规模化生产都可采用注浆成型，还有许多高性能耐火材料产品也广泛使用注浆成型。因此，注浆成型工艺也是结构陶瓷成型制备技术重要的一部分。

注浆成型工艺的流程见图 2-11，主要包括料浆制备、模具准备、注浆与吸浆过程、坯体干燥收缩与脱模。

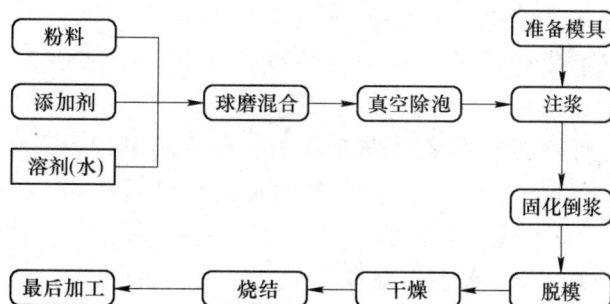

图 2-11　注浆成型工艺的流程

料浆制备是将陶瓷粉末、液体（如水）、添加剂（包括分散剂、助烧剂等）按一定比例放入球磨机或搅拌机进行分散，消除团聚，搅拌或球磨后的料浆还须进行过滤去杂质，真空脱气排除料浆中的气泡，得到固相含量高、流动性和稳定性良好的料浆。要制备良好的陶瓷料浆须注意以下几点。

（1）粉末粒径控制。大多使用细粉或超细粉，平均粒径在 5 μm 以下，大部分在 1 μm 以下，即微米级或亚微米级粉末为好。但对于一些特殊用途，如作为 SiC、Al_2O_3 等窑具材料，因需要良好的抗热震性，可以通过大颗粒（粗粉）与小颗粒（细粉）进行级配。粉末颗粒尺寸也不宜太小，一般不小于 0.1 μm，否则浆料调制困难，浇注时渗透性差、固化慢，坯体达到所需厚度的周期长。

（2）添加剂选择。传统黏土系料浆容易制备，但工程陶瓷，特别是各种结构陶瓷粉料都是脊性料，因此，要获得稳定的浆料必须选择有效添加剂。这些添加剂包括分散剂、反絮凝剂等，这些分散剂可增加颗粒表面电荷或增大空间位阻，从而增加料浆中颗粒间的排斥力，避免团聚絮凝，提高悬浮稳定性，同时提高固相含量，保证良好流动性。有机添加剂和无机添加剂都可使用，前者使用更多，如聚丙烯酸盐类。

对于工程陶瓷料浆，为了获得良好的分散性和流动性，可采用一种或多种分散剂，如聚甲基丙烯酸酯铵、聚甲基丙烯酸酯钠、柠檬酸钠等；也可以添加少量的黏结剂，如羧甲基纤维素钠，相对分子质量高的海藻酸钠、海藻酸铵。为了使料浆性能、注浆速率、坯体性能及干燥效果达到最佳，需要精确地控制有机物的加入量。

（3）料浆的黏度。料浆黏度必须低到能够充满模腔，但是固体含量必须高到能够达到合理的浇注速率。陶瓷料浆通常具有剪切变稀的流变学特性，当过滤和真空除泡后的料浆，以 $1 \sim 10 \ s^{-1}$ 的剪切速率进行充模时，其黏度较低，通常在 $1000 \ mPa \cdot s$ 以下。

2.2.5 流延成型

流延成型又称为刮刀成型，是一种目前比较成熟的能够获得高质量、超薄型瓷片的成型方法，已广泛应用于独石电容器、多层布线瓷、厚膜和薄膜电路基片等新型陶瓷的生产，如氧化锌低压压敏电阻及铁氧体磁记忆片。

2.2.5.1 流延浆料的制备

流延成型用浆料的制备方法是：先将通过细磨、煅烧的陶瓷粉加入溶剂，必要时添加抗聚凝剂、除泡剂、烧结促进剂等进行湿式混磨；再加入黏结剂、增塑剂、润滑剂等进行混磨，以形成稳定的、流动性良好的浆料。有些制备料浆用的除泡剂并不加入粉料中，而在真空除气之前喷洒于浆料表面，然后搅拌除泡。如正丁醇、乙二醇各半的混合液能有效地降低浆料表面张力，于 $400 \ Pa$ 残压下的真空罐内，搅拌料浆 $0.5 \ h$，可基本将气体分离干净。料浆泵入流延机料斗前，必须通过两重滤网，网孔分别为 $40 \ \mu m$ 和 $10 \ \mu m$，以滤除个别团聚或大粒料粉及未溶化的黏结剂。流延成型用有机材料列于表 2-2，水系流延浆料的配制工艺列于表 2-3，非水系流延浆料的配制工艺列于表 2-4。

表 2-2　流延成型用有机材料

	溶　剂	胶黏剂	可塑剂	悬浮剂	湿润剂
非水系	丙酮 丁基乙醇 苯 溴氯酸烷 丁醇 二丙醇 乙醇 丙醇 乙基乙丁烯醇 甲苯 三氯乙烯 二甲苯	纤维素醋酸丁烯 纤维素乙醚 石油树脂 聚乙烯 聚丙烯酸酯 聚甲基丙烯 聚乙烯醇 聚乙烯缩丁醛 氯化已烯 聚甲基丙烯酸酯 乙基纤维素 松香酸树脂	丁基苯甲基酞酸 二丁基酞酸 丁基硬脂 二甲基酞酸 酞酸酯混合物 聚乙烯甘醇介电体 磷酸三甲苯酯	脂肪酸（三由酸甘油） 天然鱼油 合成界面活性剂 苯磺酸 鱼油 油酸 甲醇 辛烷	烷丙烯基聚醚乙醇 聚乙烯甘醇的乙基乙醚 乙基苯甘醇 聚氯乙烯酯 单油酸甘油 三油酸甘油 乙醇类

溶 剂		胶黏剂	可塑剂	悬浮剂	湿润剂
水系	作为除泡剂有： 石蜡系 有机硅系 非离子界面活性剂乙醇类	丙烯系聚合物 丙烯系聚合物的乳液 乙烯氧化物聚合物 羟基乙基纤维素 甲基纤维素 聚乙烯醇 异氰化物 石蜡润滑剂 氨基甲酸乙酯（水溶性） 甲基丙烯酸共聚的盐 石蜡乳液 乙烯-醋酸乙烯共聚体的乳液	丁基苄基酞酸酯 二丁基酞酸酯 乙基甲苯磺酰胺甘油 聚烷基甘醇 三甘醇 三 N-丁基磷酸盐 汽油 多元醇	磷酸盐 磷酸络盐 烯丙基磺酸 天然钠盐 丙烯酸系共聚物	非离子型辛基苯氧基乙醇 乙醇类非离子型界面活性剂

表 2-3　水系流延浆料的配制工艺

材 料	功 能	添加量/g	工 艺
蒸馏水	溶剂	31.62	在烧杯中预先混合
氧化镁	晶粒成长抑制剂	0.25	
聚乙二醇	可塑剂	7.78	
丁苄基酞酸酯	可塑剂	57.02	
非离子辛基苯氧基乙醇	湿润剂	0.32	
丙烯基磺酸	悬浮剂	4.54	
氧化铝粉末	主原料	123.12	加上述预混料球磨 24 h
丙烯树脂系乳液	黏结剂	12.96	加到主原料中混磨 0.5 h
石蜡系乳液	消泡剂	0.13	加到主原料中混磨 3 min

表 2-4　非水系流延浆料的配制工艺

材 料	功 能	添加量/g	工 艺
氧化铝粉末	原材料	194.00	—
氧化镁	粒子成长控制剂	0.49	第一阶段
鲱鱼油	悬浮剂	3.56	经 24 h 球磨机混合
三氯乙烯	溶剂	75.81	—
乙醇	溶剂	29.16	—
聚乙烯缩丁醛	黏结剂	7.78	第二阶段
聚乙二醇	可塑剂	8.24	在上述混合料中加入
辛基酞酸	可塑剂	7.00	本栏材料短时混匀

2.2.5.2 流延成型工艺方法

流延成型的基本原理是将具有合适黏度和良好分散性的陶瓷浆料从流延机浆料槽刀口处流至基带（如醋酸纤维素、聚酯、聚乙烯、聚丙烯、聚四氟乙烯等薄膜）上，通过基带与刮刀的相对运动使浆料铺展，在表面张力的作用下形成具有光滑上表面的坯膜，坯膜的厚度主要由刮刀与基带之间间隙来调控。坯膜随基带进入烘干室，有机黏结剂在陶瓷颗粒间形成网络结构，形成具有一定强度和柔韧性的坯片，干燥的坯片与基带剥离后卷轴待用。然后可按所需形状切割、冲片或打孔，最后经过烧结得到成品。流延成型工艺流程如图 2-12 所示，其中关键技术在于成型浆料的制备。

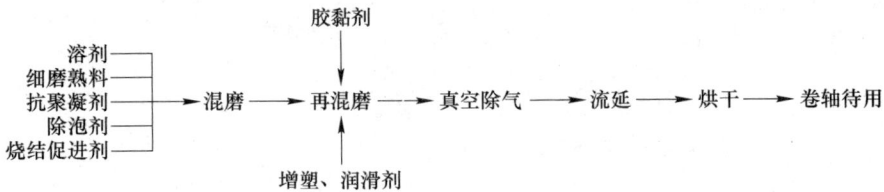

图 2-12　流延成型工艺流程

在实际生产中，刮刀口间隙的大小是最关键和最易调整的。在自动化水平比较高的流延机上，在离刮刀口不远的坯膜上方，装有透射式 X 射线测厚仪，可连续对坯膜厚度进行检测，并将所测厚度信息，馈送到刮刀高度调节螺旋测微系数，这可制得厚度仅为 10 μm、误差不超过 1 μm 的高质量坯膜。

流延成型被广泛用于制备高热导 AlN、BeO 或莫来石陶瓷基板，同时还被应用于平板式固体燃料电池用 YSZ 电解质薄片及多层基片可变电阻成型。此外，还可利用流延法获得 Si_3N_4、SiC、BN 等结构陶瓷薄片，然后叠层压实制备具有层状结构复合陶瓷或叠层复合材料，为陶瓷的强韧化设计提供了一条新思路。因此，流延成型技术的进步和发展，不但给电子元件的微型化及超大规模集成电路的实现提供了广阔的前景，同时也给工程陶瓷的宏观结构设计和性能调控提供了可能。

2.2.6　陶瓷 3D 打印成型

3D 打印成型技术是由麻省理工学院开发，其过程和原理如图 2-13 所示。该技术是根据计算机输出的二维像素的信息，利用喷嘴向待成型的陶瓷粉床上喷射结合剂，喷射打印完一层后，粉料床通过底部的活塞向下移动一点距离，并在粉料床顶部添加新的粉料，然后再喷射打印结合剂，重复此过程，完成后除去未喷射结合的粉料，即可得到要成型的立体工件。3D 打印可用于成型陶瓷、金属、金属陶瓷复合材料及高分子材料。目前已商业化的 3D 打印技术被用于打印制备金属铸造用陶瓷模具，材质可以是氧化铝、氧化锆、氧化硅、锆英砂和碳化硅，而常用的结合剂为硅溶胶。Sachs 等人利用 3D 打印成型了三维陶瓷部

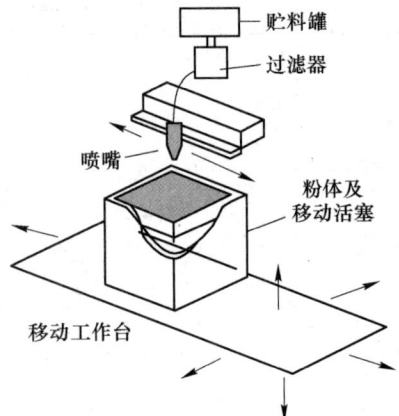

图 2-13　3D 打印陶瓷过程和原理

件，成型用粉体为 Al_2O_3，黏结剂为胶状的硅酸，成型的部件共50层，每层厚0.005英寸（即0.127 mm）。

2.3 陶瓷坯体的干燥

坯体干燥是借助热能使坯料中的水分汽化，并由干燥介质带走的过程。这个过程是坯料和干燥介质的传热传质过程，其特征是采用加热、降温、减压或其他能量传递的方式使坯料中的水分产生挥发、冷凝、升华等相变过程与物体分离，以达到去湿目的。

对陶瓷坯体来说，干燥过程尤为重要，其目的是排除坯体中的水分，同时赋予坯体一定的干燥强度，满足搬运及后续工序的要求。

2.3.1 陶瓷坯体中的水分

陶瓷坯体中的含水率一般为 5%~25%，当坯体与一定温度及湿度的静止空气相接触时，势必释放或吸收水分，使坯体含水率达到某一平衡数值。只要空气的状态不变，坯体中所达到的含水率就不再因接触时间增加而发生变化，此值就是坯体在该空气状态下的平衡水分。达到平衡水分的坯体失去的水分为自由水分，即坯体水分是由平衡水分和自由水分组成的，在一定的空气状态下，干燥的极限是使坯体达到平衡水分。根据水和坯料结合的强弱，将水与坯料的结合形式分为三类，如表2-5所示。

表 2-5　坯料中水与坯料的结合形式

结合形式	特　点	备　注
化学结合水（结晶水、结构水）	参与物质结构，结合形式最牢固，排除时必须要有较高的能量	排除温度高，烧成时才能排出，如高岭土中的结构水，排除温度为 450~650 ℃
物理化学结合水，又称大气吸附水（吸附水、渗透水、微孔水、毛细管水）	物质表面的原子有不饱和键，它与水分子间产生引力，从而出现润湿于表面的吸附水层，这种水的密度大，冰点下降	吸附水与坯料的结合较化学结合水要弱，可以部分排除。排除吸附水没有实际意义，因为坯体很快又从空气中吸收水分达到平衡
机械结合水（湿润水、大孔隙水）及粗毛细管水（半径大于 10^{-5} m）	与坯料的结合最弱，干燥过程中被排出，又称自由水，脱水温度一般在 100 ℃左右	从工艺上讲，干燥过程只需排除自由水

2.3.2 陶瓷坯体的干燥过程

在陶瓷坯体中，颗粒与颗粒间形成空隙。这些空隙形成了毛细管状的支网，水分在毛细管内可以移动。在干燥过程中，坯体与介质之间同时进行着能量交换与水分交换两种作用。坯体水分蒸发并被干燥介质带走，坯体表面的水分浓度降低，此时表面水分浓度与坯体内部水分浓度形成了一定的湿度差，内部水分就会通过毛细管作用扩散到坯体表面，直到坯体中所有机械结合水全部除去为止。因此，干燥的实质是水分扩散的过程，是靠内扩散和外扩散来完成的，主要是排除自由水和吸附水，化学结合水的排除需要在烧成过程中完成。

　　如图 2-14 所示，在对流干燥过程中，热风与坯体之间既有传热过程，又有传质过程。传质过程包括外扩散和内扩散两部分。外扩散是指坯体表面的水分以水蒸气形式从表面扩散到周围介质中去的过程，即水分蒸发过程。内扩散是指水分在坯体内部进行移动的过程。根据水分移动的动力不同，传质过程又分为湿传导（湿扩散）和热传导（热扩散）两种形式。

　　坯体的干燥过程可分为 4 个阶段，如图 2-15 所示。

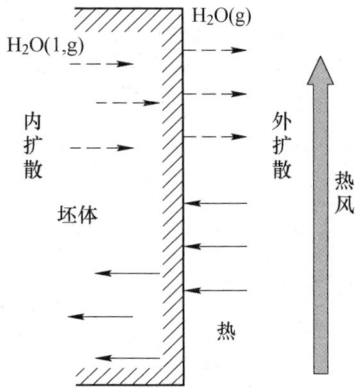

图 2-14　对流干燥机理示意

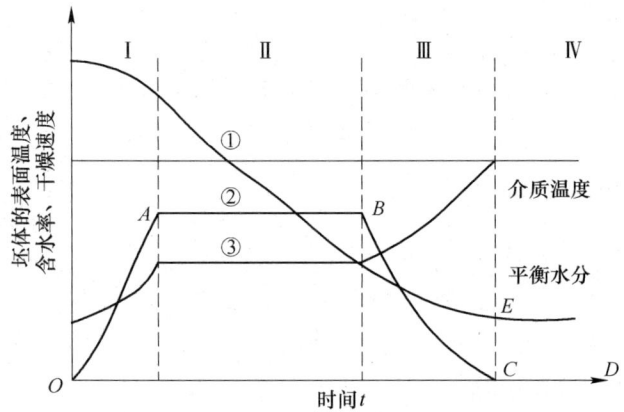

图 2-15　坯体干燥过程的 4 个阶段
①—坯体含水率；②—干燥速度；③—坯体表面温度

　　第Ⅰ阶段是升速干燥阶段（$O \rightarrow A$），一般加热时间短，坯体表面温度被加热到等于干燥介质的湿环境温度，水分蒸发速度增大很快，到 A 点后，坯体吸收的热量和蒸发水分耗去的热量相等。此阶段中水分和自坯体中排出水量变化不大，体积收缩小。

　　第Ⅱ阶段是等速干燥阶段（$A \rightarrow B$），在整个阶段中，坯体表面蒸发的水分由内部向坯体表面不断补充，坯体表面总是保持湿润，干燥速率等于自由水面的蒸发速率，水分排出速度始终是恒定的，所以称等速干燥阶段。在此阶段中，坯体表面温度保持不变，水分自由蒸发，坯体体积收缩较大。因此，在等速干燥阶段中，干燥速率与坯体的厚度及最初含水量无关，而与干燥介质（空气）的温度、湿度及运动速度有关；其中 B 点称为临界水分点，也是干燥阶段及坯体收缩的转折点。干燥过程达到 B 点后，坯体内部水分扩散速率开始小于表面蒸发速率，坯体水分不能全部润湿表面，开始降速阶段。

　　第Ⅲ阶段是降速干燥阶段（$B \rightarrow C$），随着干燥时间延长，或坯体含水量减少，坯体表面的有效蒸发面积逐渐减少，坯体表面停止收缩，继续干燥仅增加坯体内部孔隙，热能消耗下降，干燥速率逐渐降低，坯体表面温度提高至介质温度。此过程中，水分从表面蒸发的速率超过自坯体内部向表面扩散的速率，因此，在降速干燥阶段中，干燥速率受空气的温度、湿度及运动速率的影响较小。水分向表面扩散速率取决于含水量、坯体内部结构（毛细管状况）、水的黏度和坯料性质等。通常非塑性和弱塑性料水分的内扩散作用较强；粗颗粒的水分扩散作用比细颗粒的强；水温度越高，扩散也越容易。C 点是平衡状态点，标志着干燥过程的结束。

　　第Ⅳ阶段是平衡干燥阶段（$C \rightarrow D$），此阶段坯体表面水分达到平衡水分，干燥速率为零，其中，E 点为坯体的平衡水分点。干燥的最终水分取决于坯料性质、颗粒大小和干燥介质的温度与相对湿度。

坯体干燥过程中是否出现以上几个阶段，主要取决于坯体所含水分。一般对塑性成型的坯体来说，四个阶段比较明显，而对水分不大的半干法成型的坯体，就不大明显。

在干燥过程中，坯料内水分的黏度和表面张力随温度升高而降低。干燥温度从 0 ℃ 提高到 100 ℃，水的黏度大约降低了 85%，而表面张力大约降低了 20%。坯体内水分表面张力的降低促进其高温流动，有利于水分向坯体外排出，提高干燥速率。在干燥过程中，干燥速率和干燥条件（空气的温度、湿度和流动速率）有如下关系：当空气温度升高时，蒸汽压随之增加；即使空气的相对湿度一定，等速阶段的干燥速率也会增大；在减速干燥阶段，干燥速率主要由内部扩散所决定，此时水的黏度下降，扩散力增大，干燥速率增大，如图 2-16 所示。相对湿度的影响如图 2-17 所示。相对湿度对等速干燥期影响较明显，对减速干燥阶段的影响则较弱。

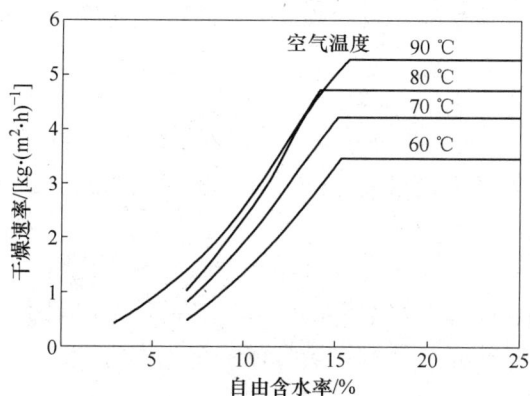

图 2-16　空气温度对干燥速率的影响　　　　图 2-17　相对湿度对干燥速率的影响

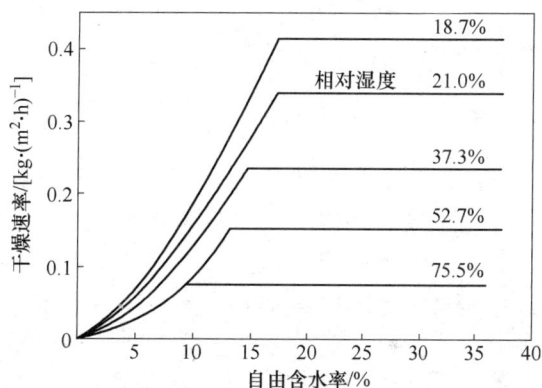

空气流动速率的影响如图 2-16 所示。从图中可见，空气流动速率对等速干燥阶段的影响较大，一进入降速干燥阶段，影响逐渐减少。在干燥过程中，坯体内各部分水分不等，存在水分梯度。各曲线表示不同干燥时间坯体内各部分的水分含量。在等速干燥阶段，这些曲线大致平行，但到某一时刻，曲线急剧弯曲，随着干燥时间的延长，坯体表面水分逐渐接近于零。由于在干燥过程中坯体表面和中心部分的含水量不同，所以坯体的干燥是不均匀的，不均匀的收缩会导致坯体内部产生应力，应力超过坯体的强度就会产生干燥缺陷。为了减少局部应力的产生，在干燥初期水分宜较慢地排出，先以高湿度的干燥剂使坯体升温，待坯体温度升高后，再以湿度较低的干燥剂进行较快速的干燥。

2.3.3　陶瓷坯体干燥速率的影响因素

影响干燥速率的因素有坯料的性质与结构、传热速率、外扩散速率、内扩散速率等。

（1）坯料的性质与结构。1）坯料性质。黏坯料可塑性越强，加入量越多，颗粒越细，干燥速率就越难提高；瘠性坯料越多，颗粒越粗，越有利于提高干燥速率。2）坯料大小、形状和厚度。形状复杂，体大壁厚的坯体在干燥时易产生收缩应力，所以其干燥速率应加以控制，不宜太快。3）坯体温度。坯体温度高，水的黏度小，有利于水分向表面移动。

（2）传热速率。传热速率是指被传热的物体温度上升的速率与要求上升速率的比值。传热速率越高，坯体的干燥速率越快，为提高干燥速率，应提高干燥介质温度，如提高干燥窑中的热气体温度，增加热风炉等，但不能使坯体表面温度升高太快，避免开裂；增加传热面积，如改单面干燥为双面干燥，分层码坯或减少码坯层数，增加与热气体接触面，提高对流传热系数。

（3）外扩散速率。当干燥处于等速干燥阶段时，外扩散阻力成为左右整个干燥速率的主要矛盾，因此，降低外扩散阻力，提高外扩散速率，对缩短整个干燥周期影响最大。外扩散阻力主要发生在边界层里，因此，为提高外扩散速率，应增大介质流速、减薄边界层厚度等，提高对流传热系数；降低介质的水蒸气浓度，增加传质面积，亦可提高干燥速率。

（4）内扩散速率。水分的内扩散速率是由湿扩散和热扩散共同作用的。湿扩散是坯料中由于湿度梯度引起的水分移动，热扩散是物理中存在温度梯度而引起的水分移动。要提高内扩散速率应使热扩散与湿扩散方向一致，即设法使坯料中心温度高于表面温度，如远红外加热、微波加热方式。

2.3.4　陶瓷坯体干燥制度

干燥制度是坯体进行干燥时的条件总和。它包括干燥时间、进入和排出干燥剂的温度和相对湿度、坯体干燥前的水分和干燥终了后的残余水分等。

干燥制度的确定是指达到一定的干燥速率，各个干燥阶段应选用的干燥参数。工业生产中要确定最佳干燥制度就是要求在最短时间内获得无干燥缺陷的陶瓷生坯所设定的制度方案。干燥制度是关系到正确选择干燥设备，保证正常生产和经济性的一个重要因素。

2.3.4.1　干燥制度的确定原则

结合干燥过程的影响因素，干燥制度的确定应考虑以下因素。

（1）坯体的配方特点、形状、大小、厚薄，以及干燥器的性能等因素；

（2）升速干燥阶段应采用低温、高湿、低速的热风预热坯体；

（3）等速干燥阶段应严格控制热风温度、湿度及流速，确保坯体各部位的干燥速率（干燥收缩）比较均匀一致；

（4）降速干燥阶段可适当地提高干燥速率，即在干燥后期使坯体接触高温、低湿的热风。

2.3.4.2　干燥介质参数的确定

干燥制度通常用干燥介质的温度、湿度、流速等参数来表征。

（1）干燥介质的温度。干燥过程中需要根据坯体组成、结构、尺寸、最终含水率等确定介质温度，以保证坯体均匀受热。其中，大件、复杂的坯体可采用先低温高湿，然后再高温低湿的干燥制度至临界点；小件、简单的坯体，可采用高温低湿的干燥制度。带石膏模干燥时，温度应低于 70 ℃，否则易导致石膏模型强度降低。此外，干燥介质温度的确定还需要充分考虑热能效率和设备因素，介质温度太高，热效率低，还会缩短干燥设备的使用寿命。

（2）干燥介质的湿度。湿度太低，干燥太快，容易产生变形和开裂。因此，在对大件的卫生瓷坯体进行干燥时，通常采用分段干燥方法，并适时控制干燥介质的湿度。

（3）干燥介质的流速和流量。干燥过程中可以通过加大干燥介质（空气）的流速和流量提高干燥速率。

★ 课程思政

陶瓷成型技术是材料科学领域的关键工艺，承载着传统智慧与现代创新的交融，更蕴含着精益求精的工匠精神、自主创新的时代使命以及科技报国的责任担当。

中国陶瓷文化源远流长，从新石器时代的泥条盘筑到明清官窑的拉坯塑形，传统成型技艺凝聚着古代工匠"如切如磋，如琢如磨"的智慧结晶。景德镇非遗传承人通过数十年练习，能将坯体厚度控制在 0.1 mm 以内，这种追求极致的"匠人精神"，正是当代科技工作者在精密注塑、等静压成型中需传承的"技术基因"。

大尺寸/复杂形状高纯氧化铝陶瓷部件在集成电路制造、航空航天、深海探测等领域有着广泛的应用，其制备过程极具挑战性。国内高纯氧化铝陶瓷在尺寸、性能及稳定性等方面与国外同类产品还存在较大差距，导致国内高端装备用大尺寸/复杂形状高纯氧化铝陶瓷部件严重依赖进口。中科院上海硅酸盐所经过 2 年攻关，基于具有自主知识产权的自发凝固成型体系，突破了大尺寸陶瓷素坯在干燥和烧结过程中的变形及开裂等关键瓶颈，解决了大尺寸陶瓷坯体干燥的变形和开裂等问题，成功制备出直径达 1010 mm 的超大尺寸高纯氧化铝陶瓷圆盘和外径为 200 mm 的双层同心高纯氧化铝圆筒，材料主要性能指标优于国外同类产品水平。

每一件精密陶瓷制品的诞生，都是文化血脉、创新勇气与责任意识的凝结。作为新时代材料人，我们当以"择一事终一生"的执着雕琢匠心，以"敢教日月换新天"的魄力突破壁垒，在科技强国的征程中书写属于中国陶瓷的复兴篇章。

课 后 习 题

2-1 综述先进陶瓷成型概念及其方法。

2-2 综述先进陶瓷材料成型方法选择原则和注意事项。

2-3 简述干压成型过程中坯体密度变化及影响因素。

2-4 简述可塑成型方法及其应用。

2-5 简述坯体中水分分类及其性质。

2-6 结合干燥曲线，简述坯体干燥过程各阶段发生的变化。

3 陶瓷材料的烧结理论及先进烧结技术

本章主要讨论先进陶瓷材料的烧结基本理论及一些新型烧结工艺过程。

3.1 烧结定义及其相关的概念

3.1.1 烧结定义

烧结是一种利用热能使陶瓷坯体致密化的技术，是陶瓷制备过程能耗最高的环节，对陶瓷材料微观结构和宏观性能具有重要影响。烧结的定义是指多孔状陶瓷坯体在高温条件下，粉体颗粒表面积减小、孔隙率降低、力学性能提高的致密化过程。坯体在烧结过程中要发生一系列的物理化学变化，如膨胀、收缩、气体产生、液相出现、旧晶相消失、新晶相形成等。在不同的温度、气氛条件下，所发生变化的内容与程度也不相同，从而形成不同的物相组成和显微结构，决定了陶瓷制品的质量和性能。

3.1.2 与烧结相关的概念

(1) 烧成与烧结。烧成是将硅酸盐制品在一定条件下进行热处理，使之发生系列物理化学变化，形成预期的矿物组成和显微结构，从而达到固定外形并获得所要求性能的工序。烧成是制造陶瓷最重要的工序之一，包括多种物理和化学变化，例如脱水、坯体内气体分解、多相反应和熔融、溶解、矿物组成的形成致密化和显微结构的形成等过程。而烧结仅指粉料经加热而致密化的简单物理过程，一般没有化学反应。显然烧成的含义及包括的范围更宽，一般都发生在多相系统内，而烧结仅仅是烧成过程的一个重要部分。

(2) 熔融和烧结。熔融和烧结这两个过程都是由原子热振动引起的，但熔融时全部组元都转变为液相，而烧结时至少有一组元处于固态。烧结是在远低于主要组分熔融温度下进行的，泰曼发现烧结温度 (T_B) 和熔融温度 (T_M) 有如下关系：

金属粉末 $T_B \approx (0.3 \sim 0.4) T_M$；盐类 $T_B \approx 0.57 T_M$；硅酸盐 $T_B \approx (0.8 \sim 0.9) T_M$。

(3) 固相反应和烧结。这两个过程的相同之处是均在低于材料熔点或熔融温度之下进行，并且过程中始终至少有一相是固态。不同之处是固相反应必须至少有两组元参加，如 A 和 B，并发生化学反应，最后生成化合物 AB，AB 结构与性能不同于 A 与 B。而烧结可以只有单组元或者两组元参加，但两组元可以不发生化学反应，仅仅是在表面能驱动下，由粉体变成致密体。从结晶化学观点看，烧结体除宏观上的收缩外，微观晶相组成并未变化，晶相显微组织上排列致密和结晶程度更完善。当然随着粉末体变为致密体，物理性能也随之产生相应的变化。

3.1.3 烧结类型

陶瓷的烧结工艺种类繁多，根据烧结过程中是否有液相参与，分为液相烧结和固相烧结。固相烧结是指没有液相参与，完全是由固态颗粒之间的高温固结过程，如高纯氧化物之间的烧结过程。液相烧结是指有液相参与的烧结。根据烧结过程是否应用压力，可以分为无压烧结和压力辅助烧结（包括热压烧结、振荡压力热烧结、热等静压烧结）。根据烧结过程是否应用电磁场，可以分为电场辅助烧结、微波烧结、放电等离子体烧结。其他烧结工艺还有自蔓延高温烧结、冷烧结、超高温快速烧结、两步烧结等。

3.2 陶瓷材料烧结基本理论

3.2.1 陶瓷烧结过程

陶瓷粉料成型后形成了具有一定外形的坯体，坯体内包含大量气体（35%~60%），而颗粒之间处于点接触的状态，如图 3-1（a）所示。在高温下，成型坯体中颗粒间接触面积逐渐扩大，颗粒聚集，颗粒中心间距减小，逐渐形成晶界，如图 3-1（b）（c）所示；气孔形状发生变化，从连通的气孔变成各自孤立的气孔，体积逐渐缩小，最后大部分甚至全部气孔从坯体中排出，形成无气孔的多晶体，如图 3-1（d）所示。

烧结过程，随温度升高，坯体出现体积收缩、气孔率下降、密度增大、电阻率下降、强度增加、晶粒尺寸增大等变化，如图 3-2 所示。为了揭示烧结本质，必须强调粉体颗粒表面的黏结和粉体内部物质的传递与迁移，因为只有物质的迁移才能使气孔充填和强度增加。由于烧结体宏观上出现体积收缩、致密度提高和强度增加的变化，因此烧结程度可以用坯体收缩率、气孔率、吸水率或烧结体密度与理论密度之比（致密度）等指标来衡量。

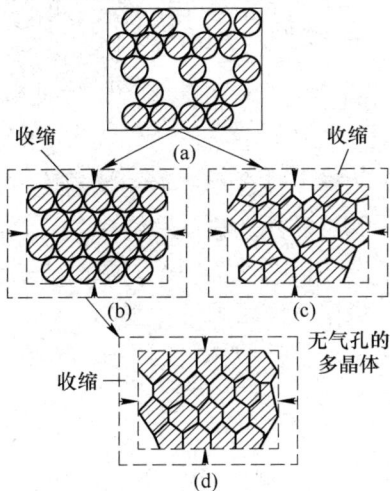

图 3-1 烧结现象示意图
（a）生坯；（b）（c）烧结中期；（d）烧结末期

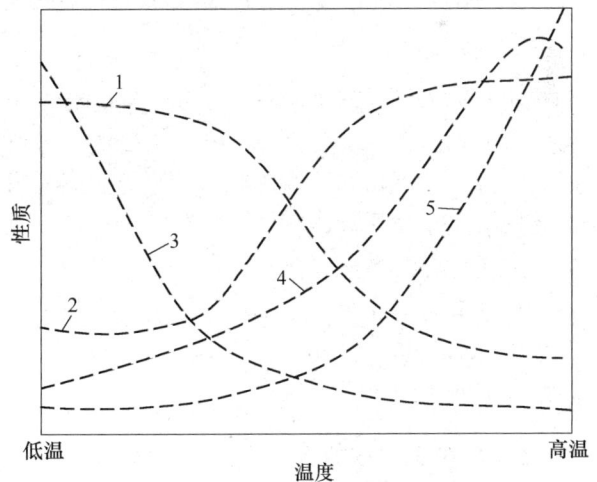

图 3-2 烧结温度对物理量的影响
1—气孔率；2—密度；3—电阻率；4—强度；5—晶粒尺寸

陶瓷材料的烧结在过程上大致可以分为三个阶段，即烧结初期、烧结中期和烧结末期。烧结初期阶段［见图 3-3（a）］，通过物质扩散、气相传输、塑性流动及黏性流动等机制，导致相当数量颗粒间颈部的形成。此阶段颗粒表面最开始时的曲率差异已逐渐消除，致密化机制引起了颗粒间烧结颈的生长和陶瓷材料的收缩。对于球形颗粒组成的粉末体系，烧结初期阶段会一直持续，直到烧结颈的半径尺寸达到了球形颗粒半径的0.4~0.5倍。通常陶瓷粉末加工成型后的坯体，存在大量的连通气孔，粉料颗粒间是点接触，初始密度大约能达到理论密度的50%~60%，随着烧结初期致密化的进行，陶瓷坯体会产生3%~5%的收缩，最终相对密度会达到理论密度的65%左右。

烧结中期阶段［见图3-3（b）（c）］，颗粒变形程度逐渐变大，颗粒间的烧结颈部继续生长，气孔结构处于连通状态。致密化过程会伴随着气孔收缩和截面积降低。晶界逐渐迁移，晶粒持续长大，气孔会逐渐移动和压缩形成孤立气孔结构，在相应烧结机制的作用下（主要是晶格扩散和晶界扩散），当陶瓷块体密度超过理论密度的90%时，烧结中期结束。

进入烧结末期阶段［见图3-3（d）］，封闭的气孔主要处于晶粒交界处。封闭孤立的气孔被填充，使致密化继续进行，同时晶粒继续均匀长大，一般气孔随晶界一起移动，直至排出体外，得到致密的陶瓷材料。

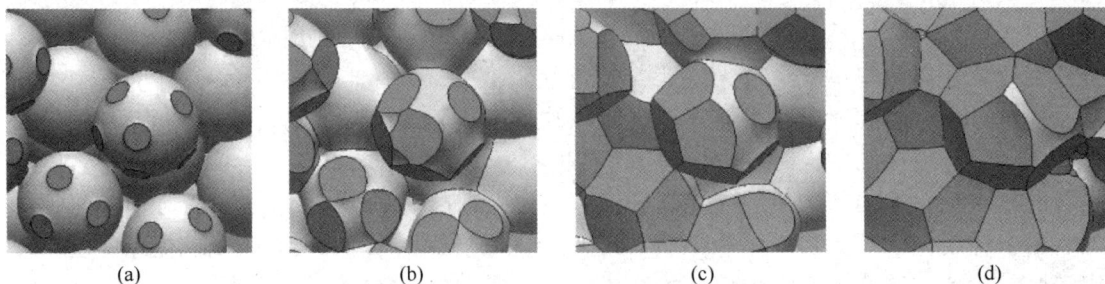

图3-3　烧结时颗粒微观状态模拟
（a）烧结初阶段；（b）（c）烧结中期；（d）烧结末期

图3-3彩图

如果继续在高温下烧结，就是单纯的晶界移动、晶粒长大过程了。晶粒长大不是小晶粒的互相黏结，而是晶界移动的结果。形状不同的晶界，移动的情况各不相同。弯曲的晶界总是向曲率中心移动。曲率半径越小，移动就越快。在烧结末期，晶粒长大过程中，可能出现气孔迁移速率显著低于晶界迁移速率的现象，这时气孔离开晶界而被包到晶粒内，此后由于物质扩散路程加长、扩散速率减小，气孔进一步缩小和排除变得几乎不可能。在这种情况下进一步烧结，很难使致密度有所提高，但晶粒尺寸还会不断长大，甚至会出现少数晶粒的不正常长大现象，使残留小气孔更多地包到大晶粒的深处。

3.2.2　陶瓷烧结驱动力

一般来说，纯氧化物或化合物粉体经成型得到的生坯，通过烧结后，陶瓷致密度提高，且颗粒间由颗粒聚集变成陶瓷结合，强度显著增高。通常认为烧结过程致密行为和晶粒生长行为是通过物质传输来实现的，那么其驱动力是什么呢？

利用机械作用或化学作用来制备粉体时所消耗的机械能或化学能，部分将作为表面能而储存在粉体中。另外，在粉体的制备过程中又会引起粉粒表面及其内部出现各种晶格缺陷，使晶格活化，使内能增加。实验测定MgO通过振动研磨120 min后，内能增加10 kJ/mol。一般粉末的表面积在$1~10 \ m^2/g$，由于表面积大而使粉体具有较高活性，粉末体与烧结体相比处在能量不稳定状态。任何系统都具有向最低能量状态发展的趋势。烧结理论的相关研究认为，粉状物料的表面能大于多晶烧结体的晶界能，粉体经烧结后，晶界能取代了表面能，系统降低能量，这就是烧结的驱动力。粉末表面能与烧结体晶界能之差就成为烧结过程的驱动力（烧结后总表面积可降低 3 个数量级以上）。

陶瓷烧结的难易程度常用 γ_{GB} 晶界能和 γ_{SV} 表面能的比值来衡量，某材料 γ_{GB} 与 γ_{SV} 差值越大，越容易烧结，反之难烧结。为了促进烧结，必须使 $\gamma_{SV} > \gamma_{GB}$。一般 Al_2O_3 粉末的表面能约为 $1 \, J/m^2$，而晶界能为 $0.4 \, J/m^2$，两者相差较大，比较易烧结。而一些共价键化合物如 Si_3N_4、SiC、AlN 等，它们的 γ_{GB} 与 γ_{SV} 差值较小，烧结推动力小，因而不易烧结。同时，共价键材料原子键强烈的方向性使 γ_{GB} 增高。

粉末体紧密堆积后，颗粒间仍有很多细小气孔，在这些气孔弯曲的表面上由于表面张力的作用而产生的压力差为：

$$\Delta p = \frac{2\gamma}{r} \qquad (3-1)$$

式中，γ 为粉末体表面张力；r 为粉末球形半径，若为非球形曲面，可用两个主曲率 r_1 和 r_2 表示，则公式为：

$$\Delta p = \gamma \left(\frac{1}{r_1} + \frac{1}{r_2} \right) \qquad (3-2)$$

由式（3-1）和式（3-2）看出，弯曲表面上的附加压力与球形颗粒（或曲面）曲率半径成反比，与粉料表面张力成正比。由此可见，粉料越细，由曲率而引起的烧结推动力越大，烧结越容易进行。

烧结是一个不可逆过程，烧结后系统将转变为热力学更稳定的状态。陶瓷粉体的烧结能值为数百上千（一般低于 $4180 \, J/mol$），与化学反应过程中能量变化值可达几万至几十万相比，这个烧结推动力确实是很小的。因此，烧结不能自发进行，必须对粉体加温，补充能量，才能使之转变为烧结体。

3.2.3 陶瓷烧结过程物质传输机理

实现烧结一个必要条件是在烧结过程中要存在物质的传输。在烧结驱动力的作用下，只有通过物质传输才能使气孔逐渐得到填充，使坯体由疏松变得致密。目前，对烧结机理的研究，即对烧结过程中物质传输方式和机理的研究，提出的理论主要有四种，蒸发-凝聚传质、扩散传质、黏滞流动与塑性流动传质、溶解-沉淀传质。需要指出的是实际烧结过程中，物质传输现象颇为复杂，不可能用单一某种机理来说明一切烧结现象，因此多数学者认为，在烧结过程中可能有几种传质机理在起作用。但在一定条件下，某种机理占主导地位，条件改变，则起主导作用的机理有可能也随之改变。

3.2.3.1 蒸发-凝聚

在高温过程中，由于固体颗粒表面曲率不同，必然在系统的不同部位蒸气压也不同，于是通过气相有一种传质趋势，质点通过气相蒸发再凝聚，实现质点的传质而促进烧结。这种传质过程仅仅在高温下蒸气压较大的系统内进行，如氧化铅、氧化铍和氧化铁的烧结。

蒸发凝聚传质的理论模型如图 3-4 所示。在球状颗粒的任一部分（球冠）、两颗粒间的颈部、陶瓷生坯中的气孔等，在表面张力作用下将产生一个曲面压力 p，设球状颗粒的曲率半径为 r，表面张力为 σ，则得：

$$p = \frac{2\sigma}{r} \qquad (3\text{-}3)$$

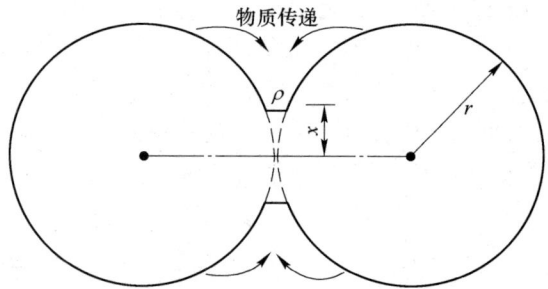

物质传递

图 3-4　物质蒸发-凝聚气相传输的双球模型

从式（3-3）可以看出，曲率半径越小，则曲面压力 p 越大。当弯曲表面为平面时，$p=0$；对于凸曲面，$p>0$，表示该曲面上的蒸气压高于平面；对于凹曲面 $p<0$，表示该曲面上的蒸气压小于平面蒸气压。

具有弯曲表面的颗粒，与平面相比，有多余的表面自由能 ΔZ：

$$\Delta Z = V_{\mathrm{p}} = \frac{2\sigma V}{r} \qquad (3\text{-}4)$$

式中，V 为摩尔体积。

由式（3-4）可知，凸曲面颗粒的 $\Delta Z > 0$，平面的 $\Delta Z = 0$，凹曲面 $\Delta Z < 0$。这表明凸曲面的表面自由能最大，凹曲面的表面自由能最小。

由上述分析可知，由于不同曲面上蒸汽压力的差异，存在着凸曲面上物质蒸发、凹曲面上物质凝聚的物质气相传递过程。

陶瓷粉体通过蒸发-凝聚进行物质的传递，其结果是颗粒之间的接触面积增大，因此可通过计算颗粒接触面积的变化来获得该物质传输方式的动力学信息。如图 3-5 所示，颗粒之间接触面积的增大在物质传输初期速度较快，随着烧结时间的进行而逐渐减弱。这主要是由于在烧结初期颗粒之间凹曲面曲率半径小的缘故。随着烧结的进行，该凹曲面逐渐变得平直，由蒸汽压差产生的烧结驱动力也逐渐变小。

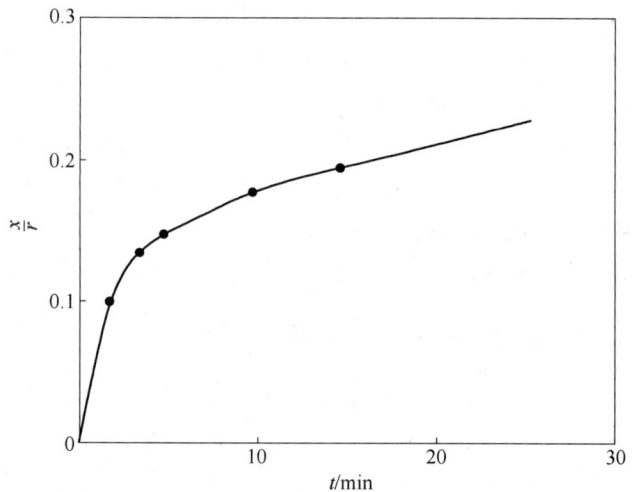

图 3-5　球形氯化钠颗粒之间接触面积的成长曲线（725 ℃）

3.2.3.2　扩散传质

在高温下挥发性小的陶瓷原料主要通过表面扩散和体积扩散进行传递，这时候烧结是通过扩散来实现的。陶瓷材料在高温烧结时会出现热缺陷，这种缺陷随温度的升高呈指数增加，这些缺陷可以在晶格内部或沿着晶界移动。

当陶瓷颗粒缺陷出现浓度梯度时，它就会由浓度大的地方向浓度小的地方作定向扩散。若缺陷是填隙离子，则离子扩散方向和缺陷的扩散方向一致；若缺陷是空位，则离子的扩散方向与缺陷的扩散方向相反。晶体中的空位越多，离子迁移就越容易。在颗粒表面或晶粒界面上的原子或离子排列不规则，活性较强，导致表面与晶界上的空位浓度较晶粒内部大。在颈部、晶界、表面和晶粒内部存在一个空位浓度梯度。颗粒越细，表面能越大，空位浓度梯度越大，烧结推动力增加。空位浓度梯度的存在促使结构基元定向迁移。一般结构基元由晶粒内部通过表面与晶界向颈部迁移，而空位则进行反方向迁移。烧结初期结构基元扩散路径如图3-6所示。

影响扩散传质的因素比较多，如材料的化学组成、粒度、温度、气氛、显微结构、晶格缺陷等，其中最主要的是温度和化学组成。在陶瓷材料中阴离子和阳离子两者的扩散系数都必须考虑在内，一般由扩散较慢的离子控制整个烧结速率。加入烧结添加物，增加空位数目，进而因扩散速率的变化而影响烧结速率。

物质迁移，除气相转移外，还可以从表面、晶界、晶格通过晶界扩散、晶格扩

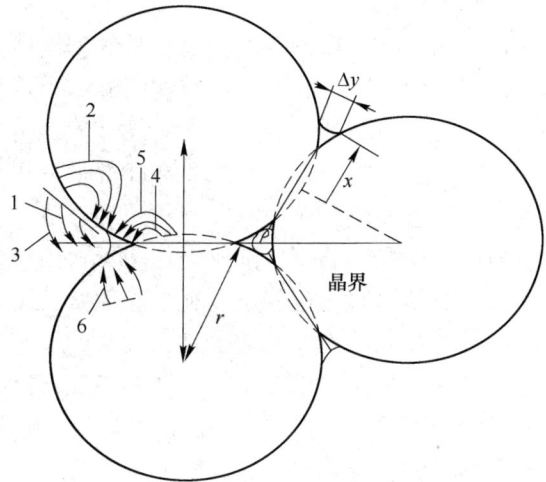

图 3-6 烧结初期结构基元扩散路径
1—表面扩散；2，5，6—晶格扩散；
3—气相扩散；4—晶界扩散

散向颈部迁移（见表3-1）。其中1和3扩散过程是物质从表面迁移到颈部，这种迁移与蒸发凝聚过程类似。在物质迁移的同时，颗粒中心间距没有改变，这种传质不引起坯体收缩，其余四种物质迁移过程的推动力仍然是表面能降低。由于颗粒表面和颈部曲率半径不同，颗粒表面下压强较大，颗粒界面内压强也较大，而颈部凹面下的压强较小。压强小的部位容易产生晶格空位，压强大处不易产生晶格空位，从而形成一个空位浓度梯度，并产生扩散。显而易见，空位先向凹面下颗粒界面处扩散和向凹面附近的颗粒表面扩散，于是界面与表面处空位比颗粒中心多；接着空位从界面和表面向颗粒中心处扩散，由中心最后逐渐扩散到颗粒表面释放。而物质扩散就相当于晶格空位的反向迁移。

表 3-1 烧结初期物质的迁移路线

编号	路线	物质来源	物质沉积
1	表面扩散	表面	颈部
2	晶格扩散	表面	颈部
3	气相扩散	表面	颈部
4	晶界扩散	晶界	颈部
5	晶格扩散	晶界	颈部
6	晶格扩散	位错	颈部

3.2.3.3 黏性流动与塑性流动

液相烧结是指在烧结过程中，温度高于某一组分的熔点而导致有液相存在的烧结，其基本原理与固相烧结有类似之处，推动力仍然是表面能。不同的是烧结过程与液相量、液相性质、固相在液相中的溶解度、润湿行为有密切关系。因此，液相烧结动力研究比固相烧结更为复杂。

A 黏性流动

在液相含量很高时，液相具有牛顿型液体的流动性质，这种粉末烧结比较容易通过黏性流动而达到平衡。除有液相存在的烧结出现黏性流动外，高温下晶体颗粒也被认为具有流动性质，它与非晶体在高温下的黏性流动机理是相同的。在高温下物质的黏性流动可以分为两个阶段：第一阶段，物质在高温下形成黏性液体，相邻颗粒中心互相靠近，增加接触面积，接着发生颗粒间的黏合作用和形成一些封闭气孔；第二阶段，封闭气孔的黏性压紧，即小气孔在玻璃相包围压力作用下，出于黏性流动而密实化。

决定烧结致密化速率主要有颗粒起始粒径、黏度、表面张力三个参数。颗粒起始粒径与液相黏度这两项主要参数是互相配合的，它们不是孤立地起作用，而是相互影响的。为了使液相和固相颗粒结合更好，液相黏度不能太高，若太高，可加入添加剂降低黏度及改善固-液相之间的润湿能力。但黏度也不能太低，以免颗粒直径较大时，重力过大而产生重力流动变形。也就是说，颗粒应限制在某一适当范围内，使表面张力的作用大于重力的作用。所以在液相烧结中，必须采用细颗粒原料且原料粒度必须合理分布。

B 塑性流动

在高温下坯体中液相含量降低，而固相含量增加，这时烧结传质不能看成是牛顿型流体，而是属于塑性流动的流体，过程的推动力仍然是表面能。为了尽可能达到致密烧结，应选择尽可能小的颗粒、黏度及较大的表面能。

在固-液两相系统中，液相量占多数且黏度较低时，烧结传质以黏性流动为主，而当固相量占多数或液相黏度较高时则以塑性流动为主。实际烧结时除有不同固相、液相外，还有气孔存在，因此要复杂得多。

塑性流动传质过程在纯固相烧结中同样也存在，可以认为晶体在高温、高压作用下产生流动，是由于晶体晶面的滑移，即晶格间产生位错，而这种滑移只有超过某一临界应力时才开始发生。

3.2.3.4 溶解-沉淀传质

在烧结时，固、液两相之间发生如下传质过程：固相分散于液相中，并通过液相的毛细管作用在颈部重新排列，成为更紧密的堆积物。细小颗粒（其溶解度较高），以及一般颗粒的表面凸起部分溶解进入液相，通过液相转移到粗颗粒表面（这里溶解度较低）而沉淀下来。这种传质过程一般发生于具有下列条件的物质体系中：有足够的液相生成；液相能润湿固相；固相在液相中有适当的溶解度。

溶解-沉淀传质过程的推动力是细颗粒间液相的毛细管压力，而传质过程是以下方式进行的。第一，随着烧结温度提高，出现足够量液相。固相颗粒分散在液相中，在液相毛细管的作用下，颗粒相对移动，发生重新排列，得到一个更紧密的堆积，结果提高了坯体的密度。这一阶段的收缩量与总收缩的比值取决于液相的数量。当液相体积分数大于35%时，这一阶段是完成坯体收缩的主要阶段，其收缩率相当于总收缩率的60%左右。第二，被薄的液膜分开的颗粒之间搭桥，在接触部位有高的局部应力导致塑性变形和蠕变。这样促进颗粒进一步重排。第三，通过液相的重结晶过程，这一阶段特点是细小颗粒和固体颗粒表面凸起部分的溶解，通过液相转移并在粗颗粒表面上析出。在颗粒生长和形状改变的同时，使坯体进一步致密化。颗粒之间有液相存在时，颗粒互相压紧，颗粒间在压力作用下又提高了固体物质在液相中的溶解度。

3.3　影响陶瓷材料烧结的因素

影响烧结的因素是多方面的，主要有原始粉料的粒度、添加剂、烧结温度和保温时间、盐类的选择及其煅烧条件、气氛和成型压力等，它们都对材料的性能有不同程度的影响。

3.3.1　陶瓷粉料的初始粒度

无论是固态还是液态的烧结，细颗粒由于表面能大，提高了烧结推动力，缩短了原子扩散距离，提高颗粒在液相中的溶解度，导致烧结过程的加速。烧结速率一般与起始粒度的 1/3 次方成比例。从理论上计算，当起始粒度从 2 μm 缩小到 0.5 μm，烧结速率增加 64 倍。这一结果相当于粒径小的粉料烧结温度降低 150~300 ℃。图 3-7 为氧化铝初始粒径与烧结程度的关系，初始粒径越小，越能有效降低 Al_2O_3 烧结温度，且烧结速度越快。

MgO 的起始粒度为 20 μm 以上时，即使在 1400 ℃ 保持很长时间，仅能达相对密度70%，而不能进一步致密化；若粒径在 20 μm 以下，温度为 1400 ℃，或粒径在 1 μm 以下，温度为 1000 ℃ 时烧结速度很快；如果粒径为 0.1 μm 以下时，其烧结速率与热压烧结相差无几。

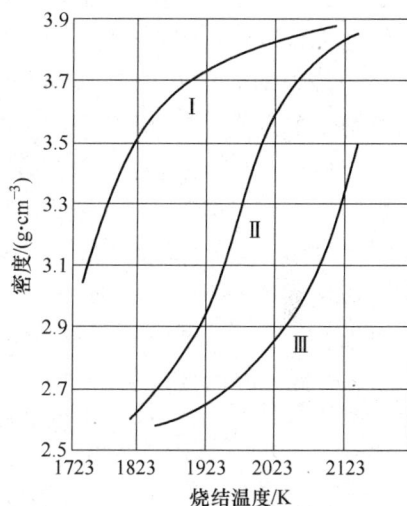

图 3-7　氧化铝初始粒径与烧结程度的关系
I—粒度为 1 μm；II—粒度为 2.4 μm；
III—粒度为 5.6 μm

从防止二次再结晶考虑，起始粒径必须细而均匀，如果细颗粒内有少量大颗粒存在，则易发生晶粒异常生长而不利烧结。一般氧化物材料最适宜的粉末粒度为 0.05~0.5 μm。原料粉末的粒度不同，烧结机理有时也会发生变化。例如 AlN 烧结，据报道当粒度为 0.78~4.4 μm 时，粗颗粒按体积扩散机理进行烧结，而细颗粒则按晶界扩散或表面扩散机理进行烧结。

3.3.2　烧结助剂

在固相烧结中，少量烧结助剂可与主晶相形成固溶体促进缺陷形成，促进烧结；在液相烧结中，烧结助剂能改变液相性质（如黏度、组成等），从而起到促进烧结的作用。

（1）烧结助剂与烧结主体形成固溶体。当添加剂与烧结主体的离子大小、晶格类型及电价数接近时，它们能互溶形成固溶体，致使主要晶相的晶格发生畸变，缺陷增加，便于结构单元移动而促进烧结。它们之间一般形成有限置换型固溶体，更有助于促进烧结。烧结助剂离子的电价和半径与烧结主体离子的电价、半径相差越大，则晶格畸变程度越大，促进烧结的作用也越明显。例如 Al_2O_3 烧结时，加入 3% Cr_2O_3 形成连续固溶体，可以在 1860 ℃ 烧结，而加入 1%~2% 的 TiO_2 时，只需在 1600 ℃ 左右就能使其致密化。

（2）烧结助剂与烧结主体形成液相。烧结助剂与烧结主体的某些组分形成液相，由于液相中扩散传质阻力小、流动传质速度快，因而降低了烧结温度，提高了坯体的密度。

例如在制造 95% Al_2O_3 材料时，一般加入 CaO、SiO_2，在 $CaO/SiO_2 = 1$ 时，生成 CaO-Al_2O_3-SiO_2 液相，使材料在 1540 ℃ 即能烧结。

（3）烧结助剂与烧结主体形成化合物。在烧结透明的 Al_2O_3 制品时，为抑制二次再结晶，消除晶界上的气孔，一般加入 MgO，在高温下形成镁铝尖晶石（$MgAl_3O_4$），抑制晶界移动速率，充分排除晶界上的气孔，显著促进坯体致密化。

（4）烧结助剂阻止多晶转变。ZrO_2 存在多晶转变、体积变化较大而使烧结困难，当加入 5%CaO 以后，Ca^{2+} 进行晶格置换 Zr^{4+}，由于电价不等而生成阴离子缺位的固溶体，同时抑制多晶转变，使致密化易于进行。

（5）烧结助剂起扩大烧结范围的作用。加入适当烧结助剂能扩大烧结温度范围，给工艺控制带来方便。例如锆钛酸铅材料的烧结温度只有 20~40 ℃，如加入适量 La_2O_3 和 Nb_2O_5 以后，烧结温度范围可以扩大到 80 ℃。

必须指出的是烧结助剂只有加入量适当时才能促进烧结，如不恰当地选择烧结助剂或加入量过多，反而会阻碍烧结，因为过多的烧结助剂会妨碍烧结相颗粒的直接接触，影响传质过程的进行。表 3-2 是 Al_2O_3 烧结时烧结助剂种类和数量对烧结活化能的影响。可以看出，加入 2% MgO 使 Al_2O_3 烧结活化能降低到 400 kJ/mol，比纯 Al_2O_3 活化能 500 kJ/mol 低，因而促进烧结过程。而加入 5% MgO 时，烧结活化能升高到 545 kJ/mol，则起抑制烧结的作用。不同种类的烧结助剂对 Al_2O_3 烧结活化能的影响也如表中数值所示。

表 3-2　烧结助剂的种类和数量对 Al_2O_3 烧结活化能（E）的影响　　（kJ/mol）

烧结助剂种类	不添加	MgO		Cr_2O_3		TiO_2		MnO_2	
烧结助剂数量		2%	5%	2%	5%	2%	5%	2%	5%
Al_2O_3 烧结活化能（E）	500	400	545	630	560	380	500	270	250

烧结时加入何种添加剂，加入量多少较合适，目前尚不能完全从理论上解释或计算，还应根据材料性能要求通过试验来决定。

3.3.3　烧结温度和保温时间

在晶体中晶格能越大，离子结合也越牢固，离子的扩散也越困难，所需烧结温度也就越高。各种晶体结合情况不同，因此烧结温度也相差很大，即使对同一种陶瓷，烧结温度也不是一个固定不变的值。提高烧结温度无论对固相扩散或对溶解-沉淀等传质都是有利的。然而，单纯提高烧结温度不仅浪费燃料，很不经济，而且还会促使二次结晶而使制品性能恶化。在有液相的烧结中，温度过高使液相量增加，黏度下降，导致制品变形。因此不同制品的烧结温度必须仔细试验来确定。

由烧结机理可知，只有体积扩散导致坯体致密化，表面扩散只能改变气孔形状而不能引起颗粒中心间距的靠近，因此不出现致密化过程，图 3-8 为表面扩散系数、体积扩散系数与温度的关系。

图 3-8 表明，在烧结高温阶段主要以体积扩散为主，而在低温阶段以表面扩散为主。如果陶瓷烧结在低温，时间较长，不仅不引起致密化反而会因表面扩散改变了气孔的形状

而给制品性能带来损害。因此，从理论上分析，应尽可能快地从低温升到高温以创造体积扩散的条件。高温短时间烧结是制造致密陶瓷材料的好方法，但还要结合考虑陶瓷的传热系数、二次再结晶温度、扩散系数等各种因素，合理确定烧结温度。

3.3.4 盐类的选择及其煅烧条件

在某些情况下，陶瓷的原始粉料并不是直接获得，而是以盐类形式经过加热煅烧后以氧化物形式发生烧结。盐类具有层状结构，当将其煅烧分解时，这种结构往往不能完全破坏，原料盐类与生成物之间若保持结构上的关联性，那么盐类的种类、分解温度和时间将影响烧结氧化物的结构缺陷和内部应变，从而影响烧结速率与性能。

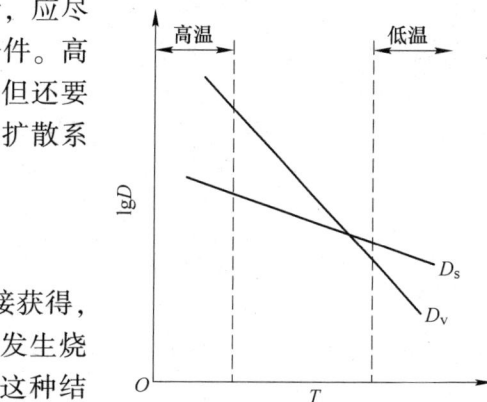

图 3-8 表面扩散系数 D_s、体积扩散系数 D_v 与温度的关系

（1）煅烧条件。关于盐类的分解温度与生成氧化物性质之间的关系有大量研究报道。例如 $Mg(OH)_2$ 分解温度与生成 MgO 的性质关系如图 3-9 和图 3-10 所示。由图 3-9 可知，低温下煅烧所得的 MgO，其晶格常数较大，结构缺陷较多，随着煅烧温度升高，结晶性变得较好。图 3-10 表明，随 $Mg(OH)_2$ 煅烧温度的变化，烧结表观活化能 E 及频率因子 A 的变化。实验结果显示在 900 ℃煅烧的 $Mg(OH)_2$ 所得的烧结活化能最小，烧结活性较高。可以认为，煅烧温度越高，烧结性越低的原因是 MgO 的结晶良好，活化能增高。

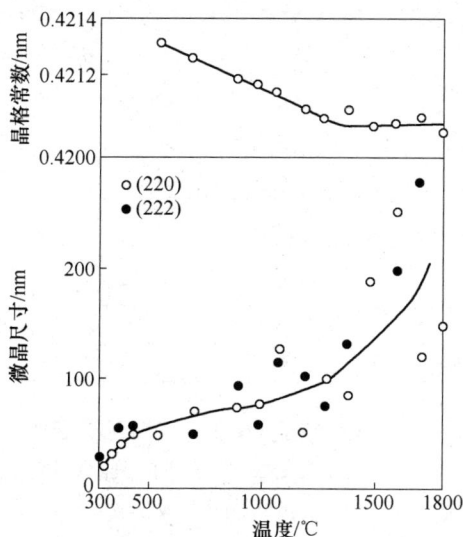

图 3-9 $Mg(OH)_2$ 煅烧温度与生成 MgO 的晶格常数及微晶尺寸的关系

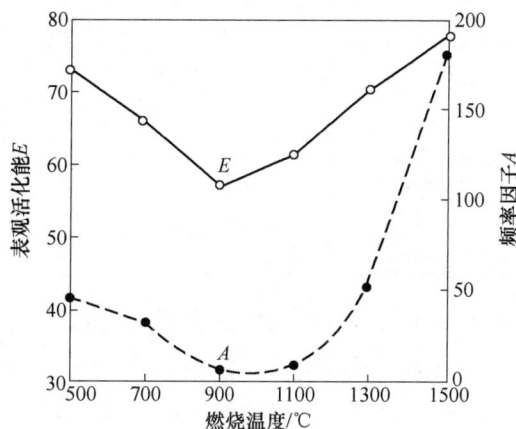

图 3-10 $Mg(OH)_2$ 煅烧温度与所得 MgO 扩散烧结的表观活化能和频率因子之间的关系

（2）盐类的选择。用不同的镁化合物分解制得活性 MgO，其烧结性能的比较如表 3-3 所示。从表中所列数据可以看出，随着原料盐的种类不同，所制得的 MgO 烧结性能有明显差别，由碱式碳酸镁、醋酸镁、草酸镁、氢氧化镁制得的 MgO，其烧结体可以分别达

到理论密度的 82%~93%，而由氯化镁、硝酸镁、硫酸镁等制得的 MgO，在同样条件下烧结，仅能达到理论密度的 50%~66%，如果对照煅烧获得的 MgO 性质进行比较，则可看出，由能够生成粒度小、晶格常数较大、微晶较小、结构松弛的 MgO 的原料盐来获得活性 MgO，其烧结性良好；反之，由生成结晶性较高、粒度大的 MgO 的原料盐来制备 MgO，其烧结性差。

表 3-3　镁化合物分解条件与 MgO 烧结性能的关系

镁化合物	最佳温度 /℃	颗粒尺寸 /nm	所得 MgO/nm		1400 ℃，3 h 烧结体	
			晶格常数	微晶尺寸	密度/(g·cm⁻³)	占理论值/%
碱式碳酸镁	900	50~60	0.4212	50	3.33	93
醋酸镁	900	50~60	0.4212	60	3.09	87
草酸镁	700	20~30	0.4216	25	3.03	85
氢氧化镁	900	50~60	0.4213	60	2.92	82
氯化镁	900	200	0.4211	80	2.36	66
硝酸镁	700	600	0.4211	90	2.03	58
硫酸镁	1200~1500	106	0.4211	30	1.76	50

3.3.5　烧结气氛

烧结气氛一般分为氧化、还原和中性三种，在烧结中，气氛的影响是很复杂的。一般地说，由扩散控制的氧化物烧结中，气氛的影响与扩散控制因素有关，与气孔内气体的扩散和溶解能力有关。例如 Al_2O_3 材料是由阴离子（O^{2-}）扩散速率控制烧结过程，当它在还原气氛中烧结时，晶体中的氧从表面脱离，从而在晶格表面产生很多氧离子空位，使 O^{2-} 扩散系数增大，导致烧结过程加速。表 3-4 是不同气氛下 $\alpha\text{-}Al_2O_3$ 中 O^{2-} 扩散系数与温度的关系。在较低的温度下利用气孔内气体在还原气氛下易于逸出的原理可使材料致密，从而提高透光度。若氧化物的烧结是由阳离子扩散速率控制，则在氧化气氛中烧结，表面积聚了大量氧，使阳离子空位增加，则有利于阳离子扩散的加速而促进烧结。

表 3-4　不同气氛下 $\alpha\text{-}Al_2O_3$ 中 O^{2-} 扩散系数与温度的关系

气氛	1400 ℃	1450 ℃	1500 ℃	1550 ℃	1600 ℃
氢气	8.09×10^{-12}	2.36×10^{-11}	7.11×10^{-11}	2.51×10^{-10}	7.51×10^{-10}
空气		2.97×10^{-12}	2.7×10^{-11}	1.97×10^{-10}	4.9×10^{-10}

进入封闭气孔内气体的原子尺寸越小越易于扩散，气孔消除也越容易。如氩那样的大分子气体，在氧化物晶格内易自由扩散而最终残留在坯体中；但若是氢那样的小分子气体，扩散性强，可以在晶格内自由扩散，因而烧结与这些气体的存在无关。当样品中含有铅、锂、铋等易挥发物质时，控制烧结时的气氛更为重要。如锆钛酸铅材料烧结时，必须要控制一定分压的铅气氛，以抑制坯体中铅的大量逸出，并保持坯体严格的化学组成，否则将影响材料的性能。

3.3.6　成型压力

陶瓷粉料成型时往往需要施加一定的压力，除了使其有一定形状和一定强度外，同时也给烧结创造了颗粒间紧密接触的条件，使其烧结时扩散阻力减小。一般地，成型压力越大，颗粒间接触越紧密，对烧结越有利。但若压力过大使粉料超过塑性变形限度，就会发生脆性断裂。适当的成型压力可以提高生坯的密度，而生坯的密度与烧结体的致密化程度有正比关系。

影响烧结因素除了以上几点之外，还有生坯内粉料的堆积程度、加热速度、保温时间、粉料的粒度分布等。影响烧结的因素很多，而且相互之间的关系也很复杂，在研究烧结时如果不充分考虑这些众多因素，并给予恰当地运用，就不能获得具有重复性和高致密度的制品。

3.4　先进陶瓷烧结技术

3.4.1　压力辅助烧结技术

压力辅助烧结是指在加热烧结时对被烧结体施加一定的压力促使其致密化的一种烧结方法，这种方法是无压烧结的发展。对样品施加压力的主要方法有热压烧结、热等静压烧结和振荡热压烧结三种。

（1）热压烧结（HP）。热压烧结是一种单向加压的压力烧结方法，其原理非常简单，如图3-11所示。热压烧结过程简单地说是高温下的干压成型，即只需使模具连同样品一同加热，并施以一定的压力，所以热压烧结时粉料不需成型。

热压烧结中加热方法仍为电加热法，加压方式为油压法。模具根据不同要求可使用石墨模具或氧化铝模具。通常使用的石墨模具必须在非氧化性气氛中使用，使用压力可达70 MPa。石墨模具制作简单，成本较低。氧化铝模具使用压力可达200 MPa，适用于氧化气氛，但制作困难，成本高，寿命低。

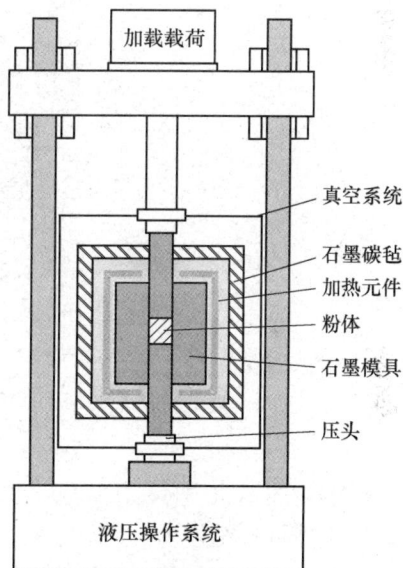

图3-11　热压装置示意图

（2）热等静压烧结（HIP）。尽管热压烧结有众多的优点，但由于是单向加压，所以制得的样品形状简单，一般为片状或环状。另外对于非等轴晶系的样品，热压后片状或柱状晶粒严重取向。热等静压烧结方法结合了热压法和无压烧结方法两者的优点，不仅能像热压烧结那样提高致密度，抑制晶粒生长，提高制品性能，而且还能像无压烧结方法那样制造出形状十分复杂的产品，且避免了非等轴晶系样品的晶粒取向，是一种先进的陶瓷烧结方法。

热等静压烧结炉腔往往制成柱状，内部可通高压气氛，气体为压力传递介质，发热体则为电阻发热体。目前的高温等静压装置压力可达200 MPa，温度可达2000 ℃或更高。由于热等静压烧结时气体是承压介质，而且陶瓷粉料或素坯中气孔是连续的，所以样品必须封装，否则高压气体将渗入样品内部而使样品无法致密化。

除了直接用于陶瓷式样的烧结，热等静压还可用于对已经历过无压烧结的样品进行后处理，用以进一步提高样品致密度和消除有害缺陷。热等静压与热压法一样，已成功地用于多种结构陶瓷的制备，如 Al_2O_3、Si_3N_4、SiC、Y-TZP 等的烧结或后处理。

（3）振荡压力烧结（HOP）。基于动态压力烧结的理念，研究者提出在陶瓷粉末烧结过程中引入动态振荡压力替代现有的恒定静态压力这一全新的设计思想，即在一个比较大的恒定压力作用下，叠加一个频率和振幅均可调的振荡压力，耦合叠加后的振荡压力有助于陶瓷材料实现致密化烧结，是近年来制备先进陶瓷的新型烧结技术，示意图如图 3-12 所示。现有的各种压力烧结技术采用的都是静态的恒定压力，烧结过程中静态压力的引入，虽有助于气孔排除和陶瓷致密度提升，但难以完全将离子键和共价键的特种陶瓷材料内部气孔排除，对于所希望制备的超高强度、高韧性、高硬度和高可靠性的材料仍然具有一定的局限性。

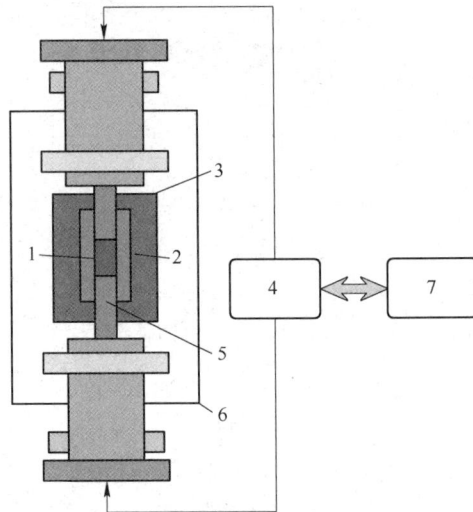

图 3-12　振荡压力辅助热压装置示意图
1—样品；2—石墨模具；3—发热体；4—轴向液压装置；
5—压轴；6—腔体；7—振荡压力控制系统

图 3-12 彩图

采用上述 HOP 技术对氧化锆材料、氧化铝材料、氧化锆/氧化铝复合材料，以及氮化硅材料等进行烧结实验，均得到了超高密度、细晶粒、高强度的陶瓷材料，取得了优异的烧结效果。与常压烧结和 HP 技术相比，HOP 技术使上述陶瓷材料的烧结温度分别降低了 150~200 ℃ 和 50~100 ℃，并且细化了晶粒，强化了晶界，排除了残余气孔，提高了强度和可靠性。采用 HOP 技术制备的高强度陶瓷材料的显微结构照片如图 3-13 所示。

图 3-13　采用 HOP 技术制备的高强度陶瓷材料的显微结构照片

图 3-13 电子图

3.4.2 电场辅助烧结技术

烧结是决定陶瓷材料微观结构和性能的关键环节，也是制备先进陶瓷能耗最高的过程。为了制备高致密、细晶粒的高性能陶瓷材料，同时降低烧结温度、缩短烧结时间，国内外学者还在烧结过程中两端施加电场，开发了电场辅助烧结技术（Field-Assisted Sintering Technology，FAST）。

3.4.2.1 放电等离子烧结

放电等离子体烧结技术（Spark Plasma Sintering，SPS），是一种受到学术界广泛关注与研究的新型快速烧结技术。图 3-14 为 SPS 工作原理示意图。SPS 技术通常使用直流脉冲电源，压头采用电导性好的高强石墨，在向材料施加压力的同时也充当电极。与传统烧结技术利用发热体辐射加热不同，SPS 技术利用大电流通过模具或导电样品产生焦耳热来加热材料。对于绝缘样品，模具材料为导电性良好的石墨，利用模具电阻热使样品快速升温；对于导电样品，则可以使用绝缘模具，使电流直接通过样品进行加热。SPS 技术升温速率可达 10^3 ℃/min，当样品温度达到设定值后，经过短时间保温即可完成烧结。

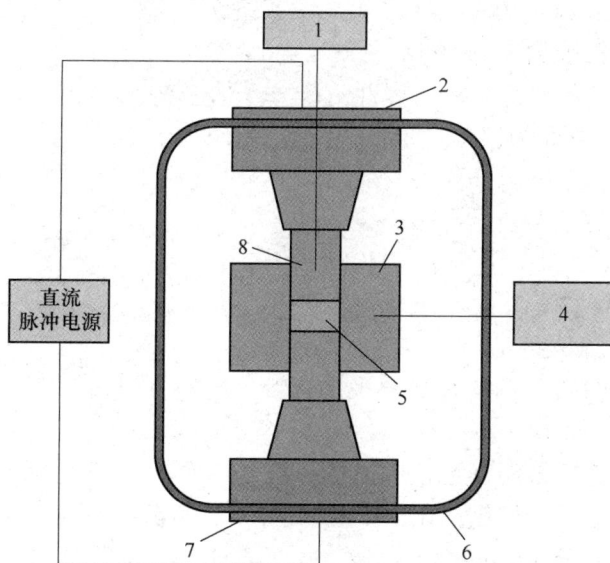

图 3-14 SPS 工作原理示意图
1—高温计；2—电极；3—石墨模具；4—高温计/热电偶；
5—样品；6—水冷真空系统；7—电极；8—压轴

目前，学者们对于 SPS 过程中是否有放电等离子体还存在争议。脉冲电流能够在材料颗粒间产生火花放电现象，所产生的等离子体可以使颗粒表面高度活化并得到净化，同时促使颗粒之间产生自发热现象，在极短时间内完成烧结。对于金属等导电材料，已有许多研究证明等离子体的存在。然而，关于 SPS 烧结陶瓷等不导电材料的过程中是否有等离子体产生，目前尚无定论。

SPS 技术可实现电、力、热等多场耦合，具有烧结温度低、烧结时间短、升温速率快、烧结压力可调节等特点。目前，SPS 技术不仅用于制备常见 Al_2O_3、ZrO_2 陶瓷、纳米晶透明陶瓷、介电陶瓷等，还可用于许多难烧结材料的制备，如 ZrB_2、HfB_2、ZrC、TiN 等超高温陶瓷及 W、Re、Ta、Mo 等难熔金属及其合金。此外，学者通过设计特殊模具改变流经模具的电流密度，在样品中制造温度梯度，SPS 技术还可以用于制备功能梯度材料。但是放电等离子体的设备一般比较昂贵，会增加陶瓷材料烧结成本。

3.4.2.2　传统电场辅助烧结技术与闪烧技术

除了 SPS 技术之外，学者们在烧结过程中，在陶瓷生坯两端施加一电场可以有效增加其他致密化速度，降低烧结温度，同时抑制晶粒生长，即传统电场辅助烧结技术（Field-Assisted Sintering Technology，FAST）。闪烧是一种新型电场辅助烧结技术。美国科罗拉多大学 Rishi Raj 团队在研究电场辅助烧结 3YSZ 时发现在炉温为 850 ℃，样品两端施加大于 40 V/cm 的电场，3YSZ 样品可在几秒内实现致密化。陶瓷材料在短时间内急剧收缩致密，因此这一全新的烧结技术被称为闪烧（Flash Sintering），即在一定温度和电场作用下实现陶瓷低温极速烧结的新型烧结技术。典型闪烧装置图如图 3-15 所示。不同于传统电场/电流辅助烧结技术，如等离子烧结、微波烧结等，样品发生闪烧通常有如下三个现象伴发生：（1）材料内部的热失控；（2）材料本身电阻率的突降；（3）强烈的发光现象。

图 3-15　典型的闪烧装置图
1—恒压电源；2—样品；3—管式炉；
4—光学镜片；5—电荷耦合器件（CCD）相机

闪烧是通过导线直接将陶瓷生坯和电源相连，以施加电场（AC 或 DC）/电流，然后将其置于普通烧结炉中进行加热，在升温过程中，可以通过红外相机记录样品收缩率。典型的闪烧装置如图 3-15 所示，主要由电源（包括直流，交流电源）、加热装置、高温电极（比如石墨，铂丝，银丝等）、红外相机等组成。目前，闪烧陶瓷材料样品主要为狗骨状、棒状、片状和柱状等。陶瓷闪烧过程的控制一般通过限制电压和电流来实现的。陶瓷素坯主要表现为电阻性负载。

闪烧技术参数主要包括电场性质和强度、电流密度、炉温、恒流时间、电源频率等。图 3-16 为闪烧过程中电学参数的变化。根据闪烧过程，电压、电流和功率的变化曲线，闪烧过程可以分为 3 个阶段。第 1 阶段，在电压和环境温度达到闪烧阈值时，电流缓慢增加，称为潜伏阶段或孕育阶段；第 2 阶段，电流和功率耗散急剧增加，出现热失控，样品发生快速致密化，电阻率显著降低，这一阶段称为"闪烧阶段"；第 3 阶段，电流达到预设极限值，电压降低、电阻率和能量耗散值基本保持稳定，这一阶段称为"恒流阶段"。材料特性和工艺参数对每个阶段的时间长短影响较大。

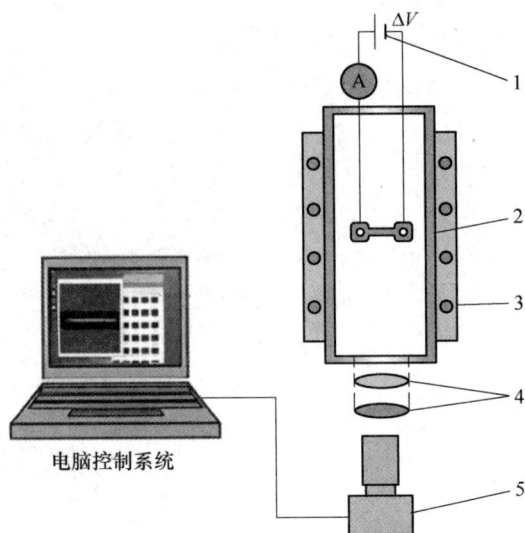

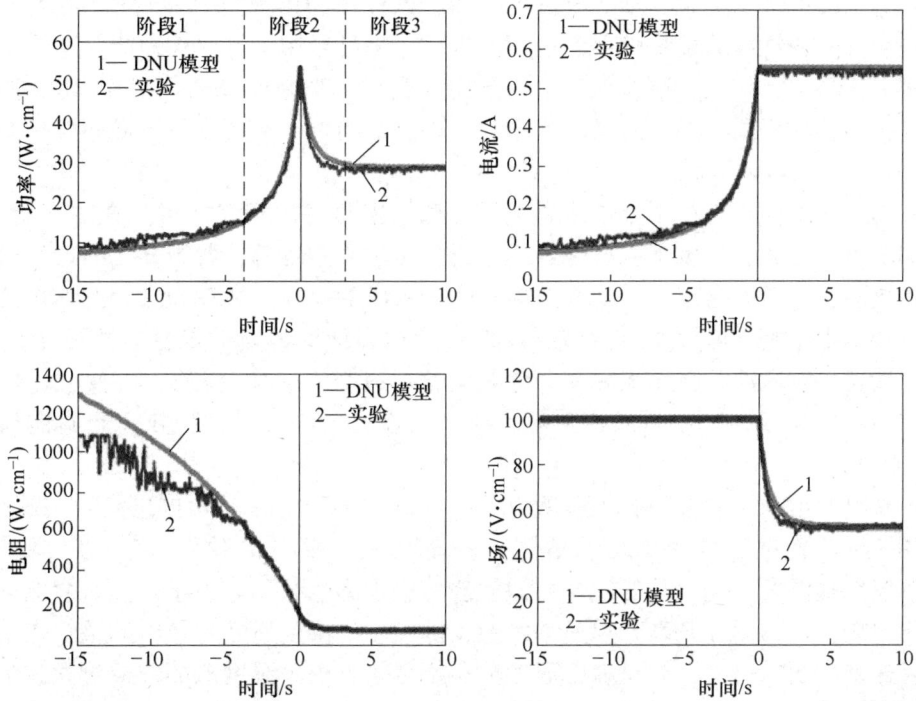

图 3-16　闪烧过程的电学参数变化

图 3-16 彩图

　　闪烧过程中，电场强度、电流密度和恒流时间是影响材料微观结构和性能的关键参数。在一定电场强度下，当炉体温度升高到某一特定值时，样品会出现闪烧现象，这个炉温称之为闪烧点（或者临界温度）。对于同一种材料，初始电场强度越大，闪烧点越低。材料电导率越高，闪烧点越低。闪烧发生以后电流达到预设值，电源进入恒流阶段，随着电流密度和恒流时间增大，闪烧陶瓷材料致密度和晶粒尺寸增大。基于实验证据或假设机制，研究者们提出以下理论来解释闪烧中的超快速致密化，主要有焦耳热效应、弗仑克尔缺陷或导致形成空位的其他机制、电化学还原。

　　与其他烧结技术相比，闪烧技术的优点是：闪烧设备简单、烧结温度低；烧结速率快且保温时间短，在短时间内完成致密化。迄今为止，该技术已经成功应用于多种类型材料的致密化过程，包括离子导体（如 3YSZ 和 8YSZ 等多种立方、四方氧化锆等）、半导体（如 $BaTiO_3$、ZnO 和 SiC 等）、绝缘体（Al_2O_3 等）及类金属性导体（Co_2MnO_4 和 ZrB_2）等。

3.4.3　微波烧结技术

　　微波烧结是另外一种快速烧结方法，但微波烧结方法区别于其他方法的最大特点是其独特的加热机理。所谓微波烧结，是利用微波直接与物质粒子（分子、离子）相互作用，利用材料的介电损耗使样品直接吸收微波能量从而得以加热烧结的一种新型烧结方法。微波烧结技术的研究起始于 20 世纪 70 年代，在 20 世纪 80 年代中期以前，由于微波装置的局限，微波烧结研究主要局限于一些容易吸收微波、烧结温度低的陶瓷材料，如 $BaTiO_3$

等。随着研究的深入和实验装置的改进（如单模式腔体的出现），1986 年前后微波烧结开始在一些先进陶瓷材料的烧结中得到应用，近几年来已经用微波成功地烧结了许多种不同的高技术陶瓷材料，如氧化铝、氧化钇、稳定氧化锆、莫来石、氧化铝/碳化钛复合材料等。此外，各种功率大小不一的微波烧结装置也相继问世，从而满足不同的烧结要求。

3.4.3.1 微波加热机理

微波加热的本质是材料中分子或离子等与微波电磁场的相互作用。高频交变电场下，材料内部的极性分子、偶极子、离子等随电场的变化剧烈运动，各组元之间产生碰撞、摩擦等内耗作用，从而使微波能转变为热能。对于不同的介质，微波与之相互作用的情况是不同的。金属由于其导电性而对微波全反射（所以微波腔体以导电性良好的金属制造），有些非极性材料对微波几乎无吸收而成为对微波的透明体（如石英），一些强极性分子材料对微波强烈吸收（如水）而成为全吸收体。一般无机非金属材料介于透明体和全吸收体之间。

由于材料介电损耗与温度有关，所以不同温度时升温速率是不同的。一般温度越高，介电损耗越大，而且这种变化几乎是呈指数式的，如 Al_2O_3、BN、SiO_2 等材料均如此。材料介电损耗随温度迅速上升的规律对微波烧结过程影响很大。由于低温时介电损耗小因而升温速率慢，但随温度升高升温速率加快，因此一定温度后必须及时调整输入功率，以防止升温速率过快。另外，如材料中温度分布不均匀，由于温度低的部位对微波吸收能力差，温度高的部位会吸收大量能量，因而可能导致温度分布越来越不均匀，产生"热失控"现象，所以烧结时一定要随时控制能量输入和升温速率。

3.4.3.2 微波烧结特点

由于加热原理的不同，微波烧结具有以下几个显著的特点。

（1）烧结温度低、时间短、节能、无污染。因为微波对物体几乎可以即时加热，所以可以大大降低烧结温度和烧结时间，显著提高产品的生产效率，降低生产周期。微波能量可被材料直接吸收，如果烧结炉保温系统设计得好，几乎没有什么热量损失，能量利用率很高，比常规烧结节能 80% 左右。此外，由于烧结时间短，烧结过程中耗费的保护气体用量也大大降低，减少了不必要的污染，节约了成本。

（2）可以有效抑制晶粒长大。微波烧结方式是体积性加热，升温速率快，内外同时加热和致密化，在晶粒还没有长大之前就已经烧结完毕，因而微波烧结可以显著抑制晶粒长大，制备出具有纳米或超细晶粒的固体材料。表 3-5 给出了微波烧结和常规烧结时烧结体晶粒尺寸的比较。由该表中数据可知，采用微波烧结获得的烧结体，其晶粒尺寸明显小于常规烧结体。

表 3-5 微波烧结和常规烧结时烧结体晶粒尺寸的比较

材料	微波烧结晶粒尺寸/μm	常规烧结晶粒尺寸/μm	材料	微波烧结晶粒尺寸/μm	常规烧结晶粒尺寸/μm
纯 Al_2O_3	2.6~2.9	3.5~4.0	Y_2O_3-ZrO_2	2.3	3.5
ZrO_2-Al_2O_3	0.5	1.0	ZnO	5~6	10

（3）可以进行空间选择性烧结。不同的材料、不同的物相对微波电场或磁场耦合能力有很大差异，产生的热效应也不同，可以利用这个特点对材料进行设计，并在烧结炉中

进行选择性烧结，从而得到新材料或者得到更理想的材料性能。

3.4.3.3 常见微波烧结方法简介

根据微波能的利用形式，微波烧结可分为微波加热烧结、微波等离子烧结和微波-等离子分步烧结等。

（1）微波加热烧结。微波加热烧结，即采用微波直接对样品进行加热。如上所述，该加热方式较之常规加热方式，可实现试样的快速烧结，并有效抑制晶粒异常长大，提高材料显微结构的均匀性。由于在实际加热过程中，样品表面有辐射散热，且温度越高，热损失越大，如果没有合适的保温装置，则加热体内外温差极大，可能导致样品烧结得不均匀，甚至严重开裂，所以要合理设计保温层，尽量减少热量损失，改善加热均匀性。

（2）微波等离子烧结。微波等离子烧结是通过微波电离气体形成等离子体，然后等离子体加热生坯得到致密的陶瓷烧结体。由于快速加热，减小了表面扩散（主要发生在传统烧结的低温阶段）引起的晶粒粗化，为晶界扩散和体积扩散提供了较强的驱动力和较短的扩散途径，从而导致陶瓷显微结构的细化，促进坯体的快速致密。微波等离子烧结升温快，致密化迅速，烧结体性能良好，但是部分烧结机理目前尚不清楚，有待进一步深入研究。

（3）微波-等离子分步烧结。微波加热烧结受材料对微波吸收能力的强烈影响，只有达到某一临界温度后吸收能力才明显增加。微波-等离子烧结不受介质电性能的影响，但大量等离子气体在常温常压下难以激励，负压等离子体又极易在高温下导致样品的大量挥发，同样有很大不足。微波-等离子分步烧结结合两者优点，首先直接用微波的能量把陶瓷生坯加热到特定温度，然后利用微波的能量将气体激励成等离子体，等离子体继续加热陶瓷坯体到烧结温度，形成致密、均匀的烧结体。因此，原则上适宜于烧结各种陶瓷。

微波烧结作为一种新型的烧结方法，能快速达到常规烧结难以达到的高温，在节能、降低成本方面有巨大的潜力。但由于微波烧结过程本身的复杂性，许多技术上的问题有待解决和完善，材料介质特性数据的缺乏和设备的缺乏更是微波烧结技术发展的两大障碍。所以，微波烧结直到现在还没有实现工业化。

3.4.4 其他特种烧结技术

3.4.4.1 自蔓延高温烧结

制备高温难熔材料的传统工艺是高温熔炼及高温烧结，由于熔炼温度高和工艺时间长，因而造成较大的能源及时间消耗。自蔓延高温合成（Self-propagation High-temperature Synthesis，SHS）是成功应用于先进陶瓷、陶瓷复合材料及金属间化合物类高温难熔材料合成的先进技术。该技术是在一定的气氛中点燃粉末压坯，产生化学反应，其放出的生成热使得邻近的物料温度骤然升高而引发新的化学反应，以燃烧波的形式蔓延通过整个反应物，同时反应物转变为生成物。自蔓延高温烧结就是利用 SHS 技术对陶瓷生坯实现烧结的工艺方法。

陶瓷材料的合成大多是放热反应。它不能在常温下进行，是因为反应需要极大的活化能。SHS 技术通过提供必要的能量诱发放热化学反应体系发生局部化学反应，此化学反应在自身放出热量的支持下以燃烧波的形式蔓延至整个反应体系，从而实现陶瓷生坯的烧结。对于一个封闭体系的 SHS 过程，反应时间很短，与外界的质量和能量传递很小，可认为是绝热系统，可用化学反应放出的热量使体系所能达到的最高温度（即绝热温度），来判断能否用 SHS 法实现生坯的烧结。

SHS 烧结具有以下特点：（1）SHS 技术工艺相对简单，使用的设备也比较简单，节约能源，生成效率高，制造成本低廉，只有传统方法费用的 30%~45%。（2）SHS 合成产物污染少，产物纯度高，反应过程的高温可蒸发掉低沸点杂质，所以得到的产物纯度比较高。由于升温和冷却速度很快，温度梯度高，易于存在高浓度缺陷和非平衡结构，反应后可获得常规技术难以获得的高活性的亚稳态产物及复杂相。（3）SHS 烧结是一个极短的过程，从反应被引发到燃烧结束整个过程只需几秒到几分钟，所以这是传统烧结方法无法比拟的。另外，因反应过程时间短，所以燃烧合成时对气氛环境的要求不高。

SHS 技术除了已经在工业上用于切削刀具的制备，还采用 Ti、Ni、C、B 等粉末作为反应体系，在液压和弹性系统加载情况下进行 SHS 过程，制备出密度较高的 TiB_2、TiC、TiB_2/TiC 等先进陶瓷材料。需要指出的是 SHS 烧结过程难以达到理论密度值，这与原料粉末存在吸附气体杂质有关。由于采用金属单质作原料，具有较强的气体吸附性能，在反应时间极短的 SHS 过程中来不及排除。对此可在点火前将混合物置于真空状态进行预热脱气，取得良好的效果。

3.4.4.2　爆炸烧结

爆炸烧结是利用炸药爆炸产生的瞬间巨大冲击力和由此产生的瞬间高温使材料被压实烧结的一种致密化方式。与压力烧结相比，这种方法也是利用高压和由此产生一定温度使材料致密化，但所不同的是这种压力是瞬间冲击力而非静压力，高温是由于在冲击力作用下颗粒相互摩擦作用而间接引起，而并非直接加热产生，所以这是一种区别传统压力烧结方法的一种特殊方法。

由于爆炸烧结是绝热过程，因而颗粒界面热能来自颗粒本身各种能量转化，主要是动能-热能转化。一般认为升温机制有五种：第一种，颗粒发生塑性畸变和流动，并产生热能；第二种，由于绝热压缩而升温；第三种，粉料颗粒间绝热摩擦升温；第四种，粉料颗粒间碰撞动能转化为热能并使颗粒间发生"焊接"现象；第五种，空隙闭合时，孔隙周围由于黏塑性流动而出现灼热升温现象。在这五种升温机制中，第一种和第二种只能引起平均升温，不是主要升温机制，第三种和第四种是主要的界面升温机制，第五种仅在后期起作用。由于界面升温过程极为短暂，所以能量效率极高。由于致密化过程历时极短，颗粒自身仍处于冷却状态，扩散传质不可能成为致密化机制，所以界面升温参与的颗粒塑性流动为爆炸烧结的主要机制。

爆炸烧结主要有以下三个特征。

（1）瞬态绝热升温特征。粉料在爆轰过程中密实过程是瞬态冲击力造成的。激波压力与粉末压实密度存在对应关系，在压力达到最大时密度也最大，压力停止增加或撤销时，各种致密化过程和升温过程也停止。由于爆炸过程中样品升温是由于自身颗粒间撞击摩擦引起，而不是来自外界（如爆炸释放的热能），而且速度极快，所以这一过程是绝热过程。

（2）热量聚集颗粒表面或界面特征。金相观察表明，爆炸烧结瞬间，颗粒界面邻近区域存在能量快速积聚现象，引起界面的高温甚至使界面区域熔化，而颗粒内部则相对处于冷却状态，对升温的边界起冷却作用甚至淬火作用，从而使界面形成极细的微晶甚至非晶组织。

（3）可能的界面层化学反应。两种不同的粉料组成复合粉料时，在激波作用下不同颗粒界面可发生反应，从而合成新的相。

最初利用炸药爆炸产生的瞬间冲击力实现某些特殊材料（如金刚石、立方氮化硼等）的合成，这方面的工作从 20 世纪 50 年代开始，60 年代得到较快发展。爆炸烧结用于先进陶瓷的烧结，一方面是由于高技术陶瓷的重要性日益得到认识，另一方面是由于这种方法可以提供其他方法无法替代的作用，如可使粉料实现致密化的同时抑制晶粒生长、可对烧结粉末进行活化等，从而为获得高密度的细晶材料开辟新的途径。

3.4.4.3 冷烧结

为使陶瓷材料的密度达到其理论密度的 95% 以上，陶瓷材料烧结温度需达到其熔化温度的 50%~75%。因此，大多数陶瓷材料的烧结温度大于 1000 ℃，使得陶瓷材料的生产过程需要消耗较多的能源，且高温烧结使得陶瓷材料在材料合成、物相稳定性等方面受到了限制。为了降低陶瓷粉体的烧结致密化温度，液相烧结、场辅助烧结、FS 等新型烧结技术被应用，但是由于固相扩散及液相形成仍需较高温度加热陶瓷粉体，上述技术并没有将烧结温度降低到"低温范畴"。美国宾夕法尼亚州立大学 Randall 课题组受水热辅助热压工艺启发，提出一种"陶瓷 CS 工艺"新技术。与传统的高温烧结工艺不同，陶瓷 CS 工艺通过向粉体中添加一种瞬时溶剂并施加较大压力（350~500 MPa）从而增强颗粒间的重排和扩散，使陶瓷粉体在较低的温度（120~300 ℃）和较短的时间下实现烧结致密化，为低温烧结制造高性能结构陶瓷和功能陶瓷创造了可能。

★ 课程思政

陶瓷烧结技术是陶瓷材料从粉末到致密体的关键转化过程，是火与土的艺术，更是智慧与精神的熔铸。中国陶瓷史是一部"火的艺术"进化史。宋代汝窑以"雨过天青"闻名于世，其奥秘在于精准的烧结控温，即窑工通过观察火照（试火砖）颜色变化，将炉温误差控制在-10~10 ℃，相当于仅凭经验完成现代热电偶的精密调控。景德镇陶瓷匠人凭借数十年经验，仅凭火焰颜色便能判断窑内温度，误差不超过 5 ℃，这种"人窑合一"的极致追求，正是现代气氛烧结、热等静压等技术需要传承的"匠心密码"。

传统烧结能耗占陶瓷生产总能耗的 60%，每吨陶瓷排放二氧化碳达 1.5 t。通过电磁场与材料耦合产生选择性加热，使氧化铝烧结温度从 1600 ℃降至 1300 ℃，能耗降低 40%，且全程零碳排放。

窑炉中跃动的火焰，应如创新报国的热忱般永不熄灭；烧结曲线上的每个拐点，都标记着民族工业爬坡过坎的奋斗足迹。作为新时代材料人，我们当以"千度烈焰炼真金"的坚韧锤炼本领，以"万家器皿出窑新"的胸怀服务社会，在实现高水平科技自立自强的征程中，续写中国陶瓷"浴火而生、向新而行"的辉煌篇章。

课 后 习 题

3-1　简述陶瓷材料烧结驱动力是什么？如果对陶瓷粉末粒度进行细化，是否有助于提高烧结速度？为什么？

3-2　阐述陶瓷烧结过程中物质传输机制，各自特点是什么？

3-3　举例阐述陶瓷烧结过程中缺陷浓度增加提高扩散传质的原因。

3-4　简述影响陶瓷烧结的因素有哪些，是如何影响烧结的？

3-5　与传统热压烧结相比，振荡热压烧结有哪些优势？

3-6　阐述闪烧特点及其优势。

4 氧化物结构陶瓷材料

氧化物结构陶瓷是应用较早和较广泛的一类陶瓷材料，其熔点一般高于 SiO_2 晶体熔点（1730 ℃），主要包括简单氧化物陶瓷，如 Al_2O_3、MgO、ZrO_2、BeO、ThO_2、TiO_2，以及复合氧化物陶瓷，如 $Al_6Si_2O_{13}$（莫来石）、$MgAl_2O_4$（尖晶石）。氧化物陶瓷是典型的离子晶体，主要由阳离子和阴离子形成的离子键结合而成。因此，氧化物陶瓷材料因其强大结合键和较少的载流子而具有熔点高、良好绝缘性和化学性能稳定的特点，同时还具有良好抗氧化性能。氧化物陶瓷可作为耐热、耐磨损、耐腐蚀、绝缘和抗氧化等结构材料，在机械、化工、电子、能源、环保、航天等领域有着广泛应用。

4.1 氧化铝陶瓷

氧化铝（Al_2O_3）陶瓷因其优异的综合性能及相对较低的制造成本，是目前使用最多的氧化物陶瓷，其作为陶瓷基板在航空航天等工业领域有广阔的应用前景。Al_2O_3 同质多晶体可达十多种，如 $\alpha\text{-}Al_2O_3$、$\beta\text{-}Al_2O_3$、$\gamma\text{-}Al_2O_3$ 和 $\zeta\text{-}Al_2O_3$；其中 $\alpha\text{-}Al_2O_3$ 结构紧密，能稳定存在于所有温度下；当温度达到 1000~1600 ℃时，Al_2O_3 其他同质多晶体会不可逆地转变为 $\alpha\text{-}Al_2O_3$。

4.1.1 氧化铝陶瓷的晶体结构

$\alpha\text{-}Al_2O_3$ 是氧化铝晶型中唯一热力学稳定相，也是自然界稳定存在的一种矿物，又称刚玉。纯净 $\alpha\text{-}Al_2O_3$ 晶体是无色透明的，当含有微量 Cr^{3+} 离子的 $\alpha\text{-}Al_2O_3$ 晶体呈淡红色，又称红宝石；含有微量 Ti^{4+} 离子的 $\alpha\text{-}Al_2O_3$ 晶体呈蓝色，又称蓝宝石。$\alpha\text{-}Al_2O_3$ 主要由 Al 和 O 元素组成，两元素电负性差值为 2.0，计算出 $\alpha\text{-}Al_2O_3$ 中离子键占 63%，共价键占 33%。

通常认为 $\alpha\text{-}Al_2O_3$ 晶体是六方结构，但实际属于三方晶系，晶体结构示意图见图 4-1。根据正负离子半径比值与配位数的关系，可知 Al^{3+} 离子位于 6 个 O^{2-} 离子形成的为八面体空隙中，配位数为 6。因 Al^{3+} 和 O^{2-} 的比例为 2∶3，所以只有 2/3 的八面体空隙被 Al^{3+} 填充，其余 1/3 间隙是空着的。图 4-1 为 $\alpha\text{-}Al_2O_3$ 晶格离子堆积示意图，可以看出 O^{2-} 离子呈六方紧密堆积，而 Al^{3+} 离子则占据其 2/3 的八面体间隙。表 4-1 给出了 $\alpha\text{-}Al_2O_3$ 晶体的晶体数据。

表 4-1　$\alpha\text{-}Al_2O_3$ 晶体学数据

晶系	空间群	晶胞常数			JCPDS 编号
		a	b	c	
菱方晶系	R_3C	4.758	—	12.991	10-173

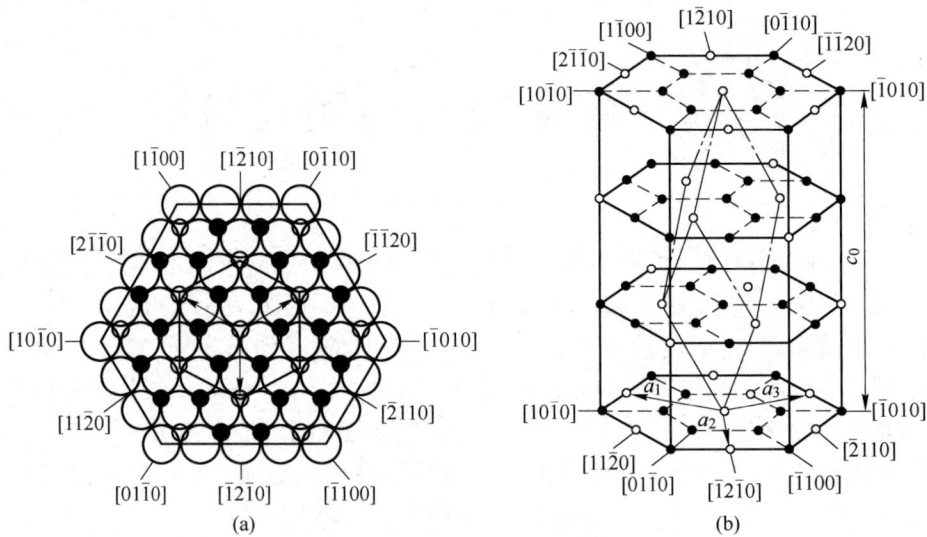

图 4-1　α-Al$_2$O$_3$ 晶体结构示意图

（a）α-Al$_2$O$_3$ 晶体中 O^{2-} 离子排列；（b）α-Al$_2$O$_3$ 中 Al^{3+} 离子亚晶格

4.1.2　α-Al$_2$O$_3$ 的物理性质

α-Al$_2$O$_3$ 密度为 3.98~3.99 g/cm^3，硬度仅次于金刚石、立方氮化硼和碳化硅，是氧化物中硬度最大的陶瓷，常用作磨料等。α-Al$_2$O$_3$ 单晶热膨胀系数低于 MgO 和 CaO 晶体，略高于莫来石晶体；α-Al$_2$O$_3$ 单晶导热性能好，特别是低温时更佳，单晶热导率的各向异性现象不太明显。此外，α-Al$_2$O$_3$ 晶体不仅具有很好的透光性，也是一种极好的红外透过材料，且其红外波段透过率几乎不随温度而变化。α-Al$_2$O$_3$ 在常温下不受酸碱腐蚀，300 ℃以上才能被氢氟酸、氢氧化钾、磷酸所侵蚀，具有良好的化学稳定性。α-Al$_2$O$_3$ 单晶的性质见表 4-2。

表 4-2　单晶 α-Al$_2$O$_3$ 的性质

熔点/℃		2050±9.7
密度/(g·cm^{-3})		3.98
折射率	c 轴方向	1.768
	非 c 轴方向	1.760
硬度 H_v (500)/GPa	平行于 c 轴	19.03
	垂直于 c 轴	21.56
平行于 c 轴的杨氏模量/GPa	室温	435
	1000 ℃	386
室温下抗压强度/GPa		2
抗弯强度/MPa	沿着 c 轴	1035
	垂直于 c 轴	760

续表 4-2

热膨胀系数 /K^{-1}	0~127×10^{-6} ℃	6.26×10^{-6}（平行于 c 轴）	5.51×10^{-6}（垂直于 c 轴）
	0~527×10^{-6} ℃	7.96×10^{-6}	7.15×10^{-6}
	0~1127×10^{-6} ℃	8.84×10^{-6}	7.96×10^{-6}
热导率/[W·(m·K)]$^{-1}$	室温	36	
	100 ℃	28.9	
	500 ℃	10.5	
	1100 ℃	5.9	

在工业应用中，α-Al$_2$O$_3$ 陶瓷一般为多晶体陶瓷，其性质还和 α-Al$_2$O$_3$ 纯度有关。表 4-3 为室温下不同纯度下 α-Al$_2$O$_3$ 陶瓷介电性能、热膨胀系数、抗弯强度和热导率。可以看出，随着纯度提高，α-Al$_2$O$_3$ 陶瓷相对介电常数、热膨胀系数及抗弯强度增加，热导率迅速上升，当 α-Al$_2$O$_3$ 质量分数达到 99% 时，α-Al$_2$O$_3$ 热导率相较质量分数为 90% 时提高了近一倍。然而，α-Al$_2$O$_3$ 纯度提高虽然可以促使其综合性能得到改善，但同时 α-Al$_2$O$_3$ 陶瓷的烧结温度也会提高，增加陶瓷的生产成本和工艺难度。

表 4-3　室温下不同 Al$_2$O$_3$ 质量分数陶瓷的性能对比

Al$_2$O$_3$ 含量（质量分数）/%	相对介电常数	损耗角正切值（高频）	容积电阻率 /(Ω·cm)	热膨胀系数 /K^{-1}	抗弯强度 /MPa	最大工作温度/℃	热导率 /[W·(m·K)]$^{-1}$
85.00	8.2~8.5	0.0010~0.0014	>10^{14}	5.3×10^{-6} ~ 6.5×10^{-6}	298	1400	7.5~13.0
90.00	8.8~10.0	0.0006~0.0010	>10^{14}	6.2×10^{-6} ~ 6.8×10^{-6}	339	1500	12.0~13.0
96.00	9.0~9.5	0.0003	>10^{14}	6.6×10^{-6} ~ 6.7×10^{-6}	360	1700	21.0~25.0
99.50	9.5~9.8	0.0001	>10^{14}	6.9×10^{-6} ~ 7.1×10^{-6}	381	1750	29.0~35.0
99.99	9.9~10.3	0.0003	>10^{14}	7.0×10^{-6} ~ 7.2×10^{-6}	394	1900	37.0~45.0

4.1.3　α-Al$_2$O$_3$ 陶瓷的烧结

α-Al$_2$O$_3$ 陶瓷烧结工艺主要有常压烧结、热压烧结、热等静压烧结、微波加热烧结、放电等离子烧结和闪烧等。根据烧结过程中是否有液相产生，氧化铝烧结有液相烧结和固相烧结。

固相烧结 α-Al$_2$O$_3$ 所用原料为高纯度超细氧化铝粉末。在烧结之前，一般在高纯粉末中引入少量 MgO 或其他添加剂，抑制 $\alpha\text{-}Al_2O_3$ 晶粒生长，促进致密化。高纯 $\alpha\text{-}Al_2O_3$ 致密化烧结温度取决于其粉体粒径、比表面积和烧结活性。对于化学法合成的高纯、超细、高活性氧化铝粉末，可在较低烧结温度（1350~1550 ℃）情况达到较高相对密度。如表 4-4 列出了不同厂家生产的 $\alpha\text{-}Al_2O_3$ 粉末的性质和固相烧结特性。

表 4-4 氧化铝粉体及固态烧结特性

Al_2O_3 粉末	粉体性能		烧结特性	
	$d/\mu m$	BET 法比表面积/$(m^2 \cdot g^{-1})$	烧结条件	烧结密度/$(g \cdot cm^{-3})$
（TM-DR）日本大明	0.1	14.5	1350, 2 h	3.96
（AKP-30）	0.3~0.5	5~10	1600, 2 h	3.97
美国 HPA-0.5	0.5	10.0	1510, 2 h	3.96
美国 HPA-0.5	0.4	8.0	1510, 2 h	3.96

美国 GE 公司的陶瓷学家 Coble 于 1961 年首先在高纯 $\alpha\text{-}Al_2O_3$ 烧结过程中加入少量 MgO 可有效抑制晶粒长大，降低氧化铝平均晶粒生长速度，使烧结趋于完全致密。MgO 加入量（质量分数）一般为 0.05%~0.25%，不同加入量可以对氧化铝晶粒产生不同的作用。研究者通常认为 MgO 抑制氧化铝晶粒生长是通过"钉扎"作用实现的。研究者认为当添加 MgO 含量（质量分数）大于 0.1% 时，在晶界表面上形成第二相——尖晶石（$MgAl_2O_4$），并包裹在 $\alpha\text{-}Al_2O_3$ 晶粒的晶界。晶粒长大是通过晶界迁移实现的。由于晶界处尖晶石的钉扎作用，$\alpha\text{-}Al_2O_3$ 晶界迁移需要付出较大的能量才能越过尖晶石相，有效阻止了 $\alpha\text{-}Al_2O_3$ 晶粒长大。特别是在烧结后期，MgO 对 $\alpha\text{-}Al_2O_3$ 晶体长大的抑制作用甚是明显。

除 MgO 外，还可以通过引入与 $\alpha\text{-}Al_2O_3$ 形成固溶体的氧化物添加剂，促进固相烧结，如 TiO_2、Cr_2O_3 等。Ti^{4+} 离子半径为 0.64 nm，和 Al^{3+} 离子半径（0.57 nm）很接近，Ti^{4+} 易取代 Al^{3+} 而形成固溶体，会引起一定的晶格畸变，同时 Ti^{4+} 置换 Al^{3+}，为了保持电中性会产生阳离子空位，从而使晶格活化，促进 $\alpha\text{-}Al_2O_3$ 烧结。在高温下，Ti^{4+} 会被还原成 Ti^{3+}，其离子半径增大，导致 $\alpha\text{-}Al_2O_3$ 晶格畸变加，进一步促进烧结和降低烧结温度。而对于 Cr_2O_3 促进 $\alpha\text{-}Al_2O_3$ 固相烧结作用机理也大致相同。Cr^{3+} 的离子半径（0.64 nm）与 Al^{3+} 离子半径相差 14%，可形成完全置换型固溶体，从而使得 $\alpha\text{-}Al_2O_3$ 晶格产生畸变，促进烧结。此外，Cr_2O_3 添加可以提高 $\alpha\text{-}Al_2O_3$ 陶瓷材料硬度和强度。

一般工业领域应用的 $\alpha\text{-}Al_2O_3$ 陶瓷大多采用成本较低、生产量大的拜耳法生产的原料粉末，其粒度较大，烧结活性远不如化学法合成的高纯超细粉，导致 $\alpha\text{-}Al_2O_3$ 陶瓷烧结温度较高。因此，为了达到高致密，降低烧结温度，人们通常引入可形成液相的助烧剂（如 CaO、SiO、MgO 等）。常见 $\alpha\text{-}Al_2O_3$ 陶瓷液相烧结的常见组成体系主要有 $CaO\text{-}Al_2O_3\text{-}SiO_2$ 体系、$MgO\text{-}Al_2O_3\text{-}SiO_2$ 体系、$CaO\text{-}MgO\text{-}Al_2O_3\text{-}SiO_2$ 体系等，表 4-5 为常用 $\alpha\text{-}Al_2O_3$ 陶瓷的配方及物性。

在 Al_2O_3 含量相当时，虽然 $CaO\text{-}Al_2O_3\text{-}SiO_2$ 体系的烧成温度比 $MgO\text{-}Al_2O_3\text{-}SiO_2$ 体系低，但晶粒比较大，抗酸腐蚀能力差，且在粗大晶粒中易形成晶内孔，微观结构不够理想。$CaO\text{-}MgO\text{-}Al_2O_3\text{-}SiO_2$ 体系具有烧成温度低、晶粒较小、显微结构致密、抗酸碱腐蚀能力较强等优点，是一种比较理想的配方体系。

表 4-5　常用氧化铝陶瓷的配方及物性

名　　称		95 瓷	95 瓷	95 瓷	97 瓷	97 瓷	99 瓷
组分及质量分数	Al_2O_3	93.5	95.0	95.0	97.0	97.0	99.0
	高岭土	1.95	2.0	—	1.0	1.0	0.75
	滑石	—	3.0	3.75	1.3	0.8	—
	$CaCO_3$	3.27	—	0.63	—	—	—
	$MgCO_3$	—	—	—	—	—	0.25
	SiO_2	—	—	0.63	—	—	—
	Cr_2O_3	—	—	—	—	0.05	—
	Nb_2O_3	—	—	—	—	0.9	—
	La_2O_3	—	—	—	0.5	—	—
	$SrCO_3$	—	—	—	0.3	0.3	—
主要物性	烧成温度/℃	1600	1610	1760	1740	1740	1750
	抗折强度/MPa	>320	217	235	>320	>320	370~450
	介电常数	8~8.5	8.8	8	8.9~9.6	>9	>9
	比体积电阻/$(\Omega \cdot m)$	$10^{11} \sim 10^{12}$	2×10^8	10^{11}	10^{11}	10^{11}	$10^{12} \sim 10^{13}$

4.1.4　氧化铝陶瓷的微观结构和性能

固相烧结高纯（99.9%）α-Al_2O_3 陶瓷通常为等轴状晶粒。图 4-2 为采用日本大明公司生产高纯 α-Al_2O_3 粉末在 1500 ℃无压烧结后的微观结构，可见所制备氧化铝陶瓷材料致密度高，微观结构均匀，晶界洁净，无玻璃相，晶粒呈六角形或其他多边形等轴状，其平均尺寸大约 1.5 μm。若采用压力辅助烧结如热压烧结、振荡热压烧结、电场辅助烧结（包括闪烧），可获得晶粒细小（小于 1 μm）的微观形貌。表 4-6 表示为固相烧结制备的纯度（质量分数）大于 99% 的 α-Al_2O_3 陶瓷的主要性能，可见高纯 α-Al_2O_3 陶瓷材料具有

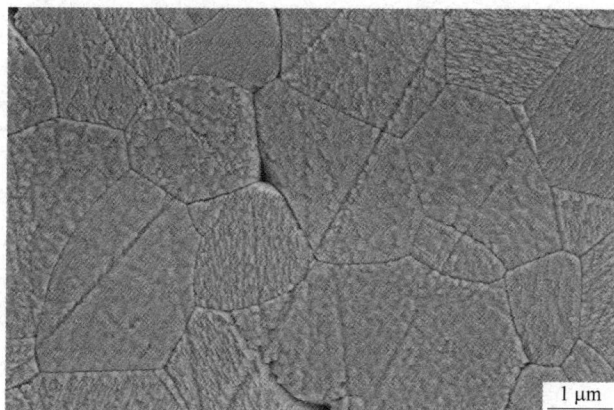

1 μm

图 4-2　1500 ℃无压烧结 Al_2O_3 陶瓷的微观结构

图 4-2 电子图

较高硬度（19.3 GPa）、抗弯强度达到 550~600 MPa、热导率为 38.9 W/(m·K)。纯度为 99%~99.7% 的 α-Al$_2$O$_3$ 陶瓷也具有良好的性能。与添加 MgO 的氧化铝陶瓷相比，相同纯度下，不含 MgO 的 α-Al$_2$O$_3$ 陶瓷结晶较大，导致其抗弯强度明显下降，只有 160~300 MPa。

表 4-6   Al$_2$O$_3$（质量分数大于 99%）陶瓷典型性能数据

项目	>99.9%	>99.7%①	>99.7%②	99%~99.7%
密度/(g·cm^{-3})	3.96~3.98	3.6~3.89	3.65~3.89	3.89~3.96
硬度 H_v(500)/GPa	19.3	16.3	15~16	15~16
抗弯强度/MPa	550~600	160~300	245~412	500
断裂韧性/(MPa·m$^{1/2}$)	3.8~4.5	—	—	5.6~6
弹性模量/GPa	400~410	300~380	300~380	330~400
抗压强度/MPa	>2600	2000	2600	2600
热膨胀系数/K^{-1}	6.5×10^{-6} ~ 8.9×10^{-6}	5.4×10^{-6} ~ 8.4×10^{-6}	5.4×10^{-6} ~ 8.4×10^{-6}	6.4×10^{-6} ~ 8.2×10^{-6}
室温热导率/[W·(m·K)$^{-1}$]	38.9	28~30	30	30.4

①不含 MgO 但再结晶样品；②含 MgO。

　　液相烧结氧化铝陶瓷微观结构中一般含有较多玻璃相，以等轴晶粒为主，同时少数晶粒可能会发育为短柱状或板状。玻璃相的热导率和晶化程度对液相烧结氧化铝陶瓷的力学性能具有重要影响；晶界处玻璃相析晶会引起体积变化，可能产生微裂纹，进而降低氧化铝陶瓷的强度。

　　研究发现，致密陶瓷退火结晶主要取决于晶界玻璃相中 MgO 与 CaO 比值；当 MgO 含量高时（MgO:CaO>2），体系结晶缓慢，会形成大量硅酸镁和硅铝酸盐，如斜长石、假蓝宝石和尖晶石；当 MgO:CaO 趋近 1 时，体系中可生成主要相为斜长石和顽辉石；当 CaO 含量高（MgO:CaO<1）时，可形成钙长石和钙铝黄长石。在以上情况下，体系中的剩余玻璃相会被保留。常见 96% 氧化铝陶瓷及其他 80%~99% 的氧化铝陶瓷性能数据见表 4-7。

表 4-7   氧化铝陶瓷典型性能数据

项目	96.5%~99%	94.5%~96.5%	86%~94.5%	80%~86%
密度/(g·cm^{-3})	3.73~3.8	3.7~3.9	3.4~3.7	3.3~3.4
硬度 H_v(500)/GPa	12.8~3.8	12~15.6	9.7~12	—
抗弯强度/MPa	230~350	310~330	250~330	200~300
断裂韧性/(MPa·m$^{1/2}$)	—	—	—	3~4
弹性模量/GPa	300~380	300	250~300	200~2400
抗压强度/MPa	1700~2500	2000~2100	1800~2000	—
热膨胀系数/K^{-1}	8×10^{-6} ~ 8.1×10^{-6}	7.6×10^{-6} ~ 8×10^{-6}	7.6×10^{-6} ~ 7×10^{-6}	—
热导率/[W·(m·K)$^{-1}$]	24~26	20~30	15~20	—
烧成温度/℃	—	1520~1600	1440~1600	—

4.1.5 氧化铝陶瓷的应用

α-Al_2O_3 陶瓷的特点主要有：（1）硬度高，莫氏硬度为9，良好耐磨性；（2）机械强度高，抗弯强度可达 $300 \sim 500$ MPa；（3）耐热性能优异，可在 1000 ℃ 条件下连续使用；（4）电阻率高，常温电阻率 10^{15} $\Omega \cdot cm$，电绝缘性能好，绝缘强度为 15 kV/mm，同时具有优异高温绝缘性和较高抗击穿电压；（5）化学稳定性好，室温下，硫酸、盐酸、硝酸、氢氟酸等都不与其作用，硫化物、磷化物、氯化物、氮化物、溴化物等化合物也不与 α-Al_2O_3 反应；（6）耐高温腐蚀性好，对 Mn、Fe、Be、Sr、Ni、Al、V、Ta、Co 等熔融金属及 NaOH、玻璃、炉渣等均具有较好抗侵蚀性；（7）良好透光性，可制成透明和半透明材料。α-Al_2O_3 陶瓷在现代工业领域中得到广泛应用。

（1）机械工业领域。α-Al_2O_3 陶瓷可以制造切削金属的陶瓷刀头、拉丝模、轴承球、研磨介质等。表4-8列出不同厂家生产的 α-Al_2O_3 及其复合陶瓷切削刀具的主要性能。

表4-8　不同厂家生产的 α-Al_2O_3 及其复合陶瓷切削刀具的主要性能

生产厂家	刀具牌号	主要成分	制造方法	密度 /($g \cdot cm^{-3}$)	硬度 (HRV)	抗弯强度 /MPa	晶粒尺寸 /μm
瑞典 Sandvik	CC620	$Al_2O_3 + ZrO_2$	无压	3.98	—	—	—
	CC650	$Al_2O_3 + TiC + TiN + ZrO_2$	热压	4.30	—	—	—
德国 Hertel	AC5	Al_2O_3	无压	4.0	95	500	1.8
	MC2	$Al_2O_3 + TiC$	热压	4.25	$95 \sim 96$	600	1.5
美国 Valenite	V32	$Al_2O_3 + TiC$	热压	4.25	94.2	—	0.5
美国 V-R. Wesson	VR97	Al_2O_3	热压	3.973	1665①	600	4
日本 特殊陶业	NTK-HC1	Al_2O_3	热压	3.98	94.5	$500 \sim 700$	—
	NTK-HC2	—	热压	4.30	94.5	$700 \sim 800$	—

①为维氏硬度。

（2）电子工业领域。α-Al_2O_3 陶瓷具有良好电绝缘性，可用于陶瓷基板、真空开关陶瓷管壳、绝缘陶瓷等，其是目前应用最广泛的陶瓷基板材料。

（3）半导体制造领域。作为各种结构部件，高纯 α-Al_2O_3 陶瓷可用于半导体生产线，如硅晶片吸盘、挂钩等。一般要求氧化铝晶粒细小，表面加工良好，无缺陷。

（4）其他领域。氧化铝陶瓷作为坩埚、热电偶保护管、炉管等常加热元件，用于高温环境领域；氧化铝陶瓷作为耐磨件，如刮水板、除砂器等，可用于造纸工业中高速纸机；氧化铝陶瓷用作柱塞泵、机械垫圈、喷嘴、耐磨损衬套、衬板、水阀片等，可用于化工、轻工、纺织等领域；氧化铝陶瓷作为人工牙齿、陶瓷髋关节等生物陶瓷用于医疗。

4.2　氧化锆陶瓷

4.2.1　概述

氧化锆（ZrO_2）陶瓷具有十分优异的物理和化学性能，可用作球磨介质、陶瓷轴承、固体电解质等，在航空航天、机械电子等高技术工业领域有着广泛应用。在不同温度下，ZrO_2 具有不同的晶体结构，低温时为单斜晶型，中温时为四方晶型，高温时为立方晶型。随着温度变化，ZrO_2 不同晶型之间会发生相变，单斜与四方晶型相变（m→t）时，伴随有体积突变，这导致难以采用纯氧化锆制造出致密烧结且又不开裂的制品。因此，人们通常采用中阳离子半径与 Zr^{4+} 离子半径接近的碱土氧化物或稀土氧化物（如 MgO、CaO、Y_3O_2、CeO_2 等）掺杂 ZrO_2，形成固溶体，制备部分稳定氧化锆（PSZ）和全稳定氧化锆（FSZ）。

全稳定氧化锆（Fully Stabilized Zirconia，FSZ）可通过引入较高浓度稳定剂（8%molY_3O_2）获得的立方相固溶体，直到室温都是动力学稳定的状态，不发生相变。FSZ 高线膨胀系数（约 11×10^{-6}/K）较大，热导率低［2 W/（m·K）］，因此，其抗热冲击性能很差，在加热或冷却时，会引起很大的热梯度，产生大的热应力，从而限制 FSZ 作为结构陶瓷部件使用。在立方 ZrO_2 中引入单斜相 ZrO_2，得到一种被称为部分稳定氧化锆（Partially Stabilized Zirconia，PSZ），可提高其热稳定性。PSZ 的显微结构特征是在立方相晶粒内及晶界处分散着一定数量的单斜相，冷却过程中四方到单斜的相变膨胀将抵消基体部分冷却收缩，降低热膨胀系数，另外，还可降低弹性模量，使其抗热震性得到改善。PSZ 陶瓷可用作高温喷嘴、熔化金属的坩埚、高温炉内衬、高档耐火材料。但由于这种 PSZ 材料的抗弯强度和断裂韧性都很低，因此，并不适应作为结构陶瓷部件使用。

自澳大利亚陶瓷学者 Garvie 首次报道了相变增韧的部分稳定氧化锆陶瓷，相变增韧 PSZ 陶瓷材料抗弯强度由传统的 250 MPa 提高到 600 MPa，断裂韧性可达 10 MPa·$m^{1/2}$ 以上。这一发现引起全世界陶瓷材料科学工作者的极大兴趣与重视，并开始对相变增韧氧化锆陶瓷进行系统广泛的研究。随后，Gupta 等人报道了力学性能更为优异的四方多晶氧化锆陶瓷（TZP）。由于 TZP 陶瓷中 t-ZrO_2 含量高，相变分数很高，增韧增强效果显著。TZP 陶瓷材料具有最佳的室温力学性能，特别是氧化钇稳定的 Y-TZP 陶瓷，其抗弯强度可达到 2.0 GPa，断裂韧性超过 20 MPa·$m^{1/2}$。TZP 陶瓷材料在现代科技和工业领域得到广泛的应用。但遗憾的是，相变增韧 ZrO_2 陶瓷具温度敏感性，高温下可能相变增韧失效，致使材料的强度和韧性随温度上升而急剧下降。此外，Y-TZP（钇稳定四方多晶氧化锆）陶瓷存在低温老化现象，即长时间处于 100~400 ℃环境下，特别在潮湿、有水或水蒸气条件下，其强度和韧性下降等力学性能会严重下降，使用范围受到一定限制。

4.2.2 氧化锆的晶体结构

高纯 ZrO_2 为白色，具有三种晶型，在高温段（大于 2370 ℃）为立方相（c-ZrO_2），在中温段（1200~2370 ℃）为四方相（t-ZrO_2），在低温段（<950 ℃）为单斜相（m-ZrO_2），密度分别为 6.27 g/cm^3、6.10 g/cm^3、5.65 g/cm^3。随着温度升高，ZrO_2 密度越大；在同样质量下，温度越低，ZrO_2 体积越大。

ZrO_2 三种晶型的结构示意图如 4-3 所示，三种晶型及其含不同稳定剂的 ZrO_2 晶格参数见表 4-9。三种晶型间相互转化关系如下：

$$\text{m-ZrO}_2 \rightleftharpoons \text{t-ZrO}_2 \rightleftharpoons \text{c-ZrO}_2 \longrightarrow \text{熔融}$$

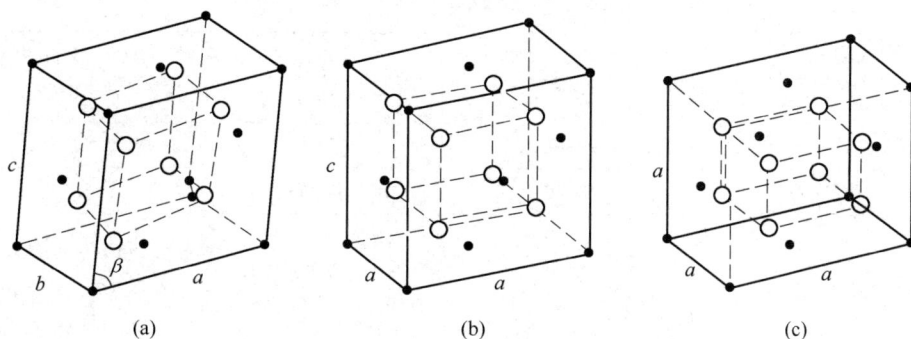

图 4-3　ZrO_2 的三种晶型及相应的空间群

(a) 单斜相；(b) 四方相；(c) 立方相

表 4-9　三种晶型 ZrO_2 及含不同稳定剂的 ZrO_2 的晶格常数

材　料	晶格参数						
	a_m	a_1	a_c	b_m	b_t	c_m	β
单斜氧化锆	5.188	—	—	5.214	—	5.383	81.2
四方氧化锆	—	5.148	—	—	5.269	—	—
立方氧化锆	—	—	5.080	—	—	—	—
9.4Mg-PSZ	5.177	5.077	5.080	5.117	5.183	5.303	98.91
8.4Ca-PSZ	5.156	5.094	5.132	5.191	5.18	5.304	98.8
12Ce-TZP	5.193	5.132	—	5.204	5.228	5.362	98.8
4.5Y-PSZ	—	5.116	5.130	—	5.157	—	—
3Y-TZP	—	5.102	—	—	5.176	—	—

　　三种晶型在不同温度下会发生相互转变，m-ZrO_2 向 t-ZrO_2 转变温度约为 1170 ℃，并伴有 7%～9% 的体积收缩，而 t-ZrO_2 向 m-ZrO_2 转变温度约为 950 ℃，即四方相转变为单斜相有滞后现象，同时伴有 3%～4% 的体积膨胀，如图 4-4 和图 4-5 所示。t-ZrO_2 向 c-ZrO_2 转变温度为 2370 ℃，c-ZrO_2 的熔点为 2680 ℃。不同晶型氧化锆的物理性能见表 4-10。

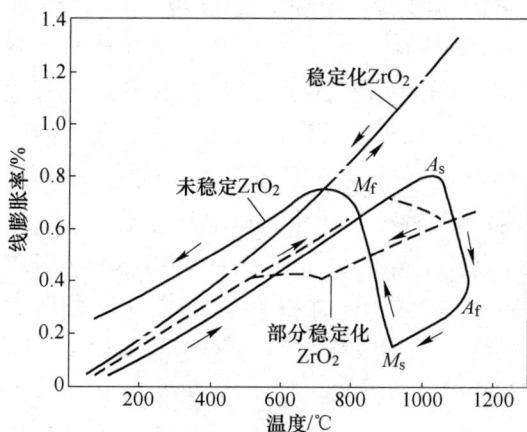

图 4-4　热膨胀曲线

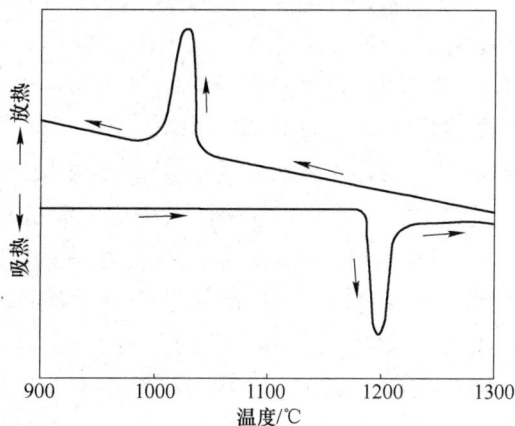

图 4-5　差热曲线

表 4-10 三种单晶氧化锆的物理性能

晶型		立方相	四方相	单斜相
熔点/℃		2500~2600	2677	—
密度/(g·cm^{-3})		5.68~5.91	6.10	—
硬度 H_v(500)/GPa		7~17	12~13	6.6~7.3
热膨胀系数/K^{-1}		7.5×10^{-6}~13×10^{-6}	8×10^{-6}~10×10^{-6}/a 轴 10.5×10^{-6}~13×10^{-6}/c 轴	6.8×10^{-6}~8.4×10^{-6}/a 轴 1.1×10^{-6}~3.0×10^{-6}/b 轴 12×10^{-6}~14×10^{-6}/c 轴
热导率 /[W·(m·K)$^{-1}$]	100 ℃	1.675	—	—
	1300 ℃	2.094	—	—
折射率		2.15~2.18	—	

4.2.3 稳定氧化锆

氧化锆随着温度降低，在四方相到单斜相转变，会伴随有体积膨胀，导致材料开裂和破坏，难以制备出致密且又不开裂的纯氧化锆制品。在工业领域所使用的氧化锆都需要引入稳定剂才能制备出全稳定或部分稳定氧化锆。ZrO$_2$ 常用稳定剂主要 CaO、MgO、Y$_2$O$_3$、CeO$_2$。事实上，只要稀土氧化物阳离子半径与 Zr^{4+} 离子半径相差不超过 40%，都可以与 ZrO$_2$ 形成固溶体，对 ZrO$_2$ 晶体结构起稳定作用。

通过快冷可将立方相结构完整地保留下来，制备出 CaO 全稳定立方相 ZrO$_2$，这是 CaO 稳定氧化锆固体电解质的基础，也是制备氧化锆耐火材料制品的有效方法。在实际应用中 CaO 稳定 ZrO$_2$ 结构是由立方相组成，同时包含着许多均匀分布的均匀成核的四方相颗粒。经适当热处理可使四方相晶核生长到一定尺寸（0.1 μm），处于亚稳态，在裂纹扩展的应力作用下四方相会发生相变，能获得力学性能较好的 CaO 稳定 ZrO$_2$ 陶瓷材料。但该热处理工艺可行的温度和化学组成范围狭窄，限制了此项技术的应用。

MgO 在 m-ZrO$_2$ 中的固溶度较低，即使到了 900 ℃ 时都不固溶，在 1120 ℃ 时 MgO 在 m-ZrO$_2$ 固溶度达到 1.6%，但在 1190 ℃ 又降到 0。MgO 在 t-ZrO$_2$ 中 MgO 可溶性较好，在 1400 ℃ 固溶度达到最大值，约为 1.7%±0.2%。氧化镁部分稳定氧化锆（Mg-PSZ）有代表性的组分是 MgO 含量约 8%，制备工艺为在立方相区域进行固溶热处理，处理温度约在 1800 ℃，具体由成分决定，然后迅速快冷。这种快冷保留立方相固溶体，同 Ca-PSZ 一样，能促使很细的四方相析出物均匀成核，但须限制最快冷却速率，避免热冲击。

Y$_2$O$_3$ 是目前普遍采用的 ZrO$_2$ 的稳定剂。稳定剂 Y$_2$O$_3$ 的含量在 1.75%~3.5%（摩尔分数）范围变化。如果晶粒足够小，就可以获得一个完整的四方相 ZrO$_2$ 陶瓷（称作四方氧化锆多晶体，Tetragonal Zirconia Polycrystal，TZP）。采用分散良好的超细粉体在 1400~1550 ℃ 烧结，可控制晶粒长大速率而获得细晶的四方相 ZrO$_2$ 陶瓷。四方氧化锆 t-ZrO$_2$ 含量取决于组成、烧结温度和时间，一般在 60%~100% 变化。TZP 材料典型的物理性能见表 4-11。

表 4-11 TZP 材料典型的物理性能

项　目	Y-TZP	Ce-TZP	项　目	Y-TZP	Ce-TZP
稳定剂（摩尔分数）/%	2~3	12~15	断裂韧性/（MPa·m$^{1/2}$）	6~15	6~30
显微硬度/GPa	10~12	7~10	热膨胀系数/K^{-1}	$906×10^{-6}$ ~ $10.4×10^{-6}$	—
杨氏模量/GPa	140~200	140~200	热导率/[W·(cm·K)$^{-1}$]	$2×4.186$ ~ $3.3×4.186$	—
抗弯强度/MPa	800~1300	500~800			

　　Y-TZP 力学性能与稳定剂 Y_2O_3 的含量及t-ZrO_2的晶粒尺寸及微观结构密切相关。两者通过影响 t-ZrO_2 的可相变能力和相变区，造成了不同 Y_2O_3 的含量及 t-ZrO_2 的晶粒尺寸的 TZP 材料之间的性能差异。通过对晶粒尺寸、稳定剂含量的控制可获得较好的力学性能。稳定剂 Y_2O_3 含量是影响相变临界尺寸的主要因素，相变临界尺寸随着 Y_2O_3 含量的降低而降低。当 Y_2O_3 含量的低于 2%（摩尔分数）时，材料以 m-ZrO_2 相为主。当 Y_2O_3 含量在 2%~3%（摩尔分数）时，则以 t-ZrO_2 相为主，临界晶粒尺寸在 1.0 μm 左右，材料强度的峰值出现在 2.5%~3%（摩尔分数），韧性峰值则在 2%（摩尔分数）Y_2O_3 左右。当稳定剂含量一定时，TZP 中决定相变增韧程度大小的可相变的 t-ZrO_2 的体积分数取决于晶粒尺寸。如图 4-6 所示，随着晶粒尺寸增大，可相变的 t-ZrO_2 体积分数增大，材料的断裂韧性随之增大。由此可见，晶粒尺寸较小（尤其是小于 100 nm）的细晶 Y-TZP，t-ZrO_2 过于稳定，相变增韧效应下降，往往导致较低的断裂韧性。

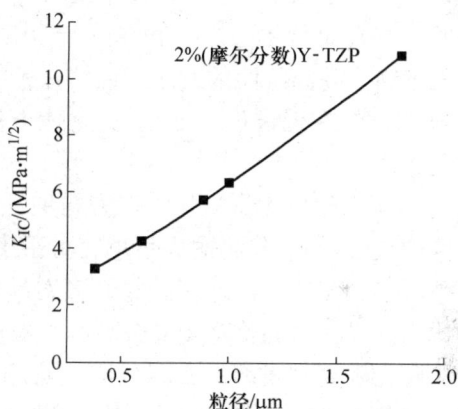

图 4-6　TZP 的晶粒尺寸与断裂韧性的关系

4.2.4 稳定氧化锆陶瓷的性能与应用

　　增韧氧化锆陶瓷主要分为两大类：（1）部分稳定氧化锆陶瓷（PSZ）；（2）四方相氧化锆多晶陶瓷（TZP）。部分稳定氧化锆陶瓷是在立方相基体内均匀分散着细小的亚稳四方相 ZrO_2，在外界应力作用下会发生 t-m 相变产生，产生增韧增强效应。四方相氧化锆多晶陶瓷是后来发展增韧与增强效果最优的陶瓷材料，其抗弯强度可达 2.5 GPa，断裂韧性超过 20 MPa·m$^{1/2}$。与 PSZ 比较，TZP 陶瓷烧结温度较低，制备工艺更简便，因此 TZP 陶瓷得到更多商业化应用。

　　（1）研磨介质（即不同尺寸的研磨球或微珠）。与氧化铝和玛瑙等研磨介质相比，Y-TZP 陶瓷密度高、强度和韧性大，具有优异耐磨性和较高研磨效率，可防止物料污染，特别适用于湿法研磨和分散的场合，目前已广泛应用于陶瓷、磁性材料、涂料、釉料、医药食品等工业领域。

　　（2）陶瓷轴承。相对金属轴，TZP 陶瓷轴承具有耐磨损、耐酸碱、耐腐蚀、转速高、噪声低，且不导电不导磁，承重量轻等特点，能在润滑条件恶劣的环境下工作，TZP陶瓷轴承可应用于石油、化工、纺织、医药等领域。

（3）发动机零部件。部分稳定ZrO_2陶瓷的热传导系数小，热膨胀系数大，用于发动机燃烧室零部件有很好的隔热性，同时，在热膨胀性上又与金属材料较接近。美国康明斯公司利用PSZ制备缸盖底板、气缸内衬、活塞顶、气门座圈等发动机零部件。然而，发动机工作条件较为苛刻，PSZ陶瓷部件在高温下力学性能变化较大，PSZ陶瓷发动机零部件距离商业应用仍有一段距离，但其陶瓷涂层目前已在发动机零部件上得到应用。

（4）高温型固体电解质。氧化锆陶瓷是氧离子导体，具有传导氧离子的性质，是一种高温型固体电解质。在ZrO_2中添加CaO、MgO、Y_2O_3稳定剂，经高温处理以后，低价离子部分置换了高价Zr^{4+}离子，会形成氧空位以保持系统的电中性。这会导致氧化锆中氧离子迁移能的降低，具备了传递氧离子的能力。除此之外，氧化锆同时还具有不渗透氧气等气体和钢铁一类液体金属的良好特性，成为高温燃料电池、气体测氧探头及金属液测氧探头等使用的固体电解质。

（5）高温发热元件。纯氧化锆尽管是绝缘体，比电阻高达10^{13} $\Omega \cdot cm$，但加入稳定剂后，ZrO_2结构中会产生氧空位，形成离子电导，并随温度升高，离子电导增强。ZrO_2可用于制造高温阶段的发热元件，这种发热元件可在空气中使用，使用温度可高达$2100 \sim 2200 \, \text{℃}$。但在低温时，$ZrO_2$发热体电阻较大，需要使用其他加热元件预热至$1000 \, \text{℃}$以上。

（6）其他应用。氧化锆作为弱酸性氧化物，能抵抗酸性或中性熔渣的侵蚀（但会被碱性炉渣侵蚀），作为耐火坩埚，可用于真空感应熔化或在空气气氛中熔化钴合金或贵金属铂、钯、铑等。此外，虽然PSZ对酸碱熔渣和钢水是相当稳定的，但与其他耐火材料相比，其氧化锆的价格相对较高，一般应用于有特殊性能要求的场合。氧化锆还可以用于制作陶瓷表壳和表链，表面光洁，质感好，不氧化。如瑞士著名"雷达"牌手表就采用了黑色的Y-TZP陶瓷表壳和表链。氧化锆还可用于制造陶瓷刀具等。如日本京瓷公司先后开发出陶瓷刀和陶瓷剪刀。

4.3 氧化铝基共晶陶瓷

4.3.1 共晶陶瓷概述

在航空发动机运行过程中，涡轮叶片作为关键部件直接利用高温、高速燃气做功，长期在高温、高负荷、复杂应力等恶劣环境下工作。首先，用于制备涡轮叶片的材料必须具有优异的热稳定性、耐腐蚀性、抗疲劳性、抗高温氧化性等特点。其次，涡轮叶片在启动和停机时，面临快速温度变化，涡轮叶片还应具有足够好的耐热冲击性和导热性。近年来，航空航天技术发展迅速对航空发动机涡轮叶片使用的超高温材料提出的要求也越来越高。高推重比、低油耗和高可靠性是航空发动机发展的主要方向。当发动机推重比为$9 \sim 10$时，其涡轮前进口温度在$1580 \sim 1650 \, \text{℃}$；推重比为$12 \sim 15$的发动机，其涡轮前进口温度已达到$1700 \, \text{℃}$以上。

高温合金及金属间化合物在经历数次改进后，以其良好导热性、高韧性、抗氧化性及良好的可加工性等较全面的综合性能，成为目前最主要的涡轮叶片材料。但是，尽管采用隔热涂层和先进冷却技术，镍基高温合金使用温度还是会达到1150 ℃左右，接近高温合金熔点（1350 ℃）的80%，承温负荷已达极限，很难满足使用温度的进一步提高，无法满足高推重比航空发动机的要求。

陶瓷基复合材料具有密度小（仅为合金材料的1/4~1/3）、耐高温、高强度、高硬度、良好抗腐蚀性等优点，是最有希望的新一代超高温结构材料之一。陶瓷基复合材料受到各国研究人员的广泛重视，相继开展了多个陶瓷基复合材料的研究计划，如美国 NASA 的 IHPTET（High Performance Turbine EngineTechnology）、UEET（Ultra-Efficient Engine Technology）计划，日本的 AMG（Advanced Materials Gas-Generator）计划等。Si_3N_4 和 SiC 陶瓷基复合材料具有优异的高温抗蠕变性能和高强度，被认为是最具有竞争力的超高温结构材料，成为了科研工作者的研究重点。然而，由于材料本身的特点及制备技术的制约，Si_3N_4 和 SiC 陶瓷基复合材料在高温空气环境中极易氧化，组织稳定性和力学性能还不能满足人们的要求。通过多元组合、纤维增强或添加助剂的方式可以改善其高温抗氧化性，SiC_f/SiC 复合材料的极限使用温度可升至 1400 ℃，但仍无法满足高推重比发动机涡轮叶片的工作条件。

氧化物陶瓷具有很高熔点、高温抗氧化性和高温化学稳定性，适合在高温氧化环境中长期工作。然而，粉末烧结法制备的氧化物陶瓷致密度和微观结构等难以有效控制，且高温下会出现晶界玻璃相和晶粒异常长大等现象，材料强度随温度迅速下降；同时，氧化物陶瓷在高温下对塑性变形比较敏感，使得这类多晶氧化物陶瓷不能作为高温结构材料使用。如果高温下氧化物陶瓷力学性能能得到改善，则有望成为性能优异的高温结构材料。

定向凝固技术可使材料的组织按特定方向排列，获得定向及单晶结构，明显改善材料的力学和物理性质，是目前制备航空发动机涡轮叶片主要技术。采用定向固技术将特定成分的多相氧化物原料在略高于共晶熔点温度处熔化，形成均匀熔体，然后沿特定方向的温度梯度进行非均匀冷却，使熔体依次结晶形成氧化物共晶组织。氧化物共晶组织彻底消除了两相之间的非晶相界面，各组分之间以单晶的状态交互存在，致密度达到98%以上，保证了材料高温力学性能的稳定性。将定向凝固技术与氧化物陶瓷相结合而产生的氧化物共晶陶瓷性能优异，有望成为新一代可在高温氧化性气氛中长期工作的超高温结构材料。定向凝固技术制备的氧化物复相共晶陶瓷已在涡轮发动机喷嘴、导向叶片和燃烧室内衬等部件上实验应用成功，随着技术的不断发展，其应用领域会越来越广。

4.3.2　氧化铝共晶陶瓷种类和结构

在氧化物共晶陶瓷中，氧化铝（α-Al_2O_3）基共晶陶瓷具有高熔点、稳定高温强度、抗氧化性、抗蠕变性和耐腐蚀性等优点，备受国内外学者的关注和研究。氧化铝基共晶陶瓷主要包括以下体系：

（1）$Al_2O_3/Re_3Al_5O_{12}$（$Al_2O_3/ReAG$）二元体系。Re 通常为 Y、Tb、Dy、Ho、Er、Tm、Yb 等稀土元素。

（2）Al_2O_3/ZrO_2 系。由于 ZrO_2 从高温冷却至室温时会发生相变，体积剧烈改变形成微裂纹，需要加入稳定剂 Y_2O_3 使 ZrO_2 晶相稳定存在，形成 Al_2O_3/YSZ 体系。当掺入量为 2%~3%（摩尔分数）时，可获得四方相多晶氧化锆；当掺入量为 6%~8%（摩尔分数）时，可获得单相立方氧化锆。

（3）$Al_2O_3/ReAlO_3$（$Al_2O_3/ReAP$）二元体系。Re 通常为 Gd、Sm、Eu 等元素。

（4）三元共晶体系及赝共晶体系。三元共晶体系主要为 $Al_2O_3/YAG/ZrO_2$ 及相应的稀土元素取代 YAG 中 Y 元素形成的 $Al_2O_3/ReAG/ZrO_2$（例如 $Al_2O_3/EAG/ZrO_2$），赝共晶体系包括 $Al_2O_3/GAP/ZrO_2$ 等。

在上述共晶体系中，$\alpha\text{-}Al_2O_3$、$Y_3Al_5O_{12}$（YAG）和 ZrO_2 为最基本的构成单元。

刚玉（$\alpha\text{-}Al_2O_3$）属三方晶系，是一种简单配位型氧化物，在实际应用中经常采用六方晶胞，室温晶格常数为 $a=b=0.47605$ nm，$c=1.29956$ nm。

钇铝石榴石（$Y_3Al_5O_{12}$：Yttrium Aluminum Garnet，简称 YAG）属于立方晶系，晶格常数为 $a=b=c=1.2002$ nm。每个晶胞中包含 8 个 $Y_3Al_5O_{12}$ 分子，共 24 个 Y^{3+} 离子，24 个 Y^{3+} 离子，40 个 Al^{3+} 离子和 96 个 O^{2-} 离子。Al^{3+} 占据两种晶格位置，其中的 16 个处在四配位 [AlO_4] 四面体中，另外的 24 个处在六配位 [AlO_6] 八面体中，每个 [AlO_4] 四面体底面的各个顶角分别与不同的 [AlO_6] 八面体的一个顶角相连形成三维骨架结构，而 Y^{3+} 则占据骨架中八配位十二面体的空隙位置，如图 4-7 所示。$Er_3Al_5O_{12}$（EAG）的晶体结构与 YAG 完全一样，Er^{3+} 半径为 0.0881 nm，Y^{3+} 半径为 0.09 nm，半径相当，Er^{3+} 离子可全部取代 Y^{3+} 离子的位置，形成 EAG 晶体，如图 4-7 所示。

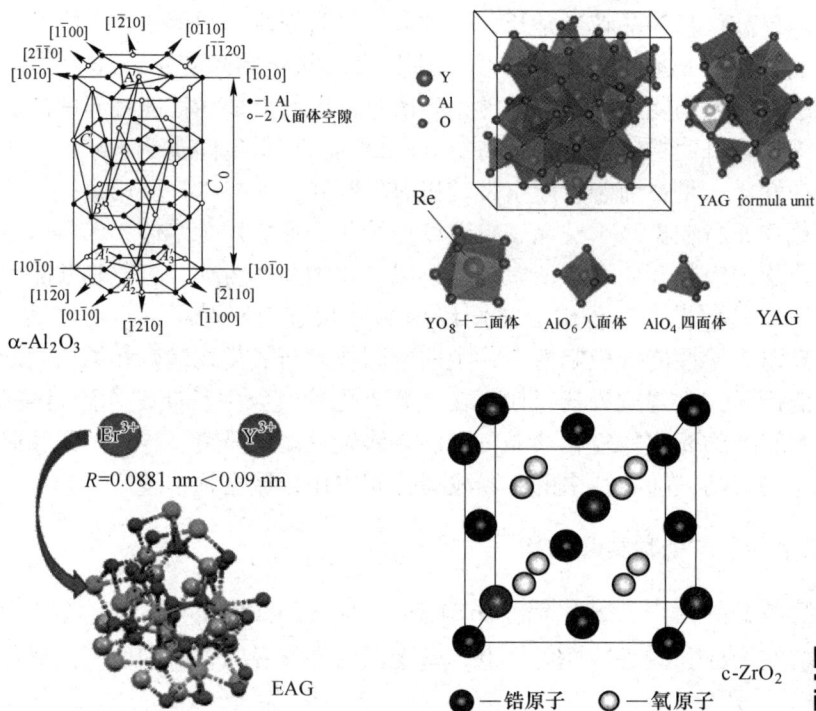

图 4-7 YAG 共晶陶瓷晶胞模型

二氧化锆（ZrO_2）具有三种主要晶型，纯 ZrO_2 低温时为单斜相，在 1170 ℃ 以上形成四方相，在 2370 ℃ 以上形成立方相。在相变过程中会发生体积的收缩或膨胀（≤10%）。

c-ZrO_2属于立方萤石型结构，晶格常数为 0.5117 nm，由 Zr^{4+} 构成的面心立方点阵占据二分之一的八面体空隙，O^{2-} 占据面心立方点阵所有的四面体空隙，如图 4-7 所示。t-ZrO_2 的晶体结构相当于萤石结构沿着 c 轴方向伸长。m-ZrO_2 为 t-ZrO_2 沿着 β 角偏转一个角度而形成的，空间群为 $P2_{1/c}$。

每个组分单晶在定向凝固形成共晶后，能够最大限度地发挥材料的复合性能，形成相应的具有优异热学、力学性能和其他性能的高温结构材料。α-Al_2O_3 单晶具有高硬度、高模量、优异的抗高温蠕变性能和良好的热稳定性。当与其他氧化物结合，大大地提高了材料的高温力学性能。YAG（或 EAG）单晶的化学稳定性好，掺杂入稀土元素后具备特殊的高温热辐射性能；ZrO_2 单晶具有高熔点、高韧性、耐弱酸和弱碱腐蚀、抗热冲击性好、折射率高、热稳定性好等优点。它们的一些物理参数在表 4-12 中列出。

表 4-12　α-Al_2O_3、YAG、c-ZrO_2 的基本物理性质

性质	Al_2O_3	YAG	ZrO_2
熔点/℃	2050	1950	2700
密度/(g·cm^{-3})	3.98	4.55	6.27
莫氏硬度/GPa	9	8.5	7.5~8
杨氏模量	345~494	290~320	205
维氏硬度	(//C) 16~17；(⊥C) 18~20	13.7	12.3
热导率/[W·(m·K)$^{-1}$]	8.37	14	2.09
线膨胀系数 /℃$^{-1}$	(a-、m-) = 8×10^{-6}；(c-) = 8.2×10^{-6}	7.8×10^{-6}	12.6×10^{-6}
	(a-、m-) = 8.7×10^{-6}；(c-) = 9.3×10^{-6}	8.8×10^{-6}	
	(a-、m-) = 9.5×10^{-6}；(c-) = 10.5×10^{-6}	9.7×10^{-6}	

4.3.3　氧化铝共晶陶瓷的制备方法

氧化铝基共晶陶瓷的熔点均高于 1500 ℃，传统定向凝固技术难以实现如此高的温度，同时较大温度梯度能够抑制成分过冷和胞状组织的出现，有利于获得平的固-液界面。目前，改进后的适用于氧化铝基共晶陶瓷的制备技术主要分为两大类：（1）使用坩埚的定向凝固；（2）无需坩埚的定向凝固，具体包括：改进的布里奇曼（Bridgman）法、激光区熔法（Laser Floating Zone method，LFZ）、微抽拉法（Micro-Pulling-Down Method，μ-PD）、边界外延生长法（Edge-defined Film-fed Growth Method，EFG）及燃烧合成法。

4.3.3.1　改进 Bridgman 法

Bridgman 法（又称坩埚下降法）是由美国物理学家 Bridgman 在 1925 年提出，苏联学者 Stockbarger 于 1936 年提出了相似的方法。因此，此方法又可称为 Bridgman-Stockbarger 法。1997 年，日本 Waku 等人对 Bridgman 法进行了改进，制备出组织结构均匀的 Al_2O_3/YAG 二元共晶陶瓷。该方法的基本工艺是：将原料装入特制坩埚中，两者置于炉腔内，加热炉的炉温最高控制在略高于共晶熔点附近。当坩埚通过加热区时，坩埚中的原料熔融；在向下抽拉的过程中，由于温度梯度存在，坩埚中的熔体以一定速度自下而上结晶，直至生长结

束。根据原料属性，实验装置可选择高频炉或者电阻炉。实验设备和共晶生长示意图如图 4-8 所示。

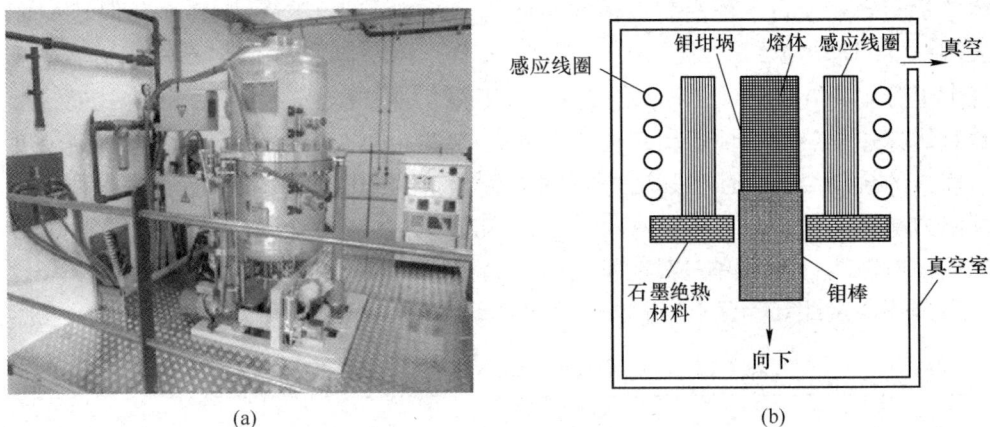

(a)　　　　　　　　　　　　　　(b)

图 4-8　Bridgman 法实验设备（a）和共晶生长示意图（b）

改进 Bridgman 法最大温度梯度约 200 ℃/cm，最大生长速率为 100 mm/h。该方法优点是能够实现较大直径（可达到 50 mm）的柱状共晶或薄板状共晶的制备，而且可以通过设计坩埚的形状实现复杂形状共晶的制备，减少二次加工的难度和对晶体的浪费；缺点是陶瓷与坩埚直接接触，容器壁（厚 1~3 mm）会对材料内部产生作用力，严重的应力可使共晶内部断层；熔体的开放表面积较小，熔体热对流产生的气泡不易析出，影响共晶质量；尽管坩埚可以重复利用，但高纯 Mo 或 Ir 坩埚的制造成本较高。

4.3.3.2　微抽拉法

μ-PD（Micro-Pulling-Down）法适用于制备直径在毫米级以下的共晶纤维（共晶层间距在微米范围内），示意图如图 4-9 所示。外部为氧化铝陶瓷绝缘套管，铱坩埚中，原料在射频感应铱发热体的加热下熔融，熔体沿坩埚底部的细小孔洞在籽晶的牵引下以设定速度向下方定向生长，共晶的直径由坩埚底部孔洞的直径控制，一般为 0.3~5 mm。整个制

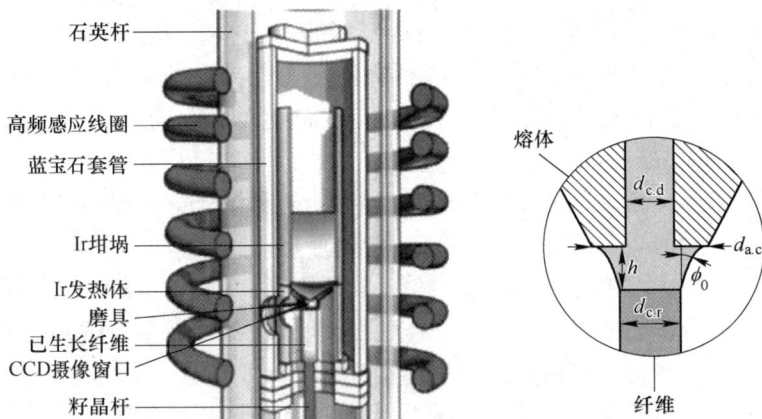

图 4-9　μ-PD 法定向凝固装置示意图　　　　　　图 4-9 彩图

备过程在氩气或其他惰性气氛中进行。通过 CCD 相机，可实时观察和记录液相界面及共晶纤维的情况。并且高温计通过此窗口可测量出热区温度，便于对实验参数进行调整。

4.3.3.3 边界外延生长法

EFG（Edge-defined Film-Growth）是利用液体的毛细作用而开发的一种定向凝固方法，生长示意图如图 4-10 所示。该设备主要包括高频感应加热线圈、钼制管形模具和绝缘、绝热材料。将模型缓慢浸入盛有共晶熔体的坩埚中，当浸入量为熔体的 1/2 左右时，在毛细作用下，熔体沿模壳中的细孔上升至与模具的上表面润湿，同时将与模具上表面相接触的籽晶提拉，即可连续生长共晶陶瓷化合物。在模壳表面的热温度梯度达 400 ~ 1600 ℃/cm。该方法只能通过籽晶来控制样品形状，并且提拉时方向很难控制，制备的试样尺寸小。

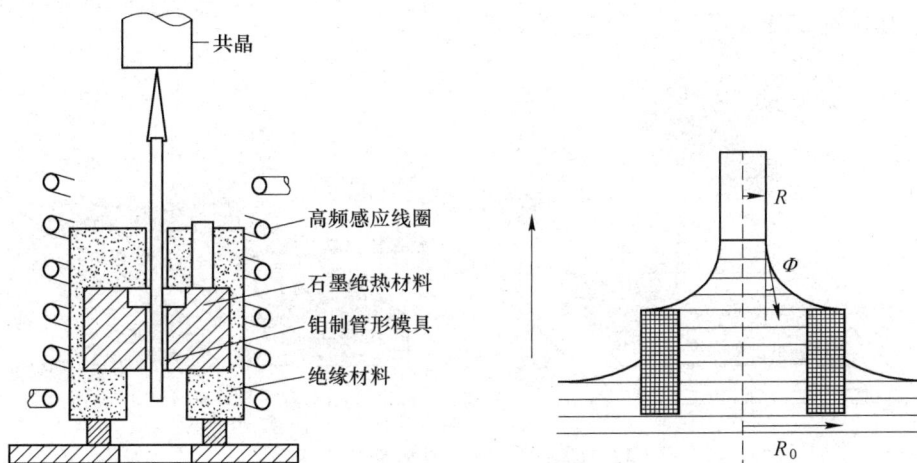

图 4-10 EFG 法定向凝固装置示意图

4.3.3.4 激光区熔法

LFZ（Laser Floating Zone）法以高能激光作为定向凝固的热源，在试样中形成一定形状的局部熔区，依靠自身表面张力与重力平衡，通过控制熔区沿长度方向与热源的相对运动在凝固后获得所需的共晶组织。该法能够不受共晶熔点的限制，同时避免了坩埚材料对样品的污染及作用力，可在大气及多种气氛条件下进行，固-液界面的温度梯度高达 $6 \times 10^3 \sim 6 \times 10^4$ ℃/cm，远大于改进的 Bridgman 法的温度梯度，凝固极限速度可达 2000 mm/h，比微抽拉法更快，可获得微观组织均匀且细小的共晶陶瓷。通过改变生长速度，LFZ 便于实现材料结构和性能的优化控制。但受限于激光光斑的直径，LFZ 仅能获得直径为毫米级的简单棒状样品。陶瓷熔体对激光辐射的吸收系数高，使得熔池深度有限，在高速生长时中心部分偶尔会出现未熔化现象；陶瓷低热导率又使共晶中存在很高的轴向温度梯度，容易诱发径向方向的裂纹。图 4-11 为激光区熔法设备的原理示意图。

经过对定向凝固设备的改进，激光区熔法还可延伸出激光水平区熔法（Laser Zone Remelting method，LZR）、激光快速成形技术（Laser Rapid Forming，LRF）等制备技术。

激光水平区熔法设备示意图如图 4-12 所示，该法制备出的共晶为薄片状。高能激光束通过反射以一定速率扫过试样表面，线聚焦激光束的光斑区域原料熔融，试样表面形成厚度为微米级的熔池，熔池前端的原料不断受热熔化，而熔池后端的熔体快速冷却不断凝固。随着熔池不断向前移动，在浮升力和表面张力的驱动下，产生了液态陶瓷的流动。在固-液界面前端，凝固速率 R（即固-液界面在法线方向上的推进速率）与激光扫描速率 v 的关系为：

$$R = v \cdot \sin\alpha \qquad (4\text{-}1)$$

式中，α 为凝固方向角。

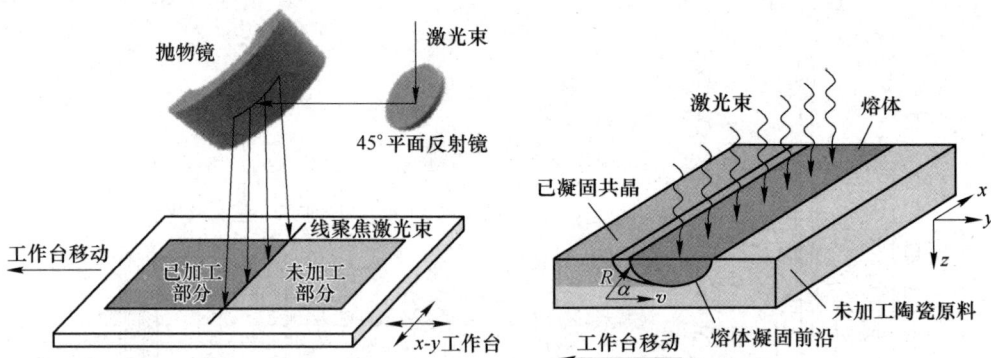

图 4-11　激光区熔法定向凝固设备原理示意图

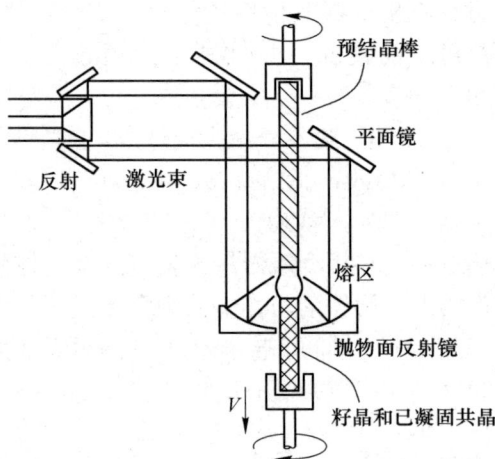

图 4-12　激光水平区熔法定向凝固实验图

4.3.3.5　水平定向凝固法

水平定向凝固（HDS）法，又称为料舟法，是将垂直的 Bridgman-Stockbarger 法中的坩埚和温度梯度按逆时针方向旋转 90°，变为水平放置。其设备如图 4-13 所示。在 20 世纪 60 年代中期，Kh. S. Bagdasarov 将定向结晶和区熔的优点进行了成功组合，利用可移动的舟形坩埚和固定的加热体定向生长晶体，先后制备出蓝宝石、$Cu(In_{1-x}Ga_x)_3$、$Se_5AgGaTe_2$、$Cd_{1-x}Zn_xTe$ 等晶体，使得水平定向凝固法有了很大地发展。2011 年开始，M. Arzakantsyan、郭怀新等人采用该法分别生长出高品质的 Yb∶YAG 单晶（尺寸为 100 mm×100 mm×40 mm）和 Nd∶YAG 单晶（尺寸为 140 mm×140 mm×23 mm）。如

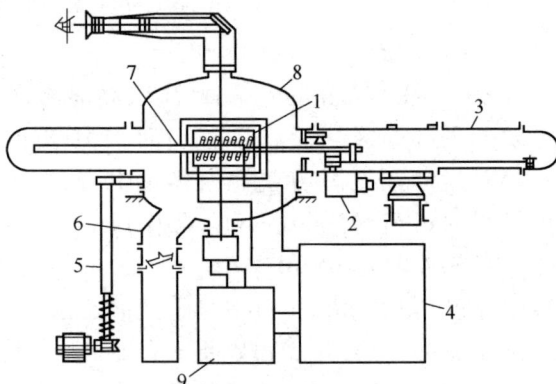

图 4-13　水平定向凝固法所用设备的原理图
1—加热体；2—减压器；3—进气室；
4—变压器；5—升降器；6—扩散泵；
7—坩埚；8—真空罩；9—控制稳定系统

图 4-13 所示，HDS 法的整个生长过程都在炉腔内，其温场分为低温区（预热区）、高温区（生长区）和保温区（温度梯度区）。坩埚和其中的预烧结后的原料按设定速度依次通过发热体（高温区），原料熔融，接着熔融的原料继续前进，在保温区由于温差形成的过冷度，局部熔体缓慢冷却结晶，直至生长结束。所得晶体的尺寸由钼坩埚大小和填料质量决定。设备的提拉速度为 1~100 mm/h，但稀土元素掺杂的 YAG 单晶的生长速度一般为 1~2 mm/h。

4.4 热障涂层材料

4.4.1 热障涂层材料概述

随着航空发动机不断向高流量比、高推重比、高进口温度方向发展，燃烧室中的燃气温度和压力也不断提高，表 4-13 为航空涡轮发动机发展阶段及性能参数。推重比为 8 的发动机燃烧室中的燃气温度为 1300~1400 ℃；推重比为 10 的发动机燃烧室中的燃气温度则升高到 1600~1700 ℃；预计当发动机的推重比达到 20 时，燃气温度将超过 2000 ℃。此外，涡轮叶片作为发动机的核心部件，面临着氧化、腐蚀、疲劳和磨损等苛刻的服役环境，这些因素严重影响了其服役寿命。为达到满足如此高的燃气温度，通常采用三种途径：第一是研制出具有耐高温蠕变以及抗氧化性能叶片材料；第二是采用先进的铸造技术，一方面铸造大块单晶合金叶片，另一方面在叶片内部铸造复杂的气冷通道以增强冷却；第三就是采用热障涂层技术，在受热金属表面涂覆热绝缘材料。

表 4-13 航空涡轮发动机发展阶段和典型飞机类型

发展阶段	主发动机类型	推力前沿温度	推重比	典型飞机类型
第一代 （20 世纪 40 年代和 50 年代）	涡轮喷气发动机	1200~1300 K	3~4	J57、BK-1
第二代 （20 世纪 60 年代）	加力燃烧室涡轮 喷气发动机	1400~1550 K	5~6	J79、TF30
第三代 （20 世纪 70 年代和 80 年代）	涡轮风扇发动机	1600~1800 K	7~8	F100、RB199
第四代 （20 世纪 80 年代末）	涡轮风扇发动机	1800~2000 K	9~10	F199、F120
第五代 （21 世纪初）	涡轮风扇发动机	2000~2200 K	12~15	CFM56、F35A
第六代 （21 世纪 20 年代和 21 世纪 30 年代）	可变周期涡轮风扇发动机	2100~2300 K	>15	SR-72、X47B

燃气轮机温度随年份的变化如图 4-14 所示。热障涂层的研究起始于 20 世纪 50 年代，美国 NASA 将其成功应用于 X-15 的火箭碰嘴等热端部件，创造了当时火箭的速度和升限纪录。热障涂层（Thermal Barrier Coatings，TBC）是采用具有低热、耐高温、抗腐蚀等性能的陶瓷材料沉积在耐高温金属或超合金的表面，达到降低合金温度和提供力学和化学防护的一种高温热防护技术。在现有的冷却技术下，厚度 250 μm 的涂层可以将叶片的温度

降低 110~170 K，这相当于人类过去三十多年在高温合金方面取得的进展。热障涂层与高温结构材料、高效冷却系统并重为先进燃气轮机叶片的三大关键科学技术。热障涂层已经成功应用于燃烧室、叶片、尾喷管和其他热端部件的防护，在提高工作温度的同时，增强热机效率，改善寿命和可靠性。在发动机的涡轮叶片表面制备一层热障涂层也成为延长发动机使用寿命的有效举措之一。该方法的优点主要包括两个方面：一方面无需改变发动机内部的结构，成本相对较低；另一方面既可以对涡轮叶片起到防护作用，又具有良好的维护性。尽管如此，热障涂层在长期高温使用过程中仍存在相变、烧结、应力集中等问题，最终导致涂层的失效。图 4-15 为燃气轮机结构示意图。

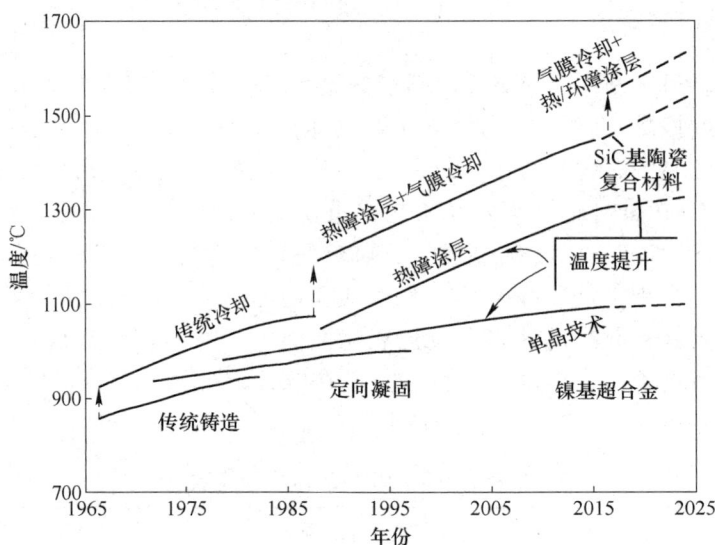

图 4-14　燃气轮机温度随年份的变化

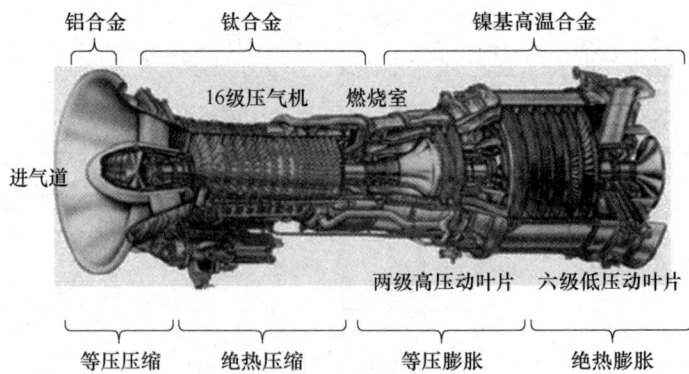

图 4-15　燃气轮机结构示意图

图 4-15 彩图

4.4.2　热障涂层的结构形式

热障涂层的主要作用就是在高温燃气和合金叶片基体之间提供热屏蔽层，从而使部件能够在较高温度下工作以获得高热效率。目前常用热障涂层结构形式主要有双层结构、多层结构、梯度结构，如图 4-16 所示。

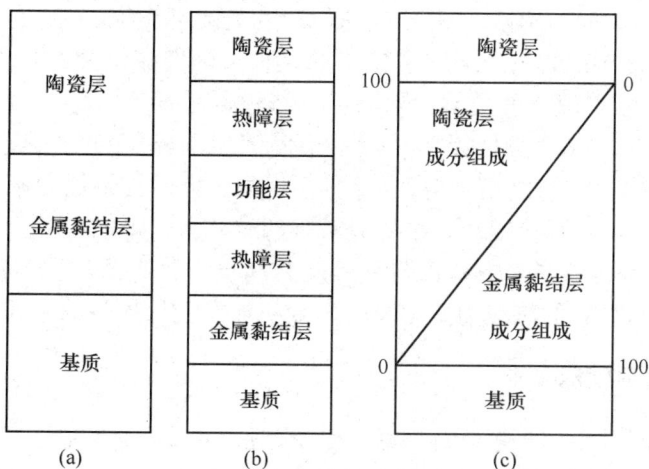

图 4-16 热障涂层的结构

(a) 双层；(b) 多层；(c) 梯度结构

　　双层结构主要由陶瓷顶层（Ceramic Top Coat，CTC）和金属黏结底层（Bond Coat，BC）组成。TC 层（质量分数）一般为 6%~8% Y_2O_3-ZrO_2，较低的热导率和相对较高的热膨胀系数、热稳定性，使其具有优异的隔热和耐高温性能；BC 层通常为 NiCoCrAlY 合金涂层。双层结构具有制备简单的优势，实际应用较广，但这两层材料的热膨胀系数和弹性模量不同，因此两层间有较大的热应力，涂层会短时间失效。多层涂层结构的顶部为陶瓷层，中间为隔热层和功能层，底部为金属黏结层。功能层有 Al_2O_3 阻氧层、烟气辐射反射层和耐蚀层三种。其缺点是制备工序复杂和抗热震性能较差，使用范围受限。梯度热障涂层结构具有组织结构、力学性能、化学成分随厚度连续变化的特点。沿涂层厚度方向，各层热导率、热膨胀系数等性能逐渐变化，能够有效避免传统整体涂层结构性能的突变，涂层的热应力梯度得到缓解，可以显著提高涂层的抗热震性能和结合强度，对涂层的剥落起到有效的抑制作用。但其缺点在于很难制备出体积分数呈渐进变化的梯度涂层。

　　典型的热障涂层系统结构如图 4-17 所示，主要包括陶瓷顶层（Ceramic Ttop Coat，

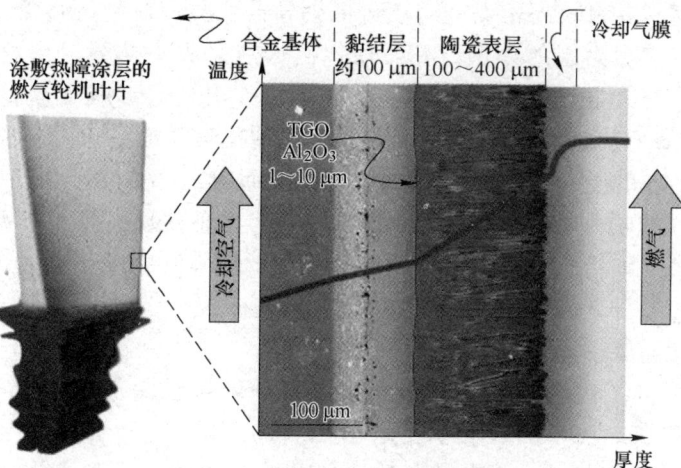

图 4-17 热障涂层系统结构示意图

CTC)、氧化物层（Thermally Grown Oxide，TGO)、黏接层（Bond Coat，BC）和合金基底（Substrate）等。通常所说的热障涂层主要指的是顶层陶瓷涂层和黏接层，其中陶瓷层厚度大约 $100\sim400~\mu m$，是隔热的主体，承担了大部分温度梯度（约 $10~℃/\mu m$)。过渡型黏接层厚度大约 $100~\mu m$，主要功能是为了增强热障涂层陶瓷材料与合金基体的结合强度，降低表面陶瓷层与高温合金之间的热膨胀系数不匹配，同时提供铝元素，与扩散的氧形成以 $\alpha\text{-}Al_2O_3$ 为主的 TGO。氧化铝与黏结层有较强的结合力，可以有效阻止氧进一步进入金属基底，但是 TGO 本身的热膨胀系数与黏接层之间也有较大差异，容易引起热失配。此外，TGO 的过快生长导致的热应力聚集是燃气轮机涂层脱落失效的主要原因。

4.4.3 热障涂层材料性能要求

热障涂层材料服役环境非常严苛，需要承受高温高压、温度梯度、力学冲击、化学侵蚀等考验，所以实际使用中的热障涂层材料应具备以下基本性能。

（1）热导率低。热障涂层最主要的目的就是隔热，所以热导率是热障涂层材料的关键参数。低热导率材料能够有效降低金属基底的表面温度，保护金属基底。有研究表明，涂层材料热导率每降低 50% 将会在金属基底表面实现 55 ℃ 的温度降低。低热导率材料的另一个优点是在实现同样的温度梯度下，其涂层的厚度可以降低，减轻叶片的重量，提高热机效率。虽然热障涂层的隔热效果与制备工艺有关，但是材料本征热导率仍然是影响涂层隔热能力的重要因素。

（2）热膨胀系数大。陶瓷材料与金属材料的热膨胀系数一般存在较大的差异，热膨胀系数的差异导致系统在热循环时陶瓷涂层与金属基底之间产生巨大的热应力，应力的聚集将会导致涂层脱落。目前的燃机轮机使用的高温合金金属基底为镍基或钴基合金，这种高温合金金属基底的热膨胀系数大约为 $16\times10^{-6}/K$，远大于一般的陶瓷涂层材料，所以需要在高温合金和陶瓷层之间增加黏结层来弥补热膨胀系数的不匹配。如 NiCrAlY 合金热膨胀系数达到 $(13\sim16)\times10^{-6}/K$，但仍然高于大部分陶瓷涂层材料，所以热膨胀系数仍然是新型热障涂层材料筛选的关键参数之一。

（3）稳定性良好。随着燃气轮机使用温度的不断提高，涂层材料的稳定性不容忽视。如一般要求涂层材料要有较高熔点，熔点过低会导致涂层材料在高温燃气中发生软化、熔化及蠕变失效等，缩短涂层的使用寿命，所以高熔点是先进热障涂层材料的基本要求之一。随着温度的升高，空气中各种杂质、尘埃甚至火山灰等形成熔盐腐蚀变得越来越严重，如 $CaO\text{-}MgO\text{-}Al_2O_3\text{-}SiO_2$（CMAS）混合氧化物的化学腐蚀导致涂层失效，特别是现役的 YSZ 涂层，CMAS 的侵入导致 Y 元素的脱溶，进而引发 ZrO_2 的四方到单斜的相变产生巨大的体积变化，加速涂层失效。涂层还应具备优良的低烧结特性。高温烧结会导致涂层致密化，一方面会导致杨氏模量的增加，降低涂层的应力容忍度，同时会增加热导率，降低涂层隔热能力；另一方面，化学成分和晶体相结构稳定，高温时不发生化学分解和结构突变等也是高性能涂层的基本要求。

（4）阻氧能力高。对高温燃气轮机而言，TGO 的生长是涂层失效的重要原因之一，对于现役的 YSZ 涂层，TGO 的极限厚度是 $8\sim10~\mu m$，超出这个厚度涂层会很快失效。然而 YSZ 是氧离子良导体，可以用来做氧传感器和燃料电池，且随着温度的升高，透氧能力进一步增强，最终导致 TGO 的过快生长而加速涂层失效，所以高阻氧能力对提高热障涂层材料循环寿命非常重要。

（5）综合力学性能优异。热障涂层综合力学性能的好坏直接影响涂层的抗冲击能力和使用寿命。涂层在服役过程中受到的空气中的各种微粒撞击及冲蚀磨损不可忽视，所以要求涂层应具有较高的硬度、强度及韧性。高韧性可以降低涂层裂纹扩展速率，延缓涂层开裂，而相对较低的弹性模量可以提高涂层对内应力的耐受能力，同时弥补热障涂层与合金基体之间热膨胀系数的不匹配，提高涂层使用寿命。

4.4.4 热障涂层的制备方法

热障涂层的制备方法有多种，主要有等离子喷涂（PS）、电子束-物理气相沉积（EB-PVD）、化学气相沉积（CVD）、超音速火焰喷涂（HVOF）、高频脉冲爆炸喷涂（HFPD）和冷喷涂（CS）等。近年来，出现了结合 PS 和 EB-PVD 两者优势的等离子-物理气相沉积（PS-PVD）和悬浮液等离子喷涂（SPS）等，但是到目前为止，应用最广泛的还是大气等离子喷涂（APS）和 EB-PVD，下面重点简要介绍这两种喷涂方法。

4.4.4.1 大气等离子喷涂

等离子喷涂主要有两种：大气等离子喷涂（APS）和低压等离子喷涂（VPS）。其中 APS 主要是用来喷涂热障涂层，而 VPS 则用来喷涂黏接层。APS 基本工艺是将按一定工艺要求造粒的陶瓷粉末通过等离子弧加热到熔化状态，随着焰流喷射并沉积到预先处理的预件上形成一定厚度的涂层，根据需要可以使用一些还原性气体（H_2）或惰性气体（Ar 或 He）来进行保护。这种方法的优点非常明显，具体体现在等离子弧的温度高，核心温度可以达到 2×10^4 K，且相对稳定，易于工艺控制，成本也相对低廉。图 4-18（a）是采用 APS 方法制备的 YSZ 涂层，可以看出，涂层具有层状疏松的结构，且具有较多的微裂纹和一定量的孔穴，这些特征有利于进一步降低涂层的热导率和缓解热循环过程中的热应力。对燃气轮机而言，目前 APS 主要用来制备静叶片和燃烧室的涂层。APS 方法的缺点是涂层与基底的结合力不理想，涂层在热应力作用下容易脱落失效。

4.4.4.2 电子束-物理气相沉积

EB-PVD 是真空镀膜方法的一种，现已广泛应用于热障涂层的制备，特别是动叶片的涂层制备。该方法的优点是涂层厚度能精确控制，均匀性好。EB-PVD 的基本原理是利用聚焦的高能电子束加热材料，使之快速熔化和蒸发沉积到金属基底上。相比 APS 方法，EB-PVD 有自己独特的优势，主要体现如下。

（1）涂层循环寿命高。如图 4-18（b）所示，EB-PVD 涂层呈现出柱状晶结构，有利于提高涂层的应变容限，热循环测试表明其循环寿命要大大高于 APS 涂层。

（2）涂层的界面主要以化学键结合为主，结合力强，不易脱落。

（3）相比 APS 涂层，EB-PVD 涂层更致密，具有良好的抗氧化和抗腐蚀能力。

（4）涂层表面光滑，而且不封堵叶片的冷却气道。

（5）工艺参数少，易于精确控制等。到目前为止，EB-PVD 仍然是最好的黏结层和动叶片的制备方法。当然，EB-PVD 也有其自身的不足，主要包括制备成本相对比较高，工艺生产效率相对较低，涂层质量的重复性欠佳，且对待喷涂的器件尺寸也有一定要求等。

4.4.5 热障涂层的材料体系

围绕热障涂层材料的性能要求，目前国内外学者开发的热障涂层材料体系主要有以下几种。

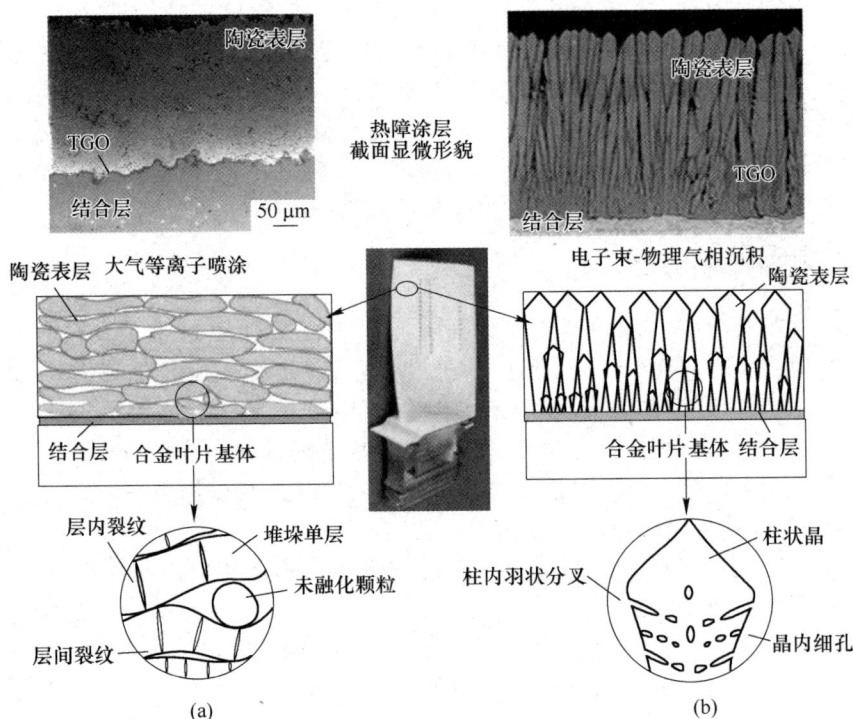

图 4-18 热障涂层的两种典型结构

4.4.5.1 氧化锆系

目前，在所有陶瓷材料中，ZrO_2 是热障涂层陶瓷材料的最佳选择。然而，纯 ZrO_2 存在晶型转变，伴随着较大体积变化，容易导致裂纹的形成和发展，甚至造成热障涂层的开裂和剥落。这个问题可以通过添加稳定剂来解决，常用的稳定剂有 MgO、CaO、Y_2O_3 等。这些稳定剂与单斜相、四方相、立方相 ZrO_2 可以形成置换固溶体，大大降低了 ZrO_2 的相变温度，使立方相能在远低于纯 ZrO_2 相平衡温度的条件下存在，从而保持 ZrO_2 的晶型结构稳定。

YSZ 是目前在燃气轮机和涡轮发动机上应用最广泛的热障涂层材料。在 YSZ 体系中，Y_2O_3 的最佳质量分数为 6%~8%，简称 6YSZ~8YSZ 体系。YSZ 热障涂层材料具有如下优异的性能：（1）高熔点（2700 ℃）；（2）低热导率［2.5 W/(m·K)，1000 ℃］；（3）高热膨胀系数（$11.0×10^{-6}$/K）；（4）耐高温氧化；（5）优良的高温化学稳定性，与热生成氧化物 Al_2O_3 的化学相容性好；（6）优异的综合力学性能，包括高硬度、高韧性及抗冲蚀磨损能力。但是 YSZ 材料同样存在一些缺点。首先，YSZ 存在相稳定性问题，APS 或 EB-PVD 方法制备的 6YSZ~8YSZ 实际上以一种亚稳四方相形式存在，当温度高于 1200 ℃ 时，亚稳四方相会分解为该温度下的平衡相——四方相和立方相，冷却过程中四方相会转变为单斜相，相转变过程中伴随较大的体积变化，将会导致涂层中产生裂纹甚至涂层的剥落，因此 YSZ 的工作温度往往限制在 1200 ℃ 以下。其次，YSZ 同样存在烧结速率过高的问题，YSZ 烧结活性很高，通过热喷涂制备的含有一定气孔的涂层在高温下很容易发生烧结，导致气孔率减小、结构致密化，从而导致弹性模量增加、热应力增加、涂层的疲劳寿命减小，同时会引起热导率增加，合金基体表面温度升高。最后，YSZ的高温热导率约为2.5 W/(m·K)，热导率相对较高，无法提供较大的温度梯度，从而使燃气轮机不能在更高的温度下工作。针对YSZ的应用问题，研究者进行了不同方面的改进。比如，将多种稀土氧化物共同掺入ZrO_2中，在涂层中形成缺陷团簇和纳米相结构，使热导率显著降低，同时抗烧结能力和高温稳定性也得到提高。

4.4.5.2 稀土锆酸盐体系

稀土锆酸盐$RE_2Zr_2O_7$陶瓷是一种具有焦绿石或萤石结构的新型热障涂层候选材料。该系列材料具有工作温度高、高温下结构稳定性好、热导率低等优点。$La_2Zr_2O_7$陶瓷具有比YSZ陶瓷更低的杨氏模量、更低的热导率（700 ℃的热导率为1.6 W/(m·K)）、更好的高温稳定性，以及和YSZ陶瓷相当的断裂韧性，因此近年来得到广泛研究。$La_2Zr_2O_7$陶瓷中掺杂30%（质量分数）Nd^{3+}、Eu^{3+}或Gd^{3+}的结果表明，随着掺杂阳离子质量的变化，热导率呈现一定规律性。当掺杂30%（质量分数）的Gd^{3+}时，掺杂$La_2Zr_2O_7$陶瓷的热导率达到最低，1073 K时掺杂$La_2Zr_2O_7$陶瓷的热导率大约为0.9 W/(m·K)，而单相$La_2Zr_2O_7$陶瓷的热导率大约为1.55 W/(m·K)。表4-14为稀土锆酸盐陶瓷热导率。在实际应用过程中，稀土锆酸盐尚存在一些问题，包括和热生成氧化物Al_2O_3的反应，以及由辐射传导导致的高温热导率显著提升。

表4-14 $RE_2Zr_2O_7$陶瓷的热导率结果

材　　料	热导率 (1037 K)/$[W·(m·K)^{-1}]$
$La_2Zr_2O_7$	1.6
$Nd_2Zr_2O_7$	1.6
$Sm_2Zr_2O_7$	1.5
$Gd_2Zr_2O_7$	1.6

4.4.5.3 铈酸盐系列

铈酸盐$La_2Ce_2O_7$陶瓷是La_2O_3在CeO_2中的固溶体，它是一个1/8 O位置为空位的缺陷型萤石结构。该陶瓷在热障涂层中的应用是由Cao等人率先提出，其研究结果表明，$La_2Ce_2O_7$陶瓷在高温（1200 ℃）下的热膨胀系数达到$14×10^{-6}$/K，接近黏结层合金的热膨胀系数（$13~16×10^{-6}$/K），几乎是所有高温氧化物中的最高值。$La_2Ce_2O_7$陶瓷高热膨胀系数主要是因为Ce^{4+}在高温下还原为Ce^{3+}，体系的晶格能下降。通过改变化学计量比$La_{2-x}Ce_xO_{7-y}$来获得更高浓度的氧离子空位，从而使低温下的热膨胀系数也有所提高。另外，在1400 ℃长时间退火条件下，$La_2Ce_2O_7$陶瓷仍然保持相稳定，不发生相变。

$La_2Ce_2O_7$同时存在一些问题。例如，$La_2Ce_2O_7$在250 ℃左右存在负膨胀现象，这可能是因为氧离子的横向振动。这种负膨胀系数对于热障涂层的热循环寿命影响不大。在$La_2Ce_2O_7$中掺杂WO_3或Ta_2O_5，能够显著抑制低温负膨胀现象。同时发现$La_2Ce_2O_7$中加入更多的CeO_2也能起到相同的作用。$La_2Ce_2O_7$的另外一个问题就是烧结活性较强，在1280 ℃之后收缩严重。采用ZrO_2替换部分CeO_2，形成$La_2(Zr_xCe_{1-x})_2O_7$固溶体，其烧结收缩明显降低。这可能是焦绿石结构和萤石结构的混合相，其抗烧结能力可能和混合相结构有关。

4.4.5.4 稀土磷酸盐体系

稀土磷酸盐有着和硅酸盐类似的网络结构,其结构建立在共顶点、共边的磷氧四面体上。稀土磷酸盐主要有独居石和磷钇矿两种结构,镧系元素中半径较大的 La 和 Gd 元素磷酸盐形成独居石结构,而 Tb 以后的元素则形成磷钇矿结构。独居石中磷氧四面体存在明显的偏转,稀土元素的配位数为 9,且和周围氧离子作用较弱;磷钇矿结构对称性较高,磷氧四面体排列规整,稀土元素的配位数为 8,且和周围氧离子作用较强。两者结构的差异导致热导率的差异,独居石结构的热导率明显低于磷钇矿,室温下 $LaPO_4$ 和 YPO_4 的热导率分别为 7.0 W/(m·K) 和 2.5 W/(m·K),在 1000 ℃ 下两者的热导率分别为 2.5 W/(m·K) 和 1.8 W/(m·K)。

独居石结构的 $LaPO_4$ 由于晶体结构的非规整性具有较低的热导率,同时其熔点较高 [(2345±20) K],热膨胀系数也达到 $10.5×10^{-6}$/K(1273 K)。$LaPO_4$ 的化学稳定性比较高,能够有效抵抗燃料燃烧之后产生的硫、钒氧化物的腐蚀。$LaPO_4$ 对热生成氧化物 Al_2O_3 的化学反应惰性很好,但同时带来和 Al_2O_3 结合力较差的问题。$LaPO_4$ 在应用中存在的一个较大问题是热喷涂过程中 La、P 元素的蒸气压差别较大,极容易造成化学计量比偏移。

4.5 陶 瓷 轴 承

4.5.1 陶瓷轴承概述

轴承作为关键基础部件被广泛应用于航空航天、精密机床及高速发动机等尖端装备领域。轴承的服役性能直接影响高端装备的工作性能。以传统金属材料为代表的钢轴承已逐渐无法满足如今某些工况需求。与金属材料相比,陶瓷材料因为其具有高硬度、高强度、高弹性模量、低热膨胀系数及绝缘等优良特性被广泛应用于精密机械、航空航天、军事设备及特殊工况等领域。

轴承是机械行业的基础产品,生产量大,应用面广,陶瓷是具有很多优良特性的新时代材料,可以说应用范围无限广阔。陶瓷轴承依据相应的标准进行划分,其中根据轴承材料特性分为传统轴承和现代轴承两大类。适用于工业用途的现代轴承又划分不同的类别。现如今用于工业用途的陶瓷材料主要有氮化系列、碳化系列和氧化物系列等,不同系列的工业陶瓷材料具有不同的显微组织结构。因此,适用于制造陶瓷轴承的材料需具有该轴承性能要求的特性。不同的应用领域选择合适的轴承材料。

4.5.2 陶瓷轴承分类

目前,全陶瓷轴承的分类是根据轴承材料的种类而划分。现如今国内外常用氧化物和非氧化物全陶瓷轴承两种。具体分类如图 4-19 所示。

(1)氧化物陶瓷轴承。氧化物陶瓷轴承种类很多,由于氧化物陶瓷具有简单的生产工艺、良好的机械性能、很高的机械硬度和超强的耐化学腐蚀性能,因此,被认为是陶瓷轴承的关键材料。目前常用的该类轴承主要有氧化铝和氧化锆全陶瓷轴承,除此之外还有莫来石材料构成的轴承,其中氧化锆全陶瓷轴承应用最为广泛。对于氧化物陶瓷材料轴承

陶瓷轴承 { 传统陶瓷轴承 / 现代陶瓷轴承 { 工程(结构)陶瓷轴承 { 氧化物陶瓷轴承 / 非氧化物陶瓷轴承 / 玻璃陶瓷轴承 } / 陶瓷基复合材料轴承 / 功能陶瓷轴承 }

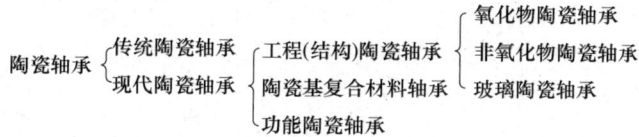

图 4-19　陶瓷轴承的分类

最大的缺点是氧化物材料在高温状态下的蠕变性，随着温度 1000 ℃继续升高，蠕变速率也越来越大，相应的该氧化物轴承的机械强度下降。

（2）非氧化物全陶瓷轴承。非氧化物全陶瓷轴承种类很多。非氧化物陶瓷具有超高的硬度、很强的蠕变抗力、高模量，使得非氧化物陶瓷成为轴承材料最为重要的材料，逐渐取代了氧化物陶瓷轴承。目前，常用的非氧化物陶瓷轴承主要有氮化物和碳化物全陶瓷轴承，其中氮化硅和碳化硅两种材料在陶瓷轴承的应用中极为广泛。对于非氧化物陶瓷轴承最大的缺点是它们的烧结性，极其严格的烧结条件，极高的加工温度，添加一定的烧结助剂才能得到高精度高密度的产品。

4.5.3　陶瓷轴承特性

通常陶瓷轴承主要由四个元件组成，其中包含内圈、外圈、陶瓷滚动体和保持架。根据轴承实际应用，轴承元件组成可以无内圈或外圈，其他元件的作用由相应的轴或主机外套取代。分离型轴承的保持架把滚动体结合成一个组件，既便于安装，又防止严格分组的滚动体互相混淆。全陶瓷轴承存在以下优点。

（1）较低的密度。高速转动工作时，离心载荷随着滚动体材料密度的降低而减小，这样可提高设备的工作转速。

（2）中等的弹性模量。如果弹性模量的值较大就会产生应力集中的情况，这将降低轴承的承受能力。

（3）热膨胀系数小。在相同条件下，热膨胀系数较小时，热变形量较小，能使陶瓷轴承的工作温度范围变得更宽。

（4）抗压强度较大。工作时，轴承承受的压力较大，因而需要大的抗压强度。

（5）高硬度和高韧性。在高硬度和高韧性的环境下，不仅可以得到良好的表面粗糙度，还可以削弱外界颗粒对轴承冲击造成的损害。

（6）抗接触疲劳性。陶瓷轴承有着优异的抗接触疲劳性，其失效形式易便于识别。

（7）优异的物理化学稳定性。陶瓷轴承在某些特殊工作场合下（如高温、腐蚀性强等环境）具有优异的物理化学稳定性。

用陶瓷材料代替钢金属材料用作轴承，主要是根据陶瓷材料本身特性，如强度高、耐磨性好、刚度高、耐腐蚀、耐高温、电绝缘、不导磁、密度小等。目前，主要是通过提高涡轮进口温度和转子转速的方案来提高工作效率，而这对轴承极限转速性能、耐高温能力、润滑性能和承载能力等带来严峻挑战。全陶瓷轴承与金属材料轴承相比，有着明显的优势，由于陶瓷材料的本身的特性，陶瓷轴承应在各个领域得到更多的应用。表 4-15 为陶瓷材料与钢材料的基本性能数据对比。

表 4-15　陶瓷材料与钢材料的基本性能数据对比

材料特性	氧化锆	氮化硅	碳化硅	氧化铝	轴承钢
密度/($kg \cdot m^{-3}$)	5900	3250	3100	3900	7800
弹性模量/GPa	205	310	420	390	210
抗压强度/MPa	2000	>3500	2000~2500	2000~2700	—
断裂模量/MPa	600~900	700~1000	500	300~500	—
维氏硬度/GPa	10~13	14~18	20~24	18~20	8
韧性/($MPa \cdot m^{1/2}$)	8~12	5~8	2~4	3~5	16~20
线膨胀系数/$℃^{-1}$	12×10^{-6}	3.4×10^{-6}	8×10^{-6}	10×10^{-6}	11×10^{-6}
热传导率/[$W \cdot (m \cdot K)^{-1}$]	2	20	100	30	30
比热容/[$J \cdot (kg \cdot K)^{-1}$]	400	800	700	880	450
使用上限温度/℃	750	1050	1250	1250	400~600
抗冲击能力	中等	高	高	低	很高
滚动接触疲劳失效形式	剥落	剥落	断裂	断裂	剥落

目前，已开发的具有较好性能的结构陶瓷材料有氧化锆（ZrO_2）、氮化硅（SiN_4）、碳化硅（SiC）、氧化铝（Al_2O_3）等。但是其显微组织和性能各不相同，因此并不是所有的结构陶瓷材料都适合用来制造陶瓷轴承及陶瓷主轴。

表 4-15 给出了常用结构陶瓷和轴承钢的特性对比，从目前的研究和实际应用情况来看，氮化硅是当前最适合用来生产制造滚动轴承的工程陶瓷材料，但从材料韧性可加工性角度分析，氧化锆的韧性比氮化硅高，结合以往对氮化硅陶瓷套圈的磨削试验，对氧化锆陶瓷轴承套圈的磨削试验进行了研究，并且获得合理的氧化锆陶瓷套圈精密加工工艺及工艺参数。

4.5.4　陶瓷轴承制造与加工

4.5.4.1　陶瓷轴承套圈的制造

陶瓷轴承套圈的加工包括端面、内外圆柱面及滚道表面。滚道与陶瓷球接触运转，所以精度和表面质量要求最高。由于陶瓷烧结时难以保证收缩均匀，所以烧结体的余量较大，各表面余量甚至达几毫米。轴承套圈的加工必须由粗到精分多步完成，这样才能兼顾成本、效率与精度的要求。

陶瓷轴承套圈的加工一般采用金属、树脂和陶瓷结合剂金刚石砂轮，在高精度的磨床上进行磨削加工。为提高陶瓷套圈的加工精度和加工效率，金刚石砂轮需实时修整。陶瓷套圈加工时会产生裂纹、划痕等缺陷，对陶瓷轴承的使用寿命有很大影响，必须对加工过程进行优化，减小表面损伤。在整个加工过程中，除对其尺寸、形状精度进行检测外，还必须对表面进行严格的检查与分析，以保证制造质量。需经常用到一些精密测量仪器，如电子扫描显微镜、表面粗糙度轮廓仪、超声波探伤仪和激光干涉仪等。目前，陶瓷套圈尚没有形成成熟的加工工艺。

陶瓷材料虽然具有很多优点，但也存在一些缺点。例如，高弹性模量提高了轴承的刚度，同时也增大了赫兹接触应力，这对轴承寿命是不利的。所以应扬长避短，选择正确的使用场合。例如，将混合陶瓷接触球轴承用作数控机床主轴轴承，实际上就是发挥陶瓷材料低密度的优点，克服赫兹接触应力高的缺点。

4.5.4.2 陶瓷球的制造

陶瓷球的加工一般分为磨削和研磨两个阶段。由于陶瓷制备技术的发展，陶瓷球坯的精度不断提高，同时，随着陶瓷球高效研磨工艺研究的深入，陶瓷球的加工方法基本采用直接研磨法，而取消了研磨前的磨削工艺，进一步提高了生产效率。如 Si_3N_4 陶瓷球主要制造工序为：原料粉末加烧结剂及其他成分；坯料制作；毛坯成形；烧结成毛坯球；研磨毛坯球；成品球。

为保证陶瓷球的高效和高精度加工，其工艺过程细分为由粗到精的多道工序，通常包括粗研、半精研、精研、超精研、抛光等工序。

陶瓷材料是由共价键或者离子键结合而形成，呈现出与以金属键结合为主的金属材料不同的结构和性质，即一般具有很高的抗剪切应力及很低的抗拉伸应力，同时具有相当大的弹性模量，属于典型的硬脆材料。表 4-16 展示了陶瓷材料的主要加工方法。

表 4-16 陶瓷材料主要加工方法

加工方法分类	具体加工方法
磨料加工（力学加工）	研磨加工，抛光加工，砂带加工，滚筒加工，超声加工，喷丸加工，黏弹性流动加工
塑性加工（力学加工）	金刚石塑性加工，金刚石塑性磨削
电加工	电火花加工，电子束加工，离子束加工，等离子束加工
复合加工	光刻加工，ELID 磨削，超声波磨削，超声波研磨，超声波电火花加工
化学加工	磨蚀加工，化学研磨加工
光学加工	激光加工

📖 课程思政

氧化铝陶瓷主要以离子键结合为主，其位错密度较低，且屈服强度（或临界分切应力）高于断裂强度，导致位错形核晚于裂纹扩展。在陶瓷材料受载过程中，位错需首先形核，难以有效抑制裂纹的形核与扩展。2024 年 7 月 25 日，中国科学家在《科学》杂志上发表了一项关于借用金属位错提高陶瓷延展性的研究成果，该技术将陶瓷在室温下的拉伸延展变成可能。我国科学家通过构筑 La_2O_3-Mo 共格晶界，创新性地采用"借用位错"策略，将金属 Mo 中的高密度位错引入六方 La_2O_3 陶瓷中，显著提升了其室温抗拉性能，最大延伸率为 39.9%。

课 后 习 题

4-1 简述 α-Al_2O_3 晶体结构、性能特点和应用。

4-2 举例阐述掺杂剂对氧化铝烧结温度、形貌和结构的影响规律。

4-3 简述氧化锆晶体结构，说明为什么难以烧制致密无开裂纯氧化锆陶瓷。

4-4 氧化锆相变过程，及其增韧机制。

4-5 阐述共晶陶瓷的结构特点，性能及潜在应用领域。

4-6 阐述氧化物热障涂层种类、作用及在航空航天领域应用。

4-7 阐述陶瓷种类、特点及优势。

5 非氧化物结构陶瓷材料

非氧化物陶瓷具有出色的高温耐蚀性和抗氧化性，适用于航空航天、能源化工、电子传感、生物医疗等众多高精密度和高技术领域。本章主要介绍非氧化物陶瓷结构、性能、烧结及其应用，包括碳化物陶瓷（如 SiC 和 B_4C），以及氮化物陶瓷（如 Si_3N_4 和 AlN）。

5.1 碳化物结构陶瓷材料

碳化物是一类高温陶瓷材料，主要分为两类：一类是非金属碳化物，如碳化硅（SiC）、碳化硼（B_4C）；另一类是过渡金属碳化物，如碳化钛（TiC）、碳化锆（ZrC）、碳化铅（HfC）、碳化钽（TaC），后者属间隙相的金属碳化物，其结构是碳原子嵌入到金属原子空隙中，金属原子构成密堆的立方或六方晶格，在晶格的八面体空隙中安置着碳原子。

碳化物高温结构陶瓷材料通常是指 SiC、BC、TiC、WC、ZrC 及其复合材料。碳化物陶瓷以共价键为主，结合强度很高，具有高熔点、高硬度、高弹性模量、良好的导热性和较低的热膨胀系数。与一般氧化物相比，碳化物陶瓷材料有高熔点，大多数熔点都在 3000 ℃以上，其中 HfC 和 TaC 的熔点最高，分别为 3890 ℃和 3887 ℃。B_4C 室温硬度仅次于金刚石和立方氮化硼，显微硬度可以达到 48.5 GPa，TiC 的显微硬度为 31.4 GPa，SiC 的显微硬度为 29.4 GPa。此外，碳化物陶瓷材料也具有良好的导电性、导热性及化学稳定性。典型碳化物陶瓷的基本物理性能见表 5-1。碳化物在空气中强烈氧化的温度见表 5-2。作为耐热材料、超硬材料、耐磨材料，碳化物陶瓷材料是一种重要的高技术陶瓷，在国民经济各领域有着广泛应用。

表 5-1　典型碳化物陶瓷的基本物理特性

化合物	密度/(g·cm⁻³)	熔点/℃	线膨胀系数/℃⁻¹	热导率/[W·(m·K)⁻¹]	电阻率/(Ω·cm)	弹性模量/GPa	显微硬度/GPa
TiC	4.93	3147	7.74×10^{-6}	17.10	1.05×10^{-4}	460	31.4
ZrC	6.90	3530	6.74×10^{-6}	20.50	70×10^{-6}	355	29.3
HfC	12.6	3890	5.60×10^{-6}	6.27	—	359	29.1
VC	5.36	2816	4.2×10^{-6}	24.70	1.56×10^{-4}	430	20.9
NbC	7.85	3480	6.5×10^{-6}	14.20	7.4×10^{-4}	345	24.7
TaC	14.3	3877	8.3×10^{-6}	22.20	30×10^{-4}	291	18.0
Cr_2O_3	6.68	1890	11.7×10^{-6}	19.20		388	13.5
WC	15.55	2720	3.84×10^{-6}	31.80	1.2×10^{-4}	710	24.6

化合物	密度 /(g·cm⁻³)	熔点/℃	线膨胀系数 /℃⁻¹	热导率 /[W·(m·K)⁻¹]	电阻率 /(Ω·cm)	弹性模量 /GPa	显微硬度 /GPa
B₄C	2.51	2450	4.5×10⁻⁶	8.36~29.30	0.3×10⁻⁴	380	48.5
α-SiC	3.21	2600 (分解)	4.7×10⁻⁶	—	—	400~440	—
β-SiC	3.21	2100 (相变)	4.35×10⁻⁶	0.418	—	—	29.4

表 5-2　碳化物在空气中发生强烈氧化的温度

碳化物	氧化的温度/℃	碳化物	氧化的温度/℃
SiC	1400~1700	TaC	1100~1400
TiC	1100~1400	Cr₂C₃	1100~1400
ZrC	1100~1400	Mo₂C	500~800
VC	800~1100	WC	500~800
NbC	1100~1400	BC	900~1000

5.1.1　SiC 陶瓷

　　碳化硅（SiC）又称金刚砂或碳硅石，是一个具有独特物理和化学特性的Ⅳ-Ⅶ族化合物材料，自然界中几乎不存在天然碳化硅。Si 原子和 C 原子间的强共价键赋予了该材料非常高的硬度、化学稳定性和高的热导率。由于其超硬性能，SiC 最初应用于各种磨削用的砂轮、砂布、砂纸及各类磨料等机械加工行业。第二次世界大战中又发现它还可以作为炼钢时的还原剂及加热元件，加速了 SiC 的发展。长久以来，SiC 主要用作磨料和耐火材料使用。直到 20 世纪 50 年代，通过使用添加剂热压烧结制备出的致密 SiC 陶瓷具有高温强度和抗氧化性好、耐性能和热稳定性高、热膨胀系数小、热导率高、化学稳定性好等特点，使之成为一类重要的高温结构陶瓷，并引起科学界和工业界的广泛兴趣和关注。目前，SiC 陶瓷在航空、航天、汽车、机械、石化、冶金、电子及半导体等行业得到了广泛应用。

5.1.1.1　SiC 的晶体结构

　　SiC 主要有两种晶体结构，即立方晶体结构的 β-SiC 和六方晶体结构的 α-SiC。SiC 晶体的基本结构单元是共价键结合的 [SiC₄] 和 [CSi₄] 配位四面体，四面体为相互穿插，公边形成平面层，并以顶点与下一叠层四面体相连形成三维结构，如图 5-1 所示。

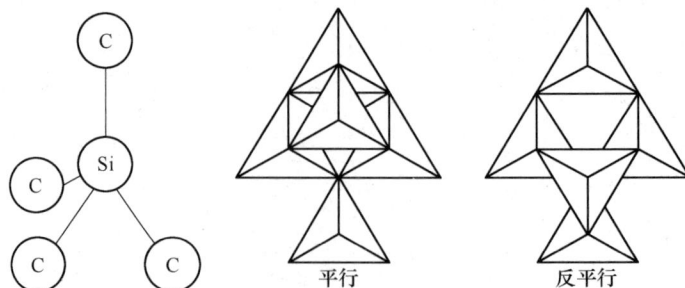

平行　　　　　反平行

图 5-1　SiC 四面体及四面体的取向

由于四面体堆积次序的不同可以形成不同的结构。截至目前，今已发现数百种 SiC 同质异构体，常采用字母 C（立方）、H（六方）、R（菱方）来表示其晶格类型，用单位晶胞中所含层数以示区别，如 nH 表示沿 c 轴有 n 层重复周期的六方品系结构，而 mR 则表示沿 c 轴有 m 层重复周期的菱面体结构。常见的 SiC 晶体类型及晶格常数见表 5-3。

表 5-3 常见 SiC 晶体类型及晶格常数

晶体类型	晶体结构	单位晶胞包含的层数	原子排列次序	a/nm	c/nm
C（β-SiC）	立方	1	ABCABCABC	0.4394	—
2H（α-SiC）	六方	2	ABABAB	0.3087	0.5039
4H（α-SiC）	六方	4	ABACABAC	0.3073	1.0053
6H（α-SiC）	六方	6	ABCACBABCACB	0.3073	1.512
15R（α-SiC）	菱方	15	ABCACBABACBCBA	1.269	3.770

合成温度低于 2100 ℃ 时可以合成得到低温型 β-SiC，此类型 SiC 属于面心立方（fcc）闪锌矿结构，空间群为 F43m，单胞分子数为 4，晶格常数 $a=0.4394$ nm。α-SiC 为高温型晶体结构，属于六方晶系，它有许多变体，至今已被确认 250 种，其空间群为 C6mc，晶格常数 $a=0.3087$ nm，c 轴随着层数不同而发生变化。4H、6H、15R 是最常见的 α-SiC 晶型。尽管 SiC 存在很多种多晶型，且晶格常数各不相同，但其密度均很接近。β-SiC 的密度为 3.215 g/cm^3，各种 α-SiC 变体的密度基本相同，为 3.217 g/cm^3。

5.1.1.2 SiC 的物理性质

β-SiC 在 2100 ℃ 以下是稳定的，高于 2100 ℃ 时 β-SiC 开始转变为 α-SiC，但转变速度很慢，2300~2400 ℃ 时转变迅速。β→α 转变是单向的，不可逆的。在 2000 ℃ 以下合成的 SiC 主要为 β 型，在 2200 ℃ 以上合成的主要为 α-SiC，而且以 6H 为主。在常压下，SiC 没有熔点，约 2830 ℃ 分解。纯 SiC 为无色透明，由于含有游离铁、硅、碳等杂质，工业 SiC 呈浅绿色或黑色，加温至 600~700 ℃ 时不褪色，金刚光泽，密度为 3.17~3.47 g/cm^3，无磁性。碳化硅的基本特性列于表 5-4 中。

表 5-4 SiC 的基本特性

性 能	指 标
摩尔质量/(g·mol^{-1})	40.097
颜色	纯碳化硅为无色透明状态，工业碳化硅由于含有游离铁、硅、碳等杂质而呈现浅绿色或黑色
密度/(g·cm^{-3})	3.17~3.47
熔点	常压下约 2830 ℃ 分解，分解为 Si、Si$_2$C 和 SiC$_3$
摩尔热容/[J·(mol·K)$^{-1}$]	α-SiC：27.69，β-SiC：28.63
生成热（$-\Delta H$）（在 298.15 K）/[kJ·(mol·K)$^{-1}$]	α-SiC：25.73±0.63 β-SiC：28.03±2.00

性　　能	指　　标
热导率/[W·(m·K)⁻¹]	α-SiC：40.0 β-SiC：25.5
线膨胀系数/℃⁻¹	α-SiC：5.12×10⁻⁶ β-SiC：3.80×10⁻⁶
300 K 下的介电常数	α-SiC：9.66~10.03 β-SiC：9.72
电阻率/(Ω·m)	α-SiC：0.0015~10³ β-SiC：10⁻²~10⁻⁶
德拜温度	α-SiC：1200 K β-SiC：1430 K
带隙宽度/eV	α-SiC：2.86 β-SiC：2.60
受激能系/(K·eV⁻¹)	α-SiC（4H）：3.265×4.2 α-SiC（6H）：3.023×4.2 β-SiC：2.39×4.2
超导转变温度/K	5
弹性模量/GPa	293 K 下为 475 1773 K 下为 441
剪切模量/GPa	192
体积模量/GPa	96.6
泊松比 ν	0.142
抗弯强度/MPa	350~600
抗氧化性	由于表面形成 SiO₂ 层，抗氧化性良好
耐腐蚀性	在室温下几乎是惰性

5.1.1.3　碳化硅粉体的合成

A　阿奇逊法

这种方法是由美国的阿奇逊于 1891 年首先提出来的，也因此而得名。这是一种在高温下由碳还原二氧化硅生成 α-SiC 的碳热还原法，此后一直成为商业用 SiC 粉有效的工业制备方法。阿奇逊法的基本工艺是，采用高纯度石英砂（SiO₂）或粉碎后石英矿，与石油焦炭或石墨或无烟煤细粉均匀混合。合成反应在电加热的电阻炉内。其基本反应方程式如下。

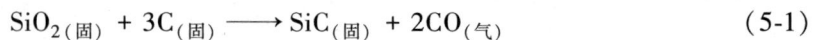

$$SiO_{2(固)} + 3C_{(固)} \longrightarrow SiC_{(固)} + 2CO_{(气)} \tag{5-1}$$

该反应是吸热反应（$\Delta H_f = +528 \text{ kJ/mol}$），因此需要大量能量，反应发生在 1600~2500 ℃，36 h 以上。在芯棒附近反应最完全，生成高纯六方 α-SiC 结晶体，适合于电子和精密陶瓷应用；在 α-SiC 结晶带的外侧是低纯度 SiC 区，适合于磨料磨具应用；最外层则是残留下来的未反应层，可重复使用。

阿奇逊法合成 SiC 还须注意两点：一是原料的纯度，对于硅质原料（石英砂、粉碎的石英矿）的基本要求是 SiO_2 含量尽可能高，要求不低于 98.5%。对碳质材料（石油焦炭、石墨粉、低灰分无烟煤粉）要求是灰分应最低；二是除了硅质和碳质原料外，还需加入一些添加剂，主要是锯木屑和食盐（氯化钠）。加入锯木屑可使配料具有良好透气性，以便气体排出和提高生产效率；食盐的作用是有利于排除氯化物类杂质，同时食盐熔融后将石英颗粒包裹起来，可降低 Si 的蒸发速率，阻止配料内碳的富集并防止碳化硅被染成黑色，一般在制取绿色 SiC 时都加食盐，而制取黑色 SiC 时则不加，因为食盐加入将导致产率降低及能耗增加。

阿奇逊法合成 SiC 配料的质量百分比为：石英砂（或粉碎石英矿）58%~65%，石油焦炭（或石墨，无灰无烟煤）35%~42%，食盐（氯化钠）1%~2%，木屑 0.5%~1%。

阿奇逊法合成的 SiC 纯度为 94%~99%，主要有绿色和黑色两类，不同颜色归因于不同杂质原子结合。纯 SiC 粉（99.9% 以上）是无色的，绿色 SiC 含量可达 98% 以上，黑色 SiC 含量为 96%，主要杂质有残余炭、游离硅等。阿奇逊法合成 SiC 为结晶块状，若要成为工程陶瓷用超细粉料还需经过粉碎，采用高能磨可达到亚微米尺寸范围。对粉碎的 SiC 用水洗除去其中的石墨，并用苛性钠处理以便使硅、二氧化硅及硅化物溶解，随后再用硫酸处理 SiC，除去其中的 FeO。

B 机械粉碎法

机械粉碎法是通过高能球磨过程制备超细粉末方法，可以使用球磨机、振动磨、行星磨、砂磨、流能磨等机械。采用高能球磨将平均粒径为 7.3 μm 的高纯 SiC 粗粉砂磨粉碎 18 h 后，可以得到平均粒径为 0.47 μm、粉末尺寸分布窄、氧质量分数小于 1.5% 的超细粉，同时避免了传统球磨、酸洗工艺对环境的污染。经过充分研磨颗粒也可以直接发生化合反应，通过机械粉碎法能够得到纳米 SiC，并且合成温度低、反应时间短。通过调整工艺参数、选择球磨转速及料球比、对高能机械球磨过程中的气氛加以控制和引入外部磁场等方法，可以提高碳化硅粉末的研磨效率。

C 溶胶-凝胶法

将含硅醇盐前驱物在低温下溶于溶剂中形成均匀溶液，加入适当凝固剂使醇盐发生水解、聚合反应后生成均匀而稳定的溶胶体系，再经过长时间放置或干燥处理，浓缩成含硅和碳的混合物或聚合物，继续加热形成混合均匀、粒径细小的 SiO_2 和 C 的两相混合物，在 1460~1600 ℃ 左右发生碳还原反应，最终制备出碳化硅粉末。如采用蔗糖水溶液和硅凝胶，经过脱水，使碳和 SiO_2 均匀混合，在 1800 ℃ 发生碳热还原反应制备出 β-SiC 粉末。以四乙氧基硅烷、甲基三乙氧基硅烷作硅源，酚醛树脂、淀粉等作为碳源形成的凝胶，在 N_2 中于 800 ℃ 炭化得到 SiC 前驱体，再于 Ar 气中于 1550 ℃ 加热，从而可以制备出尺寸为微米级的 SiC 粉末。此种方法在碳化硅粉末的制备过程中容易实现各种微量成分的调控，但是存在所得产物中常残留有羟基、有机溶剂对人体有害及原料成本高等问题。

D 聚合物热解法

有机聚合物的高温分解是制备碳化硅的有效技术，此种方法主要分为两类。一类是加热凝胶聚硅氧烷发生分解反应，放出小单体，最终形成 SiO_2 和 C，再由碳还原反应制备出 SiC 粉末。另一类是加热聚硅烷或聚碳硅烷放出小单体后生成骨架，最终形成 SiC 粉末。以聚碳硅烷为原料，通过气相热裂解技术，于 1150 ℃ 时可以制备出无定形球状形貌的含氧富碳的 SiC 粉末，粒度约 50~100 nm。此法对于反应器材质要求不高，反应基本在常压下进行，且基本上无明显的三废产生，无腐蚀性产物生成。在整个裂解过程中进一步的交联裂解等中间过程较少，工艺容易控制，重复性好，热解 SiC 粉末的产率约为 70%。

SiC 粉末合成还有自蔓延高温合成、气相反应沉积、等离子体法、激光诱导气相法等。

5.1.1.4　碳化硅陶瓷的烧结

SiC 是强共价键化合物，烧结时扩散系数非常小。高纯 SiC 很难致密化，即使采用很高温度和较高压力也无法实现。较高烧结温度和较大压力在工艺上实现起来是很困难的，且形状和尺寸受到限制。目前，SiC 陶瓷的烧结技术主要有反应烧结、压力辅助热压烧结、无压烧结、液相烧结等。

A　反应烧结碳化硅 （Reaction Sintered Silicon Carbide，RS-SiC）

反应烧结碳化硅又称为反应结合碳化硅 （Reaction Bonded Silicon Carbide，RB-SiC）或自结合碳化硅 （Self Boned Silicon Carbide），是指素坯中含有碳化硅和碳粉，在反应过程中碳和硅反应生成新的碳化硅相与原碳化硅相结合，早在 20 世纪 50 年代，Popper 等人就提出并成功地制备出反应烧结碳化硅，反应烧结碳化硅的制备工艺包括：将 α-SiC 粉与炭粉均匀混合，炭粉可以是石墨、炭黑，或者环氧树脂、酚醛树脂裂解后得到的碳源，混合粉末经过干压成型、注浆成型、挤出成型及注射成型，得到所需形状的预成型坯体；然后进行渗硅，把坯体放置于感应炉或石墨碳管炉中，预成型坯体的周围或上部堆有硅粉，在真空或惰性气氛下加热至 1500 ℃以上，固态硅溶解成液态硅，通过毛细管作用渗入含气孔的坯体。通过 Si 溶液或 Si 蒸气与 C 之间化学反应原位生成的 β-SiC 来结合原有 SiC 而形成 RB-SiC。由于硅与碳反应生成碳化硅是剧烈的放热反应，所以在原始坯体中通常需要加入碳化硅颗粒。由于硅液相会通过气孔的毛细管进入坯体内部，所以需要控制原始坯体的气孔率。进入坯体内部的残余硅会留在坯体中，因此反应烧结法无法制备出单相碳化硅陶瓷。

反应结合碳化硅的弯曲强度一般为 350~500 MPa，断裂韧性为 4.0~5.0 MPa·m$^{1/2}$。随着硅含量增加，强度和断裂韧性线性下降；在硅含量一定时，随着 SiC 晶粒尺寸减少，强度会增大。反应结合碳化硅的断裂韧性随温度而变化，从室温下的 4 MPa·m$^{1/2}$ 增加到 1200 ℃下的 12 MPa·m$^{1/2}$，这是高温下游离硅塑性增大的缘故。

在反应烧结过程完成后，将得到的碳化硅陶瓷再高温处理，使硅蒸发去除，所得到的碳化硅陶瓷虽然气孔率较高，但是仍然可以保持一定的强度。由于反应烧结法制备出的碳化硅陶瓷材料在烧结过程中没有体积收缩，可以制备出体积大、形状复杂的部件，在工业生产中产量较大，主要用于炉料、坩埚和匣钵等。由于碳化硅热膨胀系数小及弹性模量高，反应烧结碳化硅也是空间反射镜的理想材料。

B　无压烧结法

无压烧结法是指在不额外加压的条件下，在一个标准大气压的惰性气体中进行烧结 SiC。美国研究人员在 1956 年发现硼能促进热压烧结碳化硅的致密化；随后，研究者相继用 Al、Fe、Cr、Ca、Ni、Zr 和 Mn 等单质作添加剂以促进碳化硅的烧结。将硼和碳加入碳化硅坯体中，采用无压固相烧结法可以制备出碳化硅陶瓷。由于 α-SiC 粉末的成本比 β-SiC 粉末的成本低，所以 α-SiC 的烧结制品在碳化硅工业产品中占主导地位；而 β-SiC 的性能较好，主要用于高性能机械封装等领域。

α-SiC 与 β-SiC 的烧结机理基本一致。由于 β-SiC 在高温下趋于向 α-SiC 晶相发生转变，这会促进晶粒长大并抑制坯体的致密化，所以 β-SiC 粉末的烧结比 α-SiC 更困难。硼和碳对 α-SiC 和 β-SiC 陶瓷微观结构影响的主要差别是晶粒形状不同，烧结 α-SiC 陶瓷晶粒多是等轴的多面体，而烧结 β-SiC 陶瓷则形成具有较大长宽比的长条状柱状晶。β-SiC 属于立方晶系，在烧结过程中发展成为各向异性的柱状晶。这主要是由于立方 β-SiC 在 2100~2200 ℃ 的烧结温度下不稳定，晶粒内部产生很多堆垛层错，最终导致晶粒形状的各向异性。添加硼和碳的碳化硅系统在无压固相烧结过程中，晶界变得狭长，所以陶瓷断裂过程中主要以穿晶断裂为主。不同添加剂的无压烧结 SiC 陶瓷的性能见表 5-5。

表 5-5　不同添加剂的无压烧结 SiC 陶瓷的性能

原　料	性　能				
	密度 /($g \cdot cm^{-3}$)	抗弯强度 /MPa	断裂韧性 /($MPa \cdot m^{1/2}$)	硬度 (HRA)	烧结温度 /℃
SiC-B-C	3.05~3.15	350~450	3.5~4.0	91~92	2100
SiC-Al-C	3.09	469	—	91~92	2100
SiC-AlN	3.10~3.18	350~400	3.0~4.5	91~92	2100
SiC-YAG	3.20	600	8	91~93	1950~2000
SiC-YAG-Al_2O_3	3.27	707	10	91~93	1950~2000
SiC-AlB_2-C	—	400~440	3.6~4.3	92~93	1850~1900
SiC-Al_4O_3-B_4C-C	3.19	—	3.5~4.3	92~93	1850~1900

C　压力辅助烧结

压力辅助烧结技术主要包括热压烧结、振荡压力烧结和热等静压烧结，通常用于制备烧结比较困难的致密材料。压力辅助烧结技术工艺成本较高，难以制备大尺寸和形状复杂的碳化硅陶瓷制品。然而，在半导体材料制造领域，对制造精密仪器和部件所需要陶瓷材料的性能要求很高，因此压力辅助烧结 SiC 陶瓷材料时，成分控制、纯度和致密化程度的重要性远高于对经济成本的要求。

早在 20 世纪 50 年代中期，Alliegro 等人发现少量烧结添加剂可使热压 SiC 致密化。例如，当加入 1%~3% 的 Al 或 Fe 时，可在 42 MPa 压力和 1982 ℃ 温度下，得到密度为 93%~94% 的 SiC 制品。在碳化硅坯体中加入 1%（质量分数）的 B_4C，在 1950 ℃ 时烧结可以得到接近理论密度的热压烧结碳化硅。加入 2%（质量分数）氧化铝的立方 β-SiC 坯体热压烧结时，在 1600~2100 ℃ 存在相变过程，1800 ℃ 和 1900 ℃ 时分别有 6H 和 4H 多型体出现，立方碳化硅在 2000 ℃ 以上全部消失。

分别以 B_4C、AlN 和 Al_2O_3 作为添加剂，热等静压烧结亚微米 α-SiC 的致密化过程主要是由于碳化硅表面的 SiO_2 和添加剂之间形成液相而产生的液相烧结。压力辅助烧结虽然只能制备形状简单、尺寸较小的样品，但是在压力和烧结助剂的作用下可以在较低温度制备出高致密度的碳化硅陶瓷。不同添加剂下热压烧结碳化硅陶瓷材料性能见表 5-6。SiC

陶瓷的烧结方法还有液相烧结、放电等离子体烧结、微波烧结等。

表5-6　不同添加剂对热压烧结碳化硅陶瓷材料性能的影响

性能	材料成分			
	SiC-Al$_2$O$_3$	SiC-AlN	SiC-YAG	SiC-BeO
密度/(g·cm^{-3})	3.22	—	3.27	3.2
相对密度/%	98	99	99	99
抗弯强度/MPa	7140	1110	750	440
硬度（HRA）	93	93	93~94	92
线膨胀系数/℃$^{-1}$	402×10^{-6}	4.0×10^{-6}	4.3×10^{-6}	3.7×10^{-6}
电阻率/(Ω·m)	—	—	—	10^{11}~10^{13}

5.1.1.5　碳化硅陶瓷的性能

A　力学性能

SiC材料硬度很高，其莫氏硬度为9.2~9.5，热压烧结SiC的维氏硬度（Hv）为2500 kg/mm^2，仅次于金刚石、立方BN和B$_4$C等几种少数材料。SiC材料抗弯强度随烧结方式和助剂不同而变化。热压烧结强度较高可达700 MPa；固相无压烧结的强度一般在400~500 MPa，但采用Al$_2$O$_3$-Y$_2$O$_3$系添加剂的液相烧结得到细晶粒SiC及YAG析晶的晶界相，其强度可达到800 MPa；反应烧结SiC强度通常在350~500 MPa；重结晶SiC强度较低，通常只有100~150 MPa。与其他结构陶瓷（如Al$_2$O$_3$、Si$_3$N$_4$、ZrO$_2$等）相比，SiC材料的高温强度和抗高温蠕变能力非常优异，从室温直至1400℃时，其强度并无明显下降，像常压烧结SiC和重结晶SiC的高温强度还有所增加。SiC陶瓷断裂韧性比较低，通常为3~4.5 MPa·m$^{1/2}$，明显低于Si$_3$N$_4$陶瓷（6~7 MPa·m$^{1/2}$），这是因为大多数SiC陶瓷的显微结构主要为等轴状和板状晶粒，一般表现为穿晶断裂，不具有S$_3$N$_4$长柱状晶的晶粒拔出、裂纹偏转及桥接这些增韧机制。液相烧结得到的细晶粒SiC及YAG析晶的晶界相的SiC复合陶瓷，因具有微裂纹增韧和裂纹偏转的沿晶断裂方式，断裂韧性可达到7 MPa·m$^{1/2}$，但是其工艺控制非常复杂，商业化产品较少。

B　热学性能

SiC陶瓷线膨胀系数较低，通常为4~4.8×10^{-6}/℃，具有高的热导率。无压烧结和热压烧结致密SiC的室温导热率可达到100~125 W/(m·K)。但当温度升高时，导热系数减少，即热导率具有负温度系数。高的热导率和较低的热膨胀系数赋予SiC材料较好的抗热冲击性。

C　电学性能

纯SiC是绝缘体，不导电，但含有杂质时，电阻率大幅度下降。SiC具有负温度系数特点，即温度升高电阻率下降，因此SiC可用作发热元件。SiC还具有半导体性质，随着所含杂质不同，电阻率变化范围很大。

D 化学稳定性

SiC 材料化学稳定性高，不溶于一般的酸和混合酸。沸腾的盐酸、硫酸、氢氟酸也不分解 SiC，但硝酸和氢氟酸的混合液能将 SiC 表面的 SiO_2 层溶解，对 SiC 本身并无作用。215 ℃时，密度 1.75 g/cm^3 的磷酸能与 SiC 反应。SiC 具有一定抵抗碱液能力，但在高温时熔融氢氧化钾、氢氧化钠、碳酸钠、碳酸钾能分解 SiC。熔融金属 Zn、Pb、Ca 不与 SiC 发生反应，但 Mg、Fe、Co、Ni、Cr、Pt 等熔融金属能与 SiC 反应。SiC 具有抵抗热蒸气腐蚀能力，水蒸气在 1300~1400 ℃才开始与 SiC 发生作用，到 1775~1800 ℃发生强烈作用。SiC 在 1000 ℃以下开始氧化，1300~1500 ℃时反应生成 SiO_2 层，可阻碍 SiC 的进一步氧化。

5.1.1.6 碳化硅陶瓷的用途

SiC 陶瓷具有良好的力学性能、热学性能和化学稳定性，在石油化工、钢铁冶金、机械电子、航天航空、能源环保、核能、汽车、高温窑炉等工业领域得到越来越多的应用。

A 密封环和轴承

无压烧结和反应烧结致密的 SiC 材料，因其优异耐磨性、高导热性、耐高温和耐腐蚀性，成为制造密封环、滑动轴承及摩擦保护轴套的理想材料。SiC 陶瓷在船舶、化工、冶金、石油、造纸工业中用于耐酸、耐碱泵的密封装置和滑动装置。SiC 陶瓷已广泛用于精密轴承等零件。

B 在军事方面的应用

SiC 陶瓷由于硬度高、密度小、防护性能较好和价格较低（与 B_4C 陶瓷比较），在防弹装甲中应用具有一定竞争优势。SiC 陶瓷防护性能优于 Al_2O_3 陶瓷，虽然略逊于 B_4C 陶瓷，但是其陶瓷制造成本远低于 B_4C。目前，常压烧结 SiC 和反应烧结 SiC 陶瓷板可用于装甲车辆和飞机机腹及防弹衣等特殊防护领域。采用碳化硅陶瓷与其他材料一起组成的燃烧室及喷嘴已用于火箭技术。碳化硅陶瓷还具有自润滑性及低摩擦系数等特点，约为硬质合金的一半。碳化硅具有抗热震性好、弹性模量高等特点，可以用来制备高功率的激光反射镜。

C 研磨盘

研磨盘是半导体工业中超大规模集成电路用硅晶片生产的重要工艺装备。铸铁或碳钢研磨盘的使用寿命短、热膨胀系数大，在加工硅晶片过程中，特别是在高速研磨或抛光时，研磨盘磨损和热变形较大使硅晶片的平面度和平行度难以保证。碳化硅（SiC）陶瓷研磨盘的硬度高且磨损小，热膨胀系数与硅晶片基本相同，可以进行高速研磨抛光。硅晶片尺寸越来越大，对硅晶片质量和效率提出了更高的要求，SiC 陶瓷研磨盘将使硅晶片研磨质量和效率显著提高。

碳化硅还可以用于制备成磨削用的砂轮、砂纸和磨料，用于机械加工行业。SiC 磨料分为黑 SiC 和绿 SiC 两种，两种 SiC 的粒度和化学成分如表 5-7 所示。黑 SiC 比绿 SiC 的硬度低，主要用来磨硬度较低的材料，例如铸铁和非金属材料。绿碳 SiC 适合磨削硬质合金、光学玻璃及钛合金。在相同粒度的其他磨料中，立方 SiC 的加工效率最高。

表 5-7　黑碳化硅、绿碳化硅的粒度和化学成分

碳化硅种类	粒度范围/μm	化学成分（质量分数）/%		
		SiC	游离碳	Fe_2O_3
黑碳化硅	12~90	≥98.50	≤0.20	≤0.60
	100~180	≥98.00	≤0.30	≤0.80
	220~240	≥97.00	≤0.30	≤1.20
绿碳化硅	20~90	≥99.30	≤0.20	≤0.20
	100~180	≥98.50	≤0.25	≤0.50
	220~240	≥97.50	≤0.25	≤0.70
	20~63	≥97.00	≤0.30	≤0.70
	10~14	≥95.50	≤0.30	≤0.70
	5~7	≥94.00	≤0.50	≤0.70

5.1.2　碳化硼（B_4C）陶瓷

碳化硼（boron carbide，B_4C）化合物最早在 1858 年被发现，但直到 1934 年才确认其化学计量分子式为 B_4C。在自然界中，碳化硼的硬度仅次于金刚石和立方氮化硼，特别是近于恒定的高温硬度（>30 GPa）是其他任何材料都无可比拟的，是超硬材料家族中的重要成员。

在元素周期表中 B 和 C 原子很接近，两者的电负性差值很小。碳化硼主要以共价键相结合（>90%），具有熔点高、硬度高、弹性模量高（为 450 GPa）、密度小（2.52 g/cm³）、耐磨性好、耐酸碱性强等优异性能；B_4C 还具有良好的中子、氧气吸收能力，并且其热膨胀系数低，热导率较高。B_4C 具有很好的化学稳定性、耐酸耐碱腐蚀，在常温下不与酸、碱和大多数无机化合物液体反应，仅在氢氟酸+硫酸、氢氟酸+硝酸混合液中有缓慢的腐蚀；且与大多数熔融金属不润湿、不发生作用。B_4C 可被广泛用作防弹材料、防辐射材料、耐磨和自润滑材料、特种耐酸碱浸蚀材料、切割研磨工具，以及原子反应堆控制和屏蔽材料等。在耐火材料、工程陶瓷、核工业、航天航空等领域，B_4C 均展现出了不可或缺的应用价值。

5.1.2.1　碳化硼的化学组成与晶体结构

碳化硼的化学表达式通常为 B_4C，空间群为 R_3m，碳化硼的均相区为 $B_{4.0}C$-$B_{10.0}C$，在此均相区，碳原子摩尔含量为 8.8%~20.0%。碳化硼的结构可以描述为一个立方原胞点阵在空间对角线方向上的延伸，在每一个角上形成规则的十一面体。六方晶系的 c 轴平行于空间对角线，由三个硼原子与相邻的二十面体互相连接组成线性链。因此，单位晶胞包含 12 个二十面体位置，三个位置在线性链上。如果认为硼原子处于二十面体位置，碳原子处于线性链上，那么 $B_{12}C_3$ 的化学计量即为 B_4C。图 5-2 为碳化硼的晶体结构示意图。

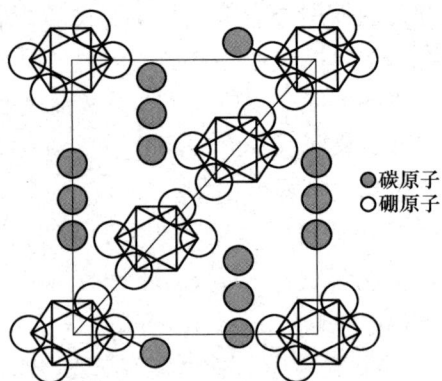

● 碳原子
○ 硼原子

5.1.2.2　碳化硼的物理和力学性质

碳化硼作为防弹材料、防辐射材料、耐磨和

图 5-2　碳化硼的晶体结构示意图

自润滑材料、特种耐酸碱浸蚀材料、切割研磨工具，以及原子反应堆控制和屏蔽材料等，用于核工业、航天航空等领域。表 5-8 为 B_4C 的物理性能与力学性能。

表 5-8　B_4C 的物理性能与力学性能

性　质	指　标
组成	B_4C（CBC）
摩尔质量/$(g \cdot mol^{-1})$	55.26
颜色	黑色，纯晶体为无色透明
密度/$(g \cdot cm^{-3})$	2.52
熔点	4000
生成热（$-\Delta H$）（298.15 K）/$[kJ \cdot (mol \cdot K)^{-1}]$	57.8±11.3
热导率/$[W \cdot (m \cdot K)^{-1}]$	30
线膨胀系数/$℃^{-1}$	44.3×10^{-6}
电阻率/$(\Omega \cdot m)$	0.1~10
热电系数/$(\mu V \cdot K^{-1})$	1250 ℃下为 200~300
硬度（HV）/GPa	27.4~34.3
弹性模量/GPa	290~450
剪切模量/GPa	165~200
泊松比 ν	0.18
抗弯强度/MPa	323~430
抗压强度/MPa	2750
抗氧化性、耐腐蚀性	在空气中到 600 ℃，缓慢氧化形成 B_2O_3 薄膜

5.1.2.3　碳化硼粉料的合成

A　碳热还原法

碳热还原法是 B_4C 工业化生产的主要方法，主要有碳管炉、电弧炉碳热还原法。将硼单质或含硼的化合物与碳粉或含碳的化合物均匀混合后放入高温设备（碳管炉或电弧炉），用以保护气体 Ar 或 N 在一定温度下合成碳化硼粉末，其基本化学方程式为：

$$2B_2O_3 + 7C = B_4C + 6CO \tag{5-2}$$
$$4H_3BO_3 + 7C = B_4C + 6CO + 6H_2O \tag{5-3}$$

从反应方程可以看出原料中 B/C 摩尔比理论值为 4/7。通常来讲，采用碳热还原法制备碳化物时，应当加入适当过量碳既可以提高氧化物的转化率，又能加快反应速率。但在碳热还原法制备碳化硼时，硼源需过量，这是因为在反应过程中氧化硼和硼酸由于挥发会损失硼。

以氧化硼为硼源合成碳化硼时，理论合成温度为 1551 ℃，在实际生产中为了加快反应速度，提高生产效率，往往升高反应温度至 2100 ℃，而氧化硼在 453 ℃熔化为液态并开始蒸发，1860 ℃达到沸点蒸发加剧，氧化硼在温度高于 1277 ℃时会与碳反应生成亚氧化硼（B_2O_2）气体，这两方面均会造成硼源损失。

在以电弧炉作为合成设备时，因电弧温度高，炉区温差大，中心部分的温度可能超过

B_4C 熔点，使其发生包晶分解，析出游离碳和其他高硼化合物。而远离中心区的地方，温度偏低，反应不完全，残留有硼酐和碳，以游离碳和游离硼的形式存在于 B_4C 粉末，电弧炉中制得的碳化硼一般含有较高的硼和碳。碳管炉作为合成设备时，反应在保护气氛下进行，获得的碳化硼中游离碳和硼含量较低，B_4C 相含量可达到96%以上。

碳热还原法合成碳化硼的优点包括设备结构简单、占地面积小、建成速度快、工艺成熟稳定；缺点为能耗大、生产能力较低、高温下对炉体的损坏严重，尤其是合成的原始粉末平均粒径大（20~40 μm），虽然可以直接用于磨料，但作为烧结碳化硼的原料还需要进行破碎破处理，生产成本增加。

B 自蔓延高温合成法

自蔓延高温合成法又称燃烧合成，是近几十年来发展起来的制备无机材料的新技术，其基本特征是首先利用外部提供必需的能量，诱发高放热化学反应体系局部发生化学反应，该化学反应以燃烧波的形式蔓延通过反应体系，在燃烧波蔓延过后，反应物转化为产物，其过程示意图如图5-3所示。

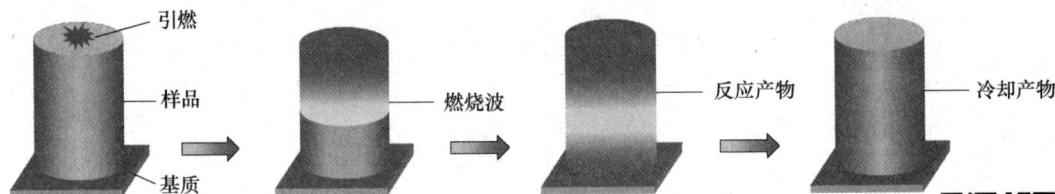

图 5-3 自蔓延高温合成过程中不同阶段的示意图

图 5-3 彩图

自蔓延高温合成法制备碳化硼时多以 Mg 作为助熔剂，所以又称镁热还原法，是将一定比例的镁粉（或者铝粉）、碳粉和氧化硼粉末混合压制成坯体，在 Ar 中点燃，发生如式（5-4）的反应，然后将粉末进行酸洗得到碳化硼粉末。

$$2B_2O_3 + 6Mg + C \xrightarrow{\quad\quad} B_4C + 6MgO \qquad (5-4)$$

自蔓延高温合成过程中升温和冷却速度快，易于形成高浓度的缺陷和非平衡结构，所得碳化硼粉末呈不规则形貌，具有高活性和烧结性能。与其他方法相比，自蔓延高温合成法一般反应温度较低，为 1000~1200 ℃，具有节约能源、反应迅速等优点。自蔓延高温合成的碳化硼粉末的纯度较高，粉末粒度较细（0.1~4 μm），一般不需要破碎处理。与碳热还原法相比，SHS 法的主要缺点是由于加热速率不均匀，制备的碳化硼粉末粒度分布较宽，且副产物氧化镁很难通过酸洗完全分解掉，同时 SHS 法还存在自发反应难以控制等问题。由于镁的高挥发性，气氛压力对碳化硼粉末的反应机制、形貌及粒度具有重要影响。

5.1.2.4 碳化硼陶瓷的烧结

碳化硼陶瓷材料中共价键占90%以上，而且塑性差，晶界移动困难，固态时表面张力很小，纯碳化硼的致密化是极其困难的。例如，无压烧结普通 B_4C 粉末即使 2250~2300 ℃烧结，致密度只能达到80%~87%，制品力学性能低，不能满足工程应用的要求。目前，一般采用热压烧结、热等静压烧结、无压烧结、放电等离子烧结及反应烧结等方法制备 B_4C 陶瓷材料。

A 无压烧结 B₄C 陶瓷

B₄C 粉末的无压烧结过程是通过添加剂除去 B₄C 表面的氧化层，以及提高点缺陷或位错密度来提高晶界和体积扩散的活化作用，从而在稍低的温度下获得较高致密度（95%~98%）的 B₄C 陶瓷。首先，需要亚微米级 B₄C 超细粉，可用高能磨（如砂磨机）研磨 B₄C 粉料，得到粒径小于 1 μm 超细粉。第二步是引入有效添加剂，包括：（1）引入烧结助剂使 B₄C 晶粒表面的氧化层除去，从而提高表面能，例如加入炭、碳化铝、碳化硅或相关的化合物可阻止晶粒过分长大；（2）引入三价离子，例如加硼或铝来取代碳从而导致电子缺位和空隙；（3）添加低熔点相，能与 B₄C 产生较好润湿性的添加剂，从而通过熔体提供物质迁移的快速途径，形成液相烧结。

B 压力辅助烧结 B₄C

B₄C 的无压烧结可制备形状复杂制品，但往往造成晶粒过度生长和3%~7%（体积分数）的气孔率。为此，采用压力辅助烧结技术，可获得致密度更高和力学性能更好的 B₄C 陶瓷，主要包括传统热压、振荡和热等静压等压力辅助烧结工艺。

传统热压烧结 B₄C 陶瓷的工艺条件包括：（1）使用 2.0 μm 以下或亚微米 B₄C 粉末；（2）适当的添加剂；（3）在 2050~2200 ℃ 范围；（4）压力为 25~40 MPa；（5）采用真空和 Ar 气氛，使用涂有 BN 的石墨模具。在热压烧结过程中，由于高温下的压力作用，颗粒发生重排和产生塑性流动。这些变化导致晶界滑移和应变诱导孪晶、蠕变及体积扩散。这些机制的共同作用可获得高致密度、高强度的 B₄C 陶瓷。

为了降低碳化硼的烧结温度及改善碳化硼的性能，热压烧结碳化硼也必须加入烧结助剂来促进烧结，常用的添加剂有 C、B、Mg、Al、Si、Ti、V、Cr、Fe、Ni、TiC、TiB₂ 等。例如，采用平均粒径为 1.21 μm 和自由碳含量（质量分数）为 3.13% 的 B₄C 粉末，当热压压力和温度分别为 30~35 MPa 和 2000~2100 ℃ 时，B₄C 烧结体的相对密度为 92%~98%，晶粒尺寸为 3~5 μm，抗弯强度为 400~500 MPa。烧结助剂用量对热压烧结 B₄C 力学性能具有重要影响，图 5-4 为 Al₂O₃ 烧结助剂添加量对热压 B₄C 陶瓷硬度、弹性模量、弯曲强度和断裂韧性的影响。

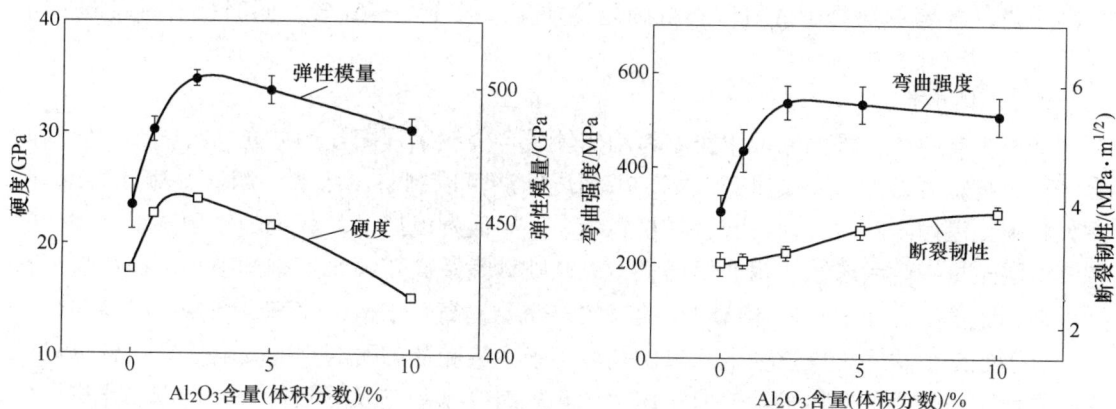

图 5-4　热压烧结 B₄C 陶瓷性能随 Al₂O₃ 添加量的变化

热等静压是将惰性气体如 N_2、Ar 等作为传递压力的介质，将碳化硼粉末压坯或装入包套的粉料放入高压容器中，使粉料经受高温和均衡压力，降低烧结温度，避免晶粒长大，可以获得高致密度的碳化硼陶瓷材料。采用热等静压（HIP）烧结碳化硼，可无需添加剂而使其达到高致密化，并且获得细晶显微结构和高的弯曲强度。与一般热压法相比，它可以使物料受到各向同性的压力，因而陶瓷的显微结构均匀；缺点是设备费用较高和待加工工件尺寸受到限制。

C　放电等离子体烧结 B_4C 陶瓷

放电等离子体烧结（SPS）是一种快速烧结新工艺，将瞬间、断续、高能脉冲电流通入装有粉末的模具上，在粉末颗粒间即可产生等离子放电，导致粉末的净化、活化及均化等效应。传统热压烧结主要是由热效应和加压造成的塑性变形这两个因素来促使烧结的进行，而放电等离子的烧结过程，除了上述作用外，在压实颗粒样品上施加了由特殊电源产生的直流脉冲电压，有效利用了瞬时产生的放电等离子使陶瓷坯体内部每个颗粒均匀地自发热并使颗粒表面活化，因而具有非常高的热效率，可在相当短的时间内使烧结体达到致密。SPS 技术具有如下特点：（1）烧结温度低、烧结时间短，可获得细小、均匀的组织，并能保持原料的自然状态；（2）烧结体致密度高；（3）通过控制烧结组分与工艺，能够烧结梯度材料及大型工件等复杂材料。

5.1.2.5　碳化硼陶瓷的应用

碳化硼具有低密度（低于 SiC 和 Si_3N_4 陶瓷）、高硬度（高于 SiC 和 Si_3N_4）、高弹性模量、耐腐蚀、耐磨损和吸收中子及高温半导体特性，因此在国防、核能和耐磨技术等领域得到广泛应用。

A　防弹和装甲材料

由于 B_4C 陶瓷具有轻质、超硬和高弹性模量特性，是防弹背心、防弹头盔和防弹装甲的最佳材料。与其他防弹材料（如 SiC、Al_2O_3）比较，B_4C 陶瓷更轻更硬，也非常适合作为武装直升飞机、陆上装甲车和其他航空器的防弹装甲材料，可有效抵挡炮弹。例如，Al_2O_3 基抗弹陶瓷已用于"502 工程"及"212 工程"，但在战车车体侧面等部位采用 Al_2O_3 基陶瓷复合装甲时，其减重效果不明显，而采用同等厚度的高性能碳化硼陶瓷复合装甲则要比 Al_2O_3 基抗弹陶瓷质量减轻 15%～20%，同时抗弹性能进一步提高。

B　磨料喷嘴

利用其高硬度，碳化硼被用作磨料用作硬质合金、工程陶瓷的抛光，替代原来使用的金刚石磨料，可以大大降低研磨成本。采用烧结法可以制备出耐磨、耐腐蚀碳化硼部件，例如将碳化硼用于制备气动滑阀、热挤压模、原子能发电厂冷却系统的轴颈轴承，用作陶瓷气体涡轮机中的耐腐蚀、耐摩擦器件，以及喷砂嘴及高压喷水切割的喷嘴。B_4C 喷嘴在严酷使用条件下寿命很长，比 Al_2O_3 喷嘴的寿命要提高几十倍，比 SiC 和 WC 喷嘴寿命也要长许多。B_4C 的优异化学稳定性，使其可用于泥浆和液态研磨剂的喷嘴。碳化硼可以作为长寿命陀螺仪中的气体轴承材料。由于碳化硼对铁水稳定及导热性好，可以用作机械工业连续铸模。碳化硼材料能够耐强酸腐蚀和耐磨损，可以用作火箭液体发动机燃料的流量变送器轴尖。

C 用于核反应中

在核反应堆堆芯组件中，中子吸收材料（控制棒、调节棒、事故棒、安全棒、屏蔽棒）是仅次于燃料元件的重要功能元件。碳化硼具有较强的中子吸收能力，吸收能谱宽。相对于纯元素 B 和 Gd，碳化硼的价格低，原料来源广，吸收中子后没有强的 γ 射线二次辐射，核废料易于处理。碳化硼作为一种重要的中子吸收材料，在核反应堆用材料中越来越受到重视。B_4C 作为中子吸收材料目前主要有以下应用：（1）将碳化硼与石墨粉末混合制成硼碳砖，用于反应堆外部，防止放射性物质外泄；（2）将碳化硼粉末高温压制成制品，用于反应堆中心，作为反应堆控制棒，控制反应堆反应速度；（3）将碳化硼粉末高温压制成制品，用于反应堆第二层防护，作为反应堆屏蔽材料，吸收放射性物质等。我国利用碳化硼所具有的屏蔽功能，在高温气冷堆和快中子增殖反应堆中应用了碳化硼，在核反应堆的第四道屏障安全壳中，采用碳化硼和石墨混合后的材料部分替代原有反应堆厂房中的钢筋混凝土构筑物，防止放射性物质污染环境。

5.2 氮化物陶瓷

氮化物陶瓷材料是 20 世纪 70 年代后迅速发展起来的一类具有高强度、高硬度、耐高温和优良热学、电学性能的结构与功能材料，其中最为重要的是 Si_3N_4、AlN、BN 及 SiAlON（赛隆）陶瓷。氮化物陶瓷材料在冶金、航空、化工、陶瓷、电子、机械及半导体等行业具有广泛的应用。本章主要介绍了典型氮化物陶瓷的结构、性质、制备及应用。

氮化物主要以共价键结合，几乎都是通过人工合成，晶体结构大部分为六方晶系和立方晶系。表 5-9 列出了部分典型氮化物的主要性质。

表 5-9 典型氮化物的主要性质

材料	熔点/℃	密度/(g·cm^{-3})	电阻率/(Ω·m)	热导率/[W·(m·K)$^{-1}$]	线膨胀系数/℃$^{-1}$
Si_3N_4	1900（升华分解）	3.184（α）、3.187（β）	10^{11}	1.67~2.09	$2.5×10^{-6}$
AlN	2450（升华分解）	3.26	$2.00×10^9$	20.10~30.14	$4.03×10^{-6}~6.09×10^{-6}$
BN	3000（升华分解）	2.27	10^{11}	15.07~28.89	$0.59×10^{-6}~10.51×10^{-6}$
TiN	2950	5.43	$2.17×10^{-7}$	29.30	$9.3×10^{-6}$
ZrN	2980	7.32	$1.36×10^{-7}$	13.82	$6×10^{-6}~7×10^{-6}$
HfN	3310	14.0	—	21.65	—
TaN	3100	14.1	$1.35×10^{-6}$	—	—
NbN	2050（分解）	7.3	$2.00×10^{-6}$	3.77	—
VN	2030	6.04	$8.59×10^{-7}$	11.30	—
CrN	1500（分解）	6.1	—	8.79	—

5.2.1 氮化硅陶瓷

早在 1857 年，Deville 和 Wohler 用单质硅与氨或氮气反应直接合成了氮化硅（Si_3N_4）。氮化硅最早作为碳化硅结合剂用于耐火材料领域。最早制备的氮化硅陶瓷是采用反应烧结法，硅粉坯体的氮化而制得，制备出了热电偶保护管、熔炼金属的坩埚和火箭喷嘴。Si_3N_4 陶瓷具有在室温和高温下的高强度、耐磨损、耐腐蚀、抗氧化和良好的抗热冲击与机械冲击性能，激发了人们对它的兴趣和热情。Si_3N_4 陶瓷被认为是陶瓷发动机中许多高温零部件的理想材料，氮化硅陶瓷涡轮转子部件等已用于装甲车、赛车等特殊车辆；氮化硅切削刀具、氮化硅陶瓷轴承已在现代工业和制造业中广泛使用。

5.2.1.1 氮化硅的晶体结构与物理性质

Si_3N_4 具有 α-Si_3N_4 和 β-Si_3N_4 两种晶型，都属于六方晶系，两种晶型晶胞常数在 a 轴方向很接近，分别为 0.7748 nm 和 0.7608 nm；在 c 轴方向，α-Si_3N_4 晶胞常数大约是 β-Si_3N_4 型的 2 倍，分别为 0.5617 nm 和 0.2910 nm。β-Si_3N_4 为针状晶体，另一种是 α-Si_3N_4 为颗粒状晶体。

Si_3N_4 晶体的基本构造单元室 Si-N 键形成的［SiN_4］正四面体。Si_3N_4 晶体可以看作［SiN_4］正四面体共用顶角构成的三维空间网络，每一个 N 原子被三个四面体共有。α-Si_3N_4 和 β-Si_3N_4 两种晶型的差别在于［SiN_4］正四面体层的排列顺序上，β-Si_3N_4 由几乎完全对称的六个［SiN_4］四面体组成的六方环层在 c 轴方向上重叠而成；而 α-Si_3N_4 是由两层不同且有形变的非六方环层重叠而成。图 5-5 所示为 α-Si_3N_4 和 β-Si_3N_4 的晶体结构示意图。

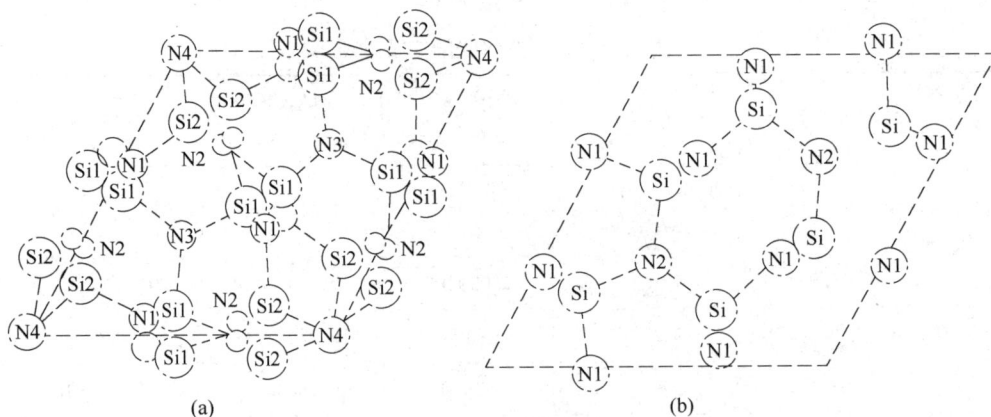

(a)   (b)

图 5-5　氮化硅的晶体结构示意图

（a）α-Si_3N_4；（b）β-Si_3N_4

通常认为 α-Si_3N_4 属低温稳定晶型，β-Si_3N_4 是高温稳定晶型。α-Si_3N_4 到 β-Si_3N_4 的相变属结构重建型，大约在 1420 ℃。这类相变通常是在与高温液相接触时发生，不稳定，具有较大溶解度的 α-Si_3N_4 溶解，然后析出溶解度低且较稳定、具长柱状或针状晶体形貌的 β-Si_3N_4。在氮化硅液相烧结时温度超过 1400 ℃就能观察到 $\alpha \rightarrow \beta$ 相变也可以发生在气相状态。$\alpha \rightarrow \beta$ 相变是单向，不可逆的，目前还未发现 $\beta \rightarrow \alpha$ 相变。氮化硅的晶格常数及密度列于表 5-10，表 5-11 所示为氮化硅的基本性质。

表 5-10　氮化硅的晶格常数与密度

氮化硅晶相	晶格常数/nm		单位晶胞分子数	密度/(g·cm⁻³)
	a	c		
α-Si₃N₄	0.7748±0.001	0.5617±0.001	4	3.184
β-Si₃N₄	0.7608±0.001	0.2910±0.001	2	3.187

表 5-11　氮化硅的基本性质

物质	晶系	分解温度/℃	莫氏硬度	导热率 /[W·(m·K)⁻¹]	电阻率 /(Ω·m)	线膨胀系数/℃⁻¹
氮化硅	六方	1900	9	9.46	$10^{11} \sim 10^{12}$	2.7×10^{-6}（20~1000 ℃）

5.2.1.2　氮化硅粉末的合成

氮化硅粉末的制备方法可以分为固相反应法、液相反应法和气相反应法三大类，主要包括直接氮化法、碳热还原二氧化硅法、热分解法、化学气相沉积法、激光气相反应法、等离子体气相反应法、溶胶-凝胶法及自蔓延法等方法。

A　硅粉直接氮化法

硅粉直接氮化法是最早采用合成氮化硅的方法，工艺过程包括将纯度较高的硅粉磨细并进行杂质处理，硅粉纯度一般要求至少在95%以上，粒度最大不超过40 μm；然后将硅粉置于反应炉内，通入氮气（N₂）或氨气（NH₃），加热至1200~1400 ℃进行氮化反应就可制得氮化硅粉末，主要反应方程式如下：

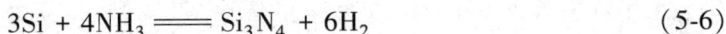

$$3Si + 2N_2 = Si_3N_4 \tag{5-5}$$

$$3Si + 4NH_3 = Si_3N_4 + 6H_2 \tag{5-6}$$

硅粉在流动 N₂ 气氛下，氮化反应开始进行非常缓慢，600~900 ℃反应明显，1100~1320 ℃反应剧烈进行，1400 ℃反应结束，氮化反应主要发生在1200~1400 ℃。硅粉氮化过程中产生一定量的 SiO 气体，随着此气体分压升高，α-Si₃N₄ 含量升高。硅粉在氮化反应的同时还伴随着烧结过程，会阻碍硅粉进一步的氮化。在硅粉中引入氮化硅，可以提高硅粉氮化率，降低产物中残留硅量，所得氮化硅粉末含氮量为 32.5%，残留硅量为0.05%，所制备 Si₃N₄ 主要为 α 相，含少量 β 相的针状、柱状的氮化硅。硅粉氮化时发生黏结使粉体结块，产物必须经过粉碎、研磨后才能成细粉。以 NH₃ 代替 N₂ 作为氮化气氛，当硅粉比表面积大于 11.66 m²/g 时，硅粉氮化率可以达到99%，产物中 α 相含量可以达到92%以上，且氮化时间大为缩短。硅粉氮化法制备的产物中通常含有 Fe、Ca、Al等杂质，这些杂质主要源于初始硅粉或随后的球磨过程，可通过酸洗的方法除去。

硅粉直接氮化法是目前应用最广泛的一种氮化硅制备方法，德国 Starck 公司、日本 Danka 都是采用这种方法。这种方法的优点是设备工艺比较简单，容易操作，性能较好，价格也较便宜。

B　碳热还原氮化法

碳热还原氮化法是以细而纯的二氧化硅作原料，以碳作为还原剂，在 N₂ 气氛下进行反应，获得高纯超细氮化硅粉末，其总反应式如下：

$$3SiO_2 + 6C + 2N_2 \Longrightarrow Si_3N_4 + 6CO \tag{5-7}$$

碳热还原氮化法所制备氮化硅过程 N_2 流率、原料中碳含量对所得氮化硅的形貌及晶相具有重要影响。所制备氮化硅晶体形态与所用原料碳和二氧化硅的晶体形态均不相同。一般认为氮化硅是由气相 SiO 被还原氮化而形成，SiO_2 反应生成 SiO 的反应决定了生成氮化硅的速率。碳热还原氮化法所制备氮化硅中需要加入过量碳以保证二氧化硅完全反应，适当增加 C/SiO 比有助于增加氮化硅的产量。这是因为高 C/SiO 比有利于 SiO 的形成，且过量碳为氮化硅的形成提供了更多的结晶点。残留碳可以氮化后经 600 ℃燃烧可去除，但有产生 SiO、SiN 和 SiC 的可能，需对组分和温度严格控制。

此外，二氧化硅不易完全还原氮化仍是一个较严重的问题，会影响氮化硅的高温性能。以 NH_3 代替 N_2 作为气源可以提高其反应速度。使用混合气体可以缩短反应时间和降低反应温度。如反应中加入 C_3H_6 可以缩短反应时间，采用含 10%、5%氢气的 N_2 作为反应气氛时反应温度分别降低至 1450 ℃和 1400 ℃。

从理论上分析，碳热还原氮化法是制备高纯超细氮化硅粉末的重要方向，因为高纯超细 SiO_2 原料价格低，所用设备比较简单，反应温度较高，反应时间较短，便于连续化生产。所制备出的氮化硅粉末中 α 相含量高、纯度高、细度大，不需要进行加工研磨，因而制备成本较低。

C　自蔓延高温合成法

前苏联最先发明燃烧合成技术，又称自蔓延高温合成技术。自蔓延高温合成法是以硅粉为原料的氮化反应法，不同的是利用硅粉氮化时的放热来延续整个氮化反应过程，不需要外部热量。自蔓延高温合成法具有节约能源、加热速度快、合成反应时间短、工艺周期短、合成温度高等特点，并且该法所制备的产物纯度高。

采用自蔓延法在 0.6~0.7 MPa 的低 N_2 气压下可以有效合成高纯 β-Si_3N_4 粉末。在原料中加入氮化硅，可以促进硅的氮化转变，所得氮化硅粉末的颗粒尺寸小为 1~2 μm。燃烧温度随着氮气压力与孔隙率而变化，而随原料组成的变化不明显。

自蔓延高温合成的反应过程较难控制，所制备产物中往往以 β-Si_3N_4 为主，α-Si_3N_4 含量较低，烧结活性较差。此外，自蔓延合成需要在高氮气压力下进行，给连续化和规模化生产带来困难。我国自 20 世纪 90 年代以来，已有许多单位进行自蔓延合成 Si_3N_4 粉末的研究开发，如北京钢铁研究总院、北京科技大学、中国科学院上海硅酸盐研究所、哈尔滨工业大学等，为制备低成本高质量的 Si_3N_4 粉末做了很多有价值的工作，特别是北京科技大学突破了高压合成的难关，采用接近常压的氮气压力下实现了连续化自蔓延合成 Si_3N_4 陶瓷粉末，达到每天数吨的生产能力，形成了规模化生产，作为特种耐火材料出口到日本，取得了良好的经济效益。

氮化硅粉末合成方法还有液相反应法，包括热分解法和溶胶-凝胶法；气相反应法包括化学气相沉积、激光诱导化学气相沉积、等离子体增强化学气相沉积等方法。

5.2.1.3　氮化硅陶瓷的烧结

氮化硅陶瓷属于强共价化合物，扩散系数小，产生致密化所必需的体积扩散速度及晶界扩散速度也很小，晶界能与粉末表面能的比值较离子化合物和金属要大，使得其烧结驱动力较小。这决定了纯氮化硅不能靠常规固相烧结达到致密化。氮化硅陶瓷的烧结方法主要有无压烧结、压力辅助烧结（热压、振荡压力，热等静压等）、气压烧结、反应烧结及反应重烧结。除了反应烧结 Si_3N_4 陶瓷无需使用添加剂外，其他烧结 Si_3N_4 陶瓷工艺都需要加入烧结助剂。Si_3N_4 陶瓷常用烧结助剂见表5-12。

表 5-12　Si_3N_4 陶瓷烧结所用的一些典型添加剂

烧结助剂	烧结助剂
Y_2O_3	MgO
Y_2O_3-Al_2O_3	Al_2O_3
Y_2O_3-Al_2O_3-AlN	MgO-Al_2O_3
Y_2O_3-Al_2O_3-AlN-TiO_2	Al_2O_3-AlN
Y_2O_3-Al_2O_3-MgO	Yb_2O_3
Y_2O_3-Al_2O_3-MgO-ZrO_2	(Si-)Sc_2O_3
Y_2O_3-MgO-ZrO_2	(Si-)Sc_2O_3-Y_2O_3
Y_2O_3-SiO_2	CeO_2-MgO-SrO
Y_2O_3-Cr_2O_3	CeO_2-MgO-SrO-ZrO_2
Y_2O_3-AlN	CeO_2-MgO-Y_2O_3
Y_2O_3-AlN-HfO_2	CeO_2-Al_2O_3
Y_2O_3-AlN-ZrO_2	$BeAl_2O_3$

A　无压烧结氮化硅陶瓷

无压烧结法是以高纯、超细、高含量 α-Si_3N_4 粉末与少量烧结助剂相混合，通过成形、在一个大气压烧结而成。无压烧结法很难制备出高致密度的纯 Si_3N_4 陶瓷材料。无压烧结 Si_3N_4 需要加入烧结助剂，在高温下形成液相，活化烧结过程，通过溶解-析出机制使其致密化。无压烧结 Si_3N_4 陶瓷的关键是选择合适的烧结助剂，常用的烧结助剂主要有 MgO、Y_2O_3、稀土元素氧化物及其复合烧结助剂等。烧结助剂可以控制液相黏度，提高相转变程度，防止固溶体的形成，降低晶格氧含量并控制玻璃相组成和含量。

B　传统热压烧结氮化硅陶瓷

传统热压烧结氮化硅陶瓷是将氮化硅粉末和少量添加剂（例如 MgO、Al_2O_3、MgF_2 及 Fe_2O_3 等）在 19.6 MPa 以上的压强和 1600 ℃ 以上的温度进行热压成型烧结。热压烧结氮化硅陶瓷的强度可以达到 981 MPa 以上。热压烧结时添加物和物相组成对氮化硅材料的性能影响很大。严格控制晶界相的组成及在氮化硅陶瓷烧结后进行适当的热处理，即使在高温下，获得的氮化硅陶瓷材料强度也不会有明显下降。

C　气压烧结氮化硅陶瓷

气压烧结氮化硅陶瓷是把生坯放在 5~12 MPa 的 N_2 中于 1800~2100 ℃ 的温度下进行烧结。由于 N_2 压力高，能有效阻碍氮化硅分解，提高其分解温度，可以选用能形成高耐火度的烧结助剂来提高氮化硅陶瓷的高温性能。气压烧结氮化硅陶瓷具有高韧性、高强度和良好耐磨性。

氮化硅陶瓷烧结方法的优缺点比较如表5-13所示。

表 5-13　氮化硅陶瓷烧结方法的优缺点比较

烧结方法	优　　点	缺　　点
常压烧结	可以获得形状复杂、性能优良的陶瓷制品	烧结收缩率较大，一般为 16% ~ 26%，所得陶瓷制品易开裂变形
反应烧结	烧结无收缩，适用于制造形状复杂、尺寸精确的陶瓷零件，成本低，不需要添加烧结助剂	氮化时间较长
热压烧结	与反应烧结获得的氧化硅陶瓷相比，其强度高、致密度高、烧结时间短	制备成本高、烧结设备复杂、烧结收缩率大，难以制备尺寸精度高和形状复杂的陶瓷制品，机械加工困难
气压烧结	所得氮化硅陶瓷致密度高、韧性好、强度高、耐磨性好，可以制造形状复杂的氮化硅陶瓷制品，适合大量生产	烧结温度高

5.2.1.4　氮化硅陶瓷的应用

氮化硅陶瓷具有优异的力学性能、热学性能及化学稳定性，是结构陶瓷家族中综合性能优良的一类材料。α-Si_3N_4 和 β-Si_3N_4 密度分别为 3.184 g/cm^3、3.187 g/cm^3。氮化硅陶瓷的外观颜色可呈灰白、蓝灰到灰黑色，这和其纯度、密度，以及 α 与 β 两相比例有关。Si_3N_4 陶瓷抛光后具有金属光泽。

氮化硅的硬度高，仅次于金刚石、BN、B_4C 等极少数超度材料，其硬度为 HV = 18 ~ 21 GPa，HRA = 91 ~ 93。氮化硅陶瓷具有较高的室温抗弯强度和断裂韧性，如热压烧结致密氮化硅室温抗弯强度为 800 ~ 1050 MPa，断裂韧性为 6 ~ 7 MPa·$m^{1/2}$。氮化硅的导热性较好，致密氮化硅陶瓷的室温热导率在 30 W/(m·K) 左右，密度较低的反应烧结氮化硅陶瓷热导率相应降低至 12 W/(m·K)，氮化硅热导率随温度升高而增大。

氮化硅陶瓷具有良好力学性能（高强度、高硬度、高断裂韧性）、良好高温稳定性、良好热学性能（热膨胀系数小、抗热冲击性好）等，在冶金、机械、能源、汽车、半导体、化工等现代科学技术和工业领域有着广泛应用。

　A　氮化硅陶瓷轴承及轴承球

轴承材料最基本的特性是滚动疲劳寿命，而高速轴承通常存在轴承钢球发生不同程度疲劳破坏等问题。采用陶瓷材料来制造球体或其他轴承零件，可以显著提高高速轴承的使用性能，延长疲劳寿命。陶瓷轴承滚动寿命由短到长排序为：氧化铝、碳化硅、氧化锆、氮化硅。氮化硅最适合用于轴承材料。图 5-6 为氮化硅陶瓷轴承和轴承球。

氮化硅陶瓷轴承种类主要有混合式陶瓷轴承和全陶瓷轴承两种。滚动体的球或柱用陶瓷材料做成，而内外圈仍用轴承钢；或滚动体与内圈仍用陶瓷材料，而外圈仍用轴承钢制造，称为混合式球轴承。滚珠和内外圈均为陶瓷材料的轴承称为全陶瓷球轴承。与全钢轴承相比，混合陶瓷轴承具有如下特点：(1) 密度低，只有轴承钢的 40% 左右，氮化硅球减小了作用在外沟道上的离心力，可有利于高速旋转；(2) 较高弹性模量，为轴承钢的 1.5 倍，高抗压强度，有利于提高滚动轴承承受能力；(3) 由于氮化硅球摩擦系数小、运动性能好，降低了轴承使用过程中的发热量；(4) 热膨胀系数小，为轴承钢的 25%，可减小对温度变化的敏感性，使轴承工作范围更宽；(5) 耐高温、耐腐蚀、优良化学稳定性，氮化硅陶瓷轴承适合在高速、高温、耐腐蚀等特殊环境工作。目前，氮化硅陶瓷轴承及轴承球可以广泛应用于高速电机主轴、精密机床、化工泵、电子产品、电加工设备及

图 5-6 氮化硅陶瓷轴承和轴承球

冶金等领域。

B 发动机高温部件

氮化硅陶瓷在汽车发动机的应用包括增压器涡轮转子、预热燃烧室、摇臂镶块、喷射器连杆、气门导管、陶瓷活塞顶、电热塞等。

涡轮增压是一种利用内燃机运行所产生的废气驱动空气压缩机的技术，主要作用是提高发动机的进气量，从而提高发动机的功率和扭矩。发动机装上涡轮增压器后，其最大功率可以增加 40%，甚至更高。采用氮化硅材料作为涡轮转子，可以减小涡轮增压器转子的惯性矩，可以解决金属涡轮增压器存在的加速度响应性不够等问题。涡轮增压器的关键零件是涡轮转子，主要由转子叶片、涡轮盘及涡轮轴等零件组成，其主要功能是将燃气的动能与热能转换为旋转的机械功，带动压气机等其他部件。高速运转的转子，转速可高达每分钟几万甚至十几万转。转子的高转速和高排气温度，要求材料必须在高温下具有高强度，室温下具有高断裂韧性、高抗冲击性和低热膨胀系数。氮化硅陶瓷制成的涡轮转子，转动惯量可减少 40%，增压响应时间快 30%，可以明显加快低速时的加速度。氮化硅增压器涡轮转子如图 5-7 所示。

图 5-7 氮化硅增压器涡轮转子

C 航天航空业

氮化硅陶瓷因密度较小、透波性能好、介电性能稳定，且抗热震性和抗雨蚀性好，能够承受高马赫导弹天线罩的飞行要求，是新一代雷达天线罩的理想材料。此外，氮化硅陶瓷可用作火箭喷嘴、喉衬，导弹尾喷管，原子反应堆中的支撑件和隔离件。氮化硅陶瓷可用于电热水器和电暖器中的陶瓷电热元件。

D 半导体工业

氮化硅具有良好绝缘性和导热性，可用于制作电路基板、耐高温和温度剧变的电绝缘体，以及区域熔融和晶体生长的坩埚，并且可在电视机制造中用作彩波管。

E　切削刀具

氮化硅陶瓷因具有较高的强度、硬度和断裂韧性，以及较小的热膨胀系数，可以作为切削刀具使用。氮化硅陶瓷刀具用于难加工材料（如淬硬钢、冷硬铸铁、合金耐磨铸铁等）的加工和生产。与硬质合金刀具相比，氮化硅陶瓷刀具耐用度提高5~15倍，切削速度提高3~10倍。

5.2.2　氮化铝陶瓷

氮化铝（AlN）属于典型的Ⅲ-Ⅴ族，宽禁带半导体陶瓷材料，具有热导率高、高温绝缘性和介电性良好、高温下强度高且热膨胀系数低、无毒等优点。最早始于1862年科学家们合成了氮化铝作为一种固氨剂使用。20世纪50年代出现了氮化铝陶瓷材料，由于高温耐蚀性好、致密度不高和强度低，仅作为耐火材料用于铝及铝合金等的熔炼。直到70年代中后期制备出致密氮化铝陶瓷，因其优异热学和电学性能引起材料学家的广泛兴趣和关注。近几十年来，氮化铝陶瓷因具有高热导率、低介电常数，良好电绝缘性，且与半导体硅材料相匹配，成为微电子工业中电路基板与封装的理想材料，在电力电子、电子信息等领域有着广泛的应用，并在电子器件小型化和降低成本方面发挥了重要作用。

5.2.2.1　氮化铝的晶体结构和物理性能

氮化铝为Al-N二元系中唯一稳定的化合物，为共价键结合，具有六方和立方两种晶体结构。立方AlN晶型只有在超高压或薄膜生长条件下才能获得。常见AlN具六方铅锌矿结构，空间群为P63mc；六方AlN结构中Al原子呈六方密堆，而N原子占据一半的四面体间隙位置，Al原子与相邻的N原子形成畸变的［AlN$_4$］四面体，沿c轴方向Al—N键长为0.1917 nm，另外三个方向的Al-N键长为0.1885 nm。图5-8为六方AlN的晶体结构示意图，晶格常数a=0.3110 nm，c=0.4978 nm。

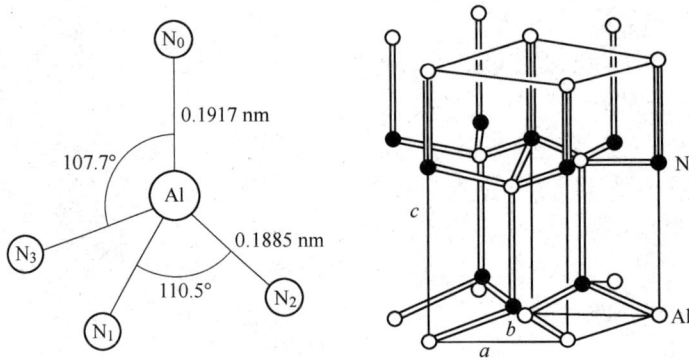

图5-8　AlN的晶体结构

AlN理论密度为3.26 g/cm^3，其理论热导率为319 W/（m·K），能隙宽度为6.2 eV，室温电阻率大于10^{16} Ω·m，热膨胀系数为3.5×10^{-6}/K（室温~200 ℃），莫氏硬度为7~8。在一个大气压下，AlN不会融化，而在2200~2250 ℃时分解。高纯AlN陶瓷无色透明，但通常由于混入杂质，而呈灰色、灰白色或者淡黄色等。

AlN传热属于声子导热，是少数具有高导热率的非金属固体。当晶格完整无缺陷时，声子的平均自由程大，热导率就高。AlN晶体尺寸对热导率影响不大，对AlN热导率影响最大的是杂质（碳、氧、硅），特别是氧杂质引起的缺陷。AlN 晶格中的缺陷如杂质等，容易造成声子散射而使材料的热导率明显降低。氮化铝的主要性能如表 5-14 所示。

表 5-14 氮化铝的主要性能

性能	指标	备注
热导率	理论值 320 W/(m·K)，实际氮化铝陶瓷接近 200 W/(m·K)	—
线膨胀系数	$3.5\times10^{-6}\ ℃^{-1}$	与 Si（$3.4\times10^{-6}\ ℃^{-1}$）相近
绝缘性能	能隙宽度为 6.2 eV，室温电阻率大于 $10^{16}\ \Omega\cdot m$	—
介电常数	8.0	与氧化铝相当
室温力学性能	$H_v=12$ GPa，$E=314$ GPa，$\sigma=400\sim500$ MPa	密度小，比强度高
高温力学性能	1300 ℃下降约 20%	热压 Si_3N_4、Al_2O_3 下降 50%

5.2.2.2 氮化铝粉末的合成

AlN 粉末目前的合成方法主要有四种：铝粉直接氮化法、Al_2O_3 粉体的碳热还原法、自蔓延高温合成法、化学气相沉积法。前两种方法已在商业上获得较多应用，后两种方法已在实验室应用或形成小批量生产。

A 铝粉直接氮化法

铝粉直接氮化法是在高温下，将金属铝粉与 N_2 直接反应生成氮化铝粉末，是最早用来制备氮化铝的方法，化学反应式为：

$$2Al + N_2 \longrightarrow 2AlN \tag{5-8}$$

Al 粉氮化温度在 600~1200 ℃，该反应在 600 ℃开始，到 700 ℃时，氮化速度明显增大，颗粒表面上逐渐生成氮化物膜，使 N_2 难以进一步渗透，Al 粉氮化速度减慢。Al 粉氮化反应为强放热反应，放出大量热量，容易形成熔融铝珠而使反应进行不完全，因此需要进行多次氮化。第一次氮化通常在 800 ℃下进行，反应产物球磨磨细后，在 1200 ℃进行二次氮化。经过二次氮化可以制备出接近化学计量成分的均匀的氮化铝。

为了提高 Al 粉氮化反应速率，可引入 LiF、CaF_2 或 NaF 等碱金属氟化物作催化剂，在铝粉中添加少量的 Li、Ca 同样可以提高反应速率，其中 Li 的效果最明显。这主要是因为在铝粉氮化反应过程中 Li 与 O 形成中间化合物 LiAlO 并发生气化，所产生气体会在产物 AlN 薄层形成气孔，增加 N_2 和 Al 的反应接触面积，加速氮化过程。

铝粉直接氮化法的优点是产量大，可得到纯度较高的 AlN 粉，合成温度较低，几乎没有副反应。但采用这种方法必须解决好铝粉易结块、反应不完全的问题，并保护好铝粉表面，以防止生成 Al_2O_3 膜而影响氮化铝的纯度。

铝粉直接氮化工艺简单，适合大规模工业化生产。为了克服直接氮化法过程中 N_2 扩散缓慢、铝粉结块及反应温度偏高等问题，可以通过以下方法解决：（1）改进工艺条件，使铝粉能够更好地与氮气接触，提高氮化铝的产率；（2）以氨气、氢气等低键能气体部分代替氮气，降低氮化温度，防止铝粉结块，细化氮化铝粉末的粒径；（3）加入合适的助剂来降低氮化温度或促进氮化反应，同时尽量使助剂在高温下挥发，从而在不影响氮化铝纯度的基础上提高产率并防止粉末结块。

B Al₂O₃ 碳热还原氮化法

碳热还原法是将混合均匀的 Al₂O₃ 和碳在 N₂ 气氛中加热，Al₂O₃ 被碳还原成 Al 而后氮化生成氮化铝，其化学反应式如下：

$$Al_2O_3 + 3C + N_2 \longrightarrow 2AlN + 3CO \tag{5-9}$$

碳热还原法制备氮化铝分两步进行，第一步是由碳还原生成气相中间产物 Al(g) 和 AlO(g)，然后第二步通过氮化生成 AlN。所用原料为超细氧化铝粉和高纯度炭黑，两者混合均匀后，放入石墨坩埚，在碳管炉中 N₂ 气氛下合成。该方法反应温度一般在 1550~1800 ℃，所得到产物为黑色粉末，这是因为因粉末中含有残余炭。然后将黑色产物在空气中于 600~700 ℃ 下保温 10~16 h，进行脱碳处理，即可得到灰白色、流动性良好的 AlN 粉末。

Al₂O₃ 碳热还原氮化法制备氮化铝具有原料丰富、工艺简单、合成 AlN 粉体纯度较高、成型和烧结性能都比较好等优点。因此，Al₂O₃ 碳热还原氮化法是目前工业生产中应用得最为普遍的方法。该方法的主要缺点是反应温度偏高、合成时间长、能耗大、粉末粒度较大。为了进一步提高碳热还原所得氮化铝的纯度、降低制备成本，可以通过以下方法来解决：（1）提高氧化铝粉末与碳源的质量，减小原料粒径，提高原料的纯度；（2）改进原料的混合工艺条件，实现铝源与碳源的均匀分散，如采用湿化学方法实现组元前驱体在分子级水平的均匀混合；（3）改进碳热还原工艺条件，包括加热方式、还原气氛、原料与气体的接触方式等。

此外，氮化铝的合成方法还有自蔓延高温合成法、等离子体化学合成法、化学气相沉积法、原位自反应合成法、高能球磨技术等。

5.2.2.3 氮化铝陶瓷的烧结

氮化铝属共价键化合物，自由扩散系数小，在无烧结助剂情况下致密化很困难。烧结氮化铝通常都需使用烧结助剂，常用烧结助剂主要有碱土金属化合物、稀土金属化合物等。烧结温度通常在 1800~1900 ℃。若采用某些更有效的复合添加剂可实现低温烧结，烧结温度降至 1600~1650 ℃。

烧结助剂主要有两方面作用：第一，与 AlN 颗粒表面的（主要以 Al₂O₃ 形式存在）形成低共熔液相，实现液相烧结，促进致密化；第二，通过烧结助剂与 AlN 中的氧杂质反应，净化晶格进而提高热导率。烧结助剂的选用应注意满足以下条件：（1）能在较低温度下与 AlN 颗粒表面的 Al₂O₃ 膜形成低共熔液相，并且对 AlN 颗粒有良好的浸润性；（2）高温下化学稳定性好，不与 AlN 反应形成新相或固溶体，否则易产生晶格缺陷；（3）产生较少的晶界第二相，且晶界相应具有高的电阻。烧结助剂对 AlN 陶瓷的热导率的影响见表 5-15。

表 5-15　AlN 陶瓷低温烧结用复合助剂及热导率

复合助剂	烧结制度	热导率/[W·(m·K)⁻¹]	参考文献
Y₂O₃-CaO-SiO₂-La₂O₃-CeO₂	1600 ℃，1 h	92	Troczynski，1989
CaO-YF₃	1600 ℃，32~64 h	200	Ichinose，1995
YLiO₂-CaO	1600 ℃，6 h	170	Watari，1996a，b
Dy₂O₃-Ga₂O₃-CaO	1600 ℃，4 h	156	刘耀成，1996

复合助剂	烧结制度	热导率/$[W \cdot (m \cdot K)]^{-1}$	参考文献
CaF_2-Y_2O_3、$-Li_2CO_3$	1600 ℃，8 h	170	乔梁，2003
Dy_2O_3、$-B_2O_3$	1600 ℃，4 h	130	吴音，1996
CaF_2-YF_3	1650 ℃，6 h	187	Liu Y-C，1999
$YLiO_2$-CaF_2	1675 ℃，6 h	97	徐笑雷，1999

目前，氮化铝烧结工艺主要有热压烧结、常压烧结、放电等离子体烧结、微波烧结等。无压烧结和热压烧结氮化铝陶瓷的性能见表 5-16。

表 5-16　氮化铝陶瓷的制备工艺与性能

性能		无压烧结		热压烧结	
		AlN	AlN-Y_2O_3	AlN	AlN-Y_2O_3
密度/($g \cdot cm^{-3}$)		2.61~2.93	3.26~3.50	3.20	3.26~3.50
气孔率/%		10~20	0	2	0
颜色		灰白	黑	黑灰	黑
抗弯强度/MPa		100~300	450~650	300~400	500~900
维氏硬度/GPa		—	12~16	12	279
线膨胀系数 (25 ℃~1000 ℃)/$℃^{-1}$		5.7×10^{-6}	—	5.64×10^{-6}	4.9×10^{-6}
热导率 /$[W \cdot (m \cdot K)]^{-1}$	200 ℃	—	—	29.31	—
	800 ℃	—	—	20.93	—
机械加工性		良	良	良	良
抗氧化性		劣	优	良	优

5.2.2.4　氮化铝陶瓷的应用

AlN 陶瓷除了高的热导率外，还具有以下优点：（1）与 BeO 相比，AlN 陶瓷热导率受温度的影响较小，特别是在 200 ℃以上；（2）热膨胀系数与硅单晶相近，优于 BeO 和 Al_2O_3 材料；（3）机械强度高，其抗弯强度与 Al_2O_3 陶瓷相近；（4）电绝缘性好；（5）介电常数及介电损耗适中；（6）耐高温和腐蚀性；（7）无毒性。表 5-17 为日本东芝陶瓷公司生产的 AlN、BeO 和 Al_2O_3 材料的性能。

表 5-17　日本东芝陶瓷公司生产的 AlN 基片的性能

材料种类	密度 /($g \cdot cm^{-3}$)	热导率 /$[W \cdot (m \cdot K)]^{-1}$	线膨胀系数/$℃^{-1}$ (室温约 500 ℃)	电阻率 /($\Omega \cdot cm$)	抗弯强度 /MPa	介电常数 /MHz	击穿强度(50Hz) /($kV \cdot mm^{-1}$)
AlN（A）	3.3	70	4.6×10^{-6}	$>10^{14}$	350	8.8	14~15
AlN（B）		130					
AlN（C）		170					
AlN（D）		200					

材料种类	密度 /(g·cm^{-3})	热导率 /[W·(m·K)$^{-1}$]	线膨胀系数/℃$^{-1}$ （室温约 500 ℃）	电阻率 /(Ω·cm)	抗弯强度 /MPa	介电常数 /MHz	击穿强度(50Hz) /(kV·mm^{-1})
Al$_2$O$_3$	3.6	21	7.3×10^{-6}	>10^{14}	300	9.5	15
BeO	2.9	240	7.5×10^{-6}	>10^{14}	200	6.5	10

A　半导体工业

氮化铝陶瓷的最主要用途是作为高密度封装用大规模集成电路基板和散热基片。氮化铝的热导率是 Al$_2$O$_3$ 的 5~10 倍，更满足大规模集成电路要求。BeO 陶瓷虽然热导率很高，但具有毒性限制了其工业应用。金刚石导热性能优良，但价格十分昂贵，不宜用作基片材料。氮化铝陶瓷广泛应用于军事领域中的多芯片模块、微波功率放大器及民用领域的激光二极管载体、LED 散热基板和高温半导体封装。氮化铝基片还广泛应用于电动及燃气混合型汽车大功率模块电路中，用作氮化铝陶瓷承载基片。

B　化工冶金行业

氮化铝不仅耐高温、耐腐蚀、耐合金和铝、铁等金属的熔蚀，而且还与银、铜、铝、铅等不润湿，可以用来制作耐火材料或坩埚的涂层作为表面防护材料，还可以制成浇铸模具和坩埚等结构材料。如氮化铝在真空中加热蒸气压低，即使分解也不会污染铝，可用作真空蒸发和熔炼金属的容器，特别适于做真空蒸发 Al 的坩埚。氮化铝也可以做热电偶保护套，在空气中 800~1000 ℃铝池中连续浸泡 300 h 以上也没有侵蚀破坏。用氮化铝坩埚代替石英坩埚来合成砷化镓，可以完全消除硅对砷化镓的污染而得到高纯产品。

C　透明陶瓷

氮化铝透明陶瓷主要用于电子光学器件，用来制造光和电磁波的高温窗口、耐热涂层及装甲材料。

D　其他工业应用

氮化铝陶瓷室温强度高，且稳定性好，具有很高导热系数和较低热膨胀系数，是一种良好的耐热冲击和热交换材料，有望用于燃气轮机的热交换器中，也可用作导热环形耐热盘。此外，氮化铝还具有优良的耐性，可用作研磨材料和耐磨损零件。氮化铝陶瓷的高导热和绝缘性，也在微波管和其他领域用作散热元件。

📖 课程思政

碳化硅（SiC）陶瓷材料在航空航天、装甲、空间反射镜、核能、化工、半导体等国防与工业重大领域中得到了广泛应用。通常国防与工业应用场合要求使用复杂形状的碳化硅陶瓷材料制品，这给制造带来了极大难题与挑战。传统陶瓷成型工艺包括等静压、流延成型、注射成形、注浆成型、凝胶注模等，通常采用模具辅助成型，烧结后还需进行机加工处理，才能得到所需 SiC 陶瓷产品。近年来，轻量化空间光学反射镜等高性能 SiC 构件的复杂度越来越高，对陶瓷成型工艺提出了更高的要求。3D 打印技术无需模具，其采用逐层叠加制造的原理，理论上可整体成形任意复杂结构，是实现复杂陶瓷构件整体化、轻量化、复杂化成型的有效途径。中国科学院上海硅酸盐研究所提出高温熔融沉积结合反应烧结制备 SiC 陶瓷新方法。该方法采用高温原位界面修饰粉体，低温应力缓释制备出高塑性打印体，获得了低熔点高沸点的高塑性打印体，材料固含量（体积分数）超过 60%。之后对塑性体进行高密度叠层打印，打印的陶瓷样品脱脂后等效碳密度可精确调控至 0.80 g/cm³，同时对陶瓷打印路径进行拓扑优化设计，可在样品中形成树形多级孔道；最终陶瓷样品无需 CVI 或 PIP 处理直接反应渗硅烧结后实现了低残硅/碳的高效渗透和材料致密化，SiC 陶瓷密度可达（3.05±0.02）g/cm³，三点抗弯强度为（310.41±39.32）MPa，弹性模量为（346.35±22.80）GPa，陶瓷力学性能接近于传统方法制备反应烧结 SiC 陶瓷。

此外，上海硅酸盐所研制的高致密碳化硅特种陶瓷用到了嫦娥三号月基光学望远镜中（主镜、次镜和指向镜）。该陶瓷材料质量小、热导率高，面型稳定性好，可在-20~40 ℃的温度下稳定工作，即使因热胀冷缩引起的变形也微乎其微，这为望远镜的成像质量提供了保证。

课 后 习 题

5-1 阐述非氧化物陶瓷的性能特点。
5-2 简述 SiC、Si_3N_4 晶体结构、粉体制备方法及相关原理。
5-3 阐述 Si_3N_4 陶瓷烧结工艺。
5-4 阐述 AlN、B_4C 陶瓷的晶体结构、性能特点和应用领域。

6 高熵陶瓷材料

在当前的国际形势下，高性能陶瓷材料作为国民经济发展的关键材料之一，在能源、电子科技、航空航天、化工、冶金、机械、汽车和生物等与国民经济息息相关的领域都具有着广阔的应用前景；而在武器装备、安全防护等国防现代化建设领域也是有广泛的需求，是未来发展尖端科技不可缺少的关键材料。而新型复合材料又因与常规的陶瓷材料比较，硬度更高、抗氧化特性更优异、质地更轻薄、耐性（耐摩擦、耐腐蚀、耐高温）更强等特点，使之在未来的研究开发方面将更加具备竞争优势。所以高性能的复合陶瓷在当前工业生产的高速化的进程中，也逐步替代了一般的陶瓷材料及其有机高分子化合物等，成了现阶段能够适应各领域高科技生产需要的关键材料之一。

近些年来，高熵合金这一新型结构材料体系，引起了材料界的极大关注。高熵合金是把各种不同的成分混合在一起，混合后的材料既可以平均各成分的优良性能，又显示出全新的性能。在高度混乱无序的系统内，高熵可以显示出优良性能，例如缓慢的扩散效应、稳定的热力学及晶格结构畸变等良好性能，在高熵系统的性能研究中发现它优于单个组分的性能；在材料中通过调整其他元素的含量和浓度，研究制作出来的材料能够展现出全新优良的功能和性质，以满足社会的需求。无序材料中的大量优良性能，可以通过人工智能技术快捷高效地被发现出来。

"高熵合金"，以熵的观念为起点，改变能量角度的观点，从混乱程度说进行构思，开创性的思维带来创新性的材料研究，进一步提高了合金材料所需求的性能，从实际上达到了力学、电学和化学等方面性能的提升，高熵合金材料有着广阔的应用环境。北卡罗莱纳州立大学的 Rost 等人于 2015 年合成了一种熵稳定氧化物陶瓷，因其具有单相的特性，与高熵的性质相匹配，所以命名为"高熵陶瓷"，将高熵材料带进新的领域。

随着进一步的实验研究发现，高熵陶瓷具有复杂的结构包括阴阳离子所处在特殊固定的位置，内部含有大量的晶格畸变和缺陷，这些都会使得高熵陶瓷拥有比普通陶瓷更优异的性能，例如在导热、导电、耐腐蚀等方面都有远超普通陶瓷的性能优势，更适用于苛刻的条件下。在各种应用中极具稳定性，不管在研究方面还是市场应用方面，都有巨大的潜力。在不断探索研究下，又相继研究出了高熵硅化物、硼化物、氮化物、碳化物等陶瓷材料，高熵陶瓷在超高温、生物科研和医学医疗设备、能源发展等方面有着良好的未来发展趋势。

6.1 高熵陶瓷的概述

6.1.1 高熵陶瓷的出现

材料科学面临的巨大挑战是不断寻找能够满足快速发展新技术需求的先进材料，在科技迅速发展的今天，开发新材料变得尤为重要。高熵材料是近年来出现的新材料，它是一类由多种元素以等物质的量或近等物质的量组成的新型多主元材料，打破了传统的材料设计理念。高熵材料因其独特的晶体结构特征，表现出许多不同于传统材料的组织和性能特点，其特殊的力学、电学和磁学等性能也是近年来材料研究的一大热点。"高熵"这一概念是 2004 年由中国台湾学者叶均蔚教授提出的高熵合金（HEAs）的概念发展而来的，该合金是由五种及五种以上金属元素以等物质的量或近等物质的量组成的具有单一晶体结构的固溶体，每种元素含量为 5% ~ 35%。这种理念突破了传统合金以一种或两种元素为主的设计思路，为合金发展开拓了一条全新道路。由于高熵合金具有热力学上的高熵效应、结构上的晶格畸变效应、动力学上的迟滞扩散效应以及性能上的"鸡尾酒"效应。HEAs 比传统合金具有更大优势。近年来，国内外科研工作者将 HEAs 的设计理念拓展到高熵陶瓷（HECs）领域，为高熵陶瓷的开发奠定了研究基础。

2015 年，Rost 等人首次提出了一种岩盐结构的（Mg，Ni，Co，Cu，Zn）O 高熵氧化物体系，将合金的"高熵"概念成功引入到陶瓷。在这个高熵氧化物体系中，五种氧化物的晶体构型、阳离子配位数、阳离子的电负性等不完全相同，如 MgO、CoO、NiO 为岩盐结构，CuO 和 ZnO 为黑铜矿和纤锌矿结构。而且五种氧化物之间的结构不同，会导致不能形成完全固溶体，比如 MgO-ZnO 和 CuO-NiO 这样的二元系统就不能形成完全固溶体。这些氧化物等摩尔比混合后在不同温度下的相组成和在不同热处理工艺下的相变过程如图 6-1 所示。混合均匀的氧化物粉末，在低于 1150 K 的温度下进行热处理，得到的是一个多相氧化物混合的试样。但如果在高于 1150 K 温度热处理，由于"高熵效应"，可以形成阳离子混乱排列的单一岩盐结构相。如果是快速冷却，由于"迟滞扩散效应"，这个岩盐相可以亚稳态的形式存在保持至室温。如果是缓慢冷却，这个在高于 1150 K 的温度下稳定存在的岩盐相会分解，室温下得到的是以岩盐结构相为主，含有黑铜矿相等第二相的混合粉末。室温下以亚稳定形式存在的（$Mg_{0.2}Co_{0.2}Ni_{0.2}Zn_{0.2}Cu_{0.2}$）O 岩盐相，如果在低于 1150 K 的温度下进行热处理也会分解。正是由于相形成和相变特征，Rost 等人将它称为"熵稳定氧化物"，这一种称呼强调了混合熵对于单相固溶体形成和稳定的作用。自此，这种"熵稳定氧化物"陶瓷的出现，揭开了高熵陶瓷研究的序幕。

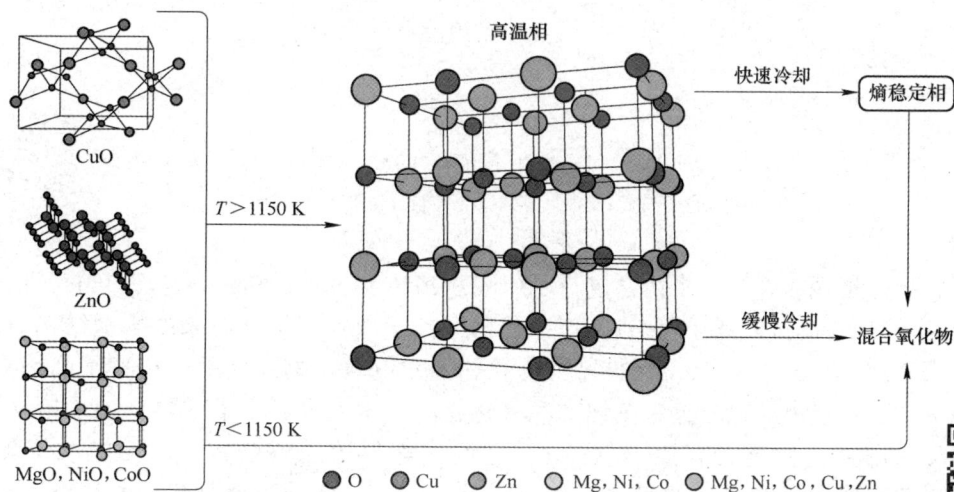

图 6-1 熵稳定氧化物（$Mg_{0.2}$，$Co_{0.2}$，$Ni_{0.2}$，$Zn_{0.2}$，$Cu_{0.2}$）O 的形成示意图

图 6-1 彩图

6.1.2　高熵陶瓷的发展

2015 年，Rost 等人试着将高熵合金研究中的理论引入无机非金属领域，成功合成了 $(Mg_{0.2}Co_{0.2}Ni_{0.2}Zn_{0.2}Cu_{0.2})O$ 岩盐单相氧化物，选择这五种氧化物的基本原理是：五种二元氧化物的晶体结构、电负性或阳离子配位等不能保持完全相同，并且应该存在一对互相没有溶解度的系统，例如 MgO-ZnO 和 CuO-NiO。此外，整个系统应该是等价的，使得相对阳离子比率可以连续变化，其中为了保持电中性阳离子与阴离子的比率为 1，以便调整某一组分的含量而不引起其他环境变化。通过调控组分变化的实验来测试熵值，并使用五个单独的相图来探索构型熵与组成的趋势，如图 6-2（a）（b）所示。结果表明，"高熵效应"驱动了其在高温和较低温度下的单相-多相转变，并且去掉任意一组氧化物原料都无法出现单相的岩盐型结构，并由此定义了"熵稳定氧化物"的概念。接着以 25 ℃ 为间隔，在 825~1125 ℃ 的温度区间淬火各个样品，确定了在等摩尔比时总是导致最低的转变温度的情况，如图 6-2（c）~（g）所示。

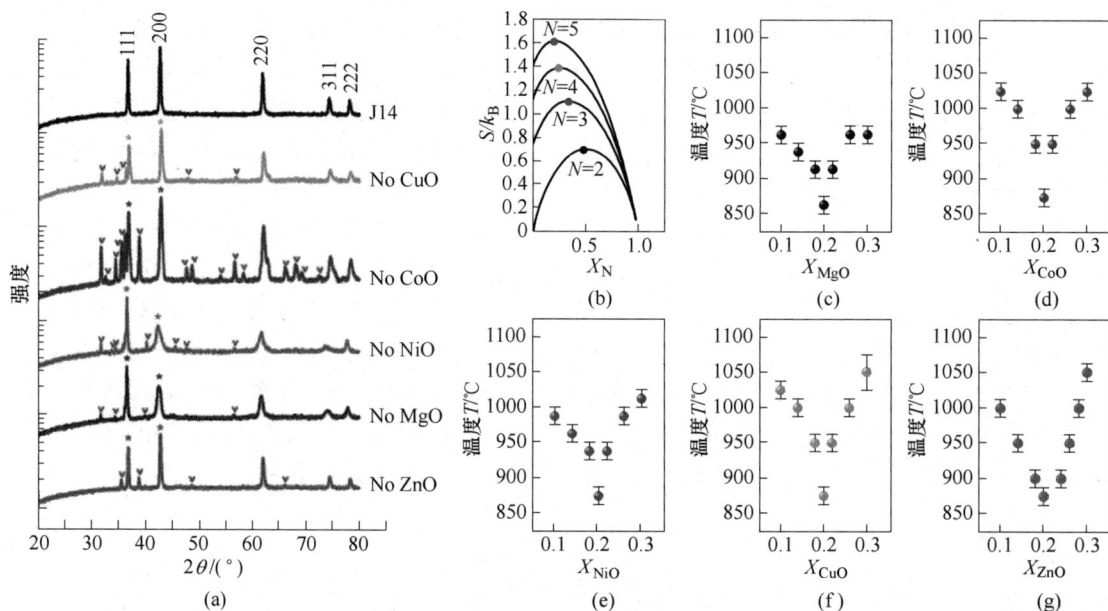

图 6-2　$(Mg_{0.2}Co_{0.2}Ni_{0.2}Zn_{0.2}Cu_{0.2})O$ 高熵氧化物陶瓷不同组分的 XRD 图
（a）N 组分构型熵及函数计算；（b）N 组分构型及函数计算；
（c）~（g）预期最大构型熵的等摩尔组成

图 6-2 彩图

之后，越来越多的人对这个体系进行了研究。2016 年，Berardan 等发现（Mg, Cu, Ni, Co, Zn）O 基体中的+2 价阳离子可被+1、+3 价的阳离子取代并保持原来的岩盐结构单相，成功制备出了掺 Li、Na、K、Ga 的快离子电导和强介电氧化物，这不仅拓宽了高熵氧化物在离子选择上的自由度，在这一基体的高氧化物的应用上也迈出了重要一步。2017 年，Sarkar 等人利用雾化喷雾热解法（NSP）、火焰喷雾热解法（FSP）和反向共沉淀法（RCP），成功合成了相变可逆的稳定（Co, Cu, Mg, Ni, Zn）O 纳米单晶粉，并且发现在补偿温度的条件下，四元的（Co, Mg, Ni, Zn）O 氧化物也可以形成单相固溶体，这表明在无机非金属领域高熵材料可能并不需要五元以上的组分数目。同年，Meisenheimer 等利用高熵材料主分元素含量大的可调性，通过调节 $(Mg_{0.25(1-x)}Co_xNi_{0.25(1-x)}Cu_{0.25(1-x)}Zn_{0.25(1-x)})O$ 系列氧化物薄膜中 Co^{2+} 的含量，设计出了具有优异磁性能的高熵氧化物。

此外，也有不少人对其他体系的高熵氧化物进行了探索。2016 年，Gild 等人成功合成了高熵超高温硼化物，并且这种硼化物的硬度和抗氧化性比单独五组元的平均值要高。2018 年，Dabrowa 等人首次合成了单相尖晶石结构的高熵 $(CoCrFeMnNi)_3O_4$，研究发现氧分压对合成的尖晶石的化学计量有影响，这为设计新的非化学计量高熵氧化物提供了新思路。同时，Sarkar 等人第一次在钙钛矿结构中证明了"熵稳定"。随后，骆建团队继续将高熵氧化物扩展到钙钛矿体系，他们制备出 $Sr(Zr_{0.2}Sn_{0.2}Ti_{0.2}Hf_{0.2}Mn_{0.2})O_3$ 等 6 种单相的钙钛矿结构高熵陶瓷，并指出容差因子 $t \approx 1$ 是形成单相高熵钙钛矿的必要因素之一。

6.2 高熵陶瓷的定义及种类

6.2.1 高熵陶瓷的定义

高熵陶瓷（High-entropyceramics）通常指无机化合物中一个或一个以上的 Wyckoff 位置被相等或接近相等比例的多组元共同占据所形成的固溶体。其中，"熵"是描述物质混乱程度的物理量，物质混乱程度越大，熵值就越高，熵值越高，物质也就越混乱。所以，从微观统计热力学角度讲，当体系固定时，体系内离子数量一定，离子状态越多，组分越大，体系也就越混乱，熵值就越高。熵值示意图如图 6-3 所示。系统的摩尔构型熵符合：

图 6-3 熵值示意图

$$S_{conf} = -R\left[\left(\sum_{i=1}^{i=N} x_i \ln x_i\right)_{cation\text{-}site} + \left(\sum_{j=1}^{j=M} x_j \ln x_j\right)_{anion\text{-}site}\right] \qquad (6\text{-}1)$$

式中　R——通用气体常数；

　　x_i——阳离子位点中元素的摩尔分数；

　　x_j——阴离子位点中元素的摩尔分数。

将 $S_{conf} \geqslant 1.5R$ 的材料归类为"高熵"，将在 $1R < S_{conf} < 1.5R$ 之间的材料称为"中熵"，将 $S_{conf} < 1R$ 的材料称为"低熵"。

假设阴离子对 S_{conf} 的影响较小，那么公式（6-1）就可以写为：

$$S_{conf} = -R\sum_{i=1}^{i=N} x_i \ln x_i \qquad (6\text{-}2)$$

式中　R——通用气体常数；

　　x_i——第 i 个元素的原子分数；

N——元素的总数。

假设仅改变一种阳离子的摩尔分数，其他 $(N-1)$ 个阳离子的比例均等，即设 $x_1 = x$，则摩尔构型熵的计算公式为：

$$S_{conf} = - R\left[x\ln(x) + (N-1) \frac{1-x}{N-1}\ln\left(\frac{1-x}{N-1}\right) \right] \tag{6-3}$$

根据吉布斯自由能公式：

$$\Delta G_{mix} = \Delta H_{mix} - \Delta T\Delta S_{mix} \tag{6-4}$$

式中，ΔH_{mix} 为系统的混合焓；ΔT 为绝对温度；ΔS_{mix} 为系统的混合熵。

吉布斯自由能（Gibbs free energy，简称 G）在热力学稳定性中主要用于确定一种化学反应是否能够进行，ΔG 为负值时才能进行，它代表了在某一温度和压力下系统的内能可以向外所做的功。固溶体形式的元素混合物的稳定性与吉布斯自由能变化（ΔG_{mix}）有关。由公式可以看出，增大体系的混合熵，或者降低系统的混合焓，或者提高温度，都可以使得体系的 ΔG 降低，进而使体系趋于一个稳定状态。由此来看，增加主元的数目可以导致离子数目增多，体系内离子自由状态增加，系统变得混乱，最终使整个系统的熵值变大，吉布斯自由能降低，有利于反应朝着自发的方向进行，最终形成有序固溶体。

6.2.2　高熵陶瓷的种类

高熵陶瓷作为一种崭新的陶瓷类别，其研究焦点集中于新型体系的合成方法及初步性能探索。至今已有多种高熵陶瓷成功研制，按化学成分划分，包括高熵碳化物、氮化物、氧化物、硼化物、硅化物及硫化物等；依据晶体结构特征划分，则有岩盐型、萤石型、钙钛矿型、尖晶石型和金红石型等结构类型，具体分类如图 6-4 所示。

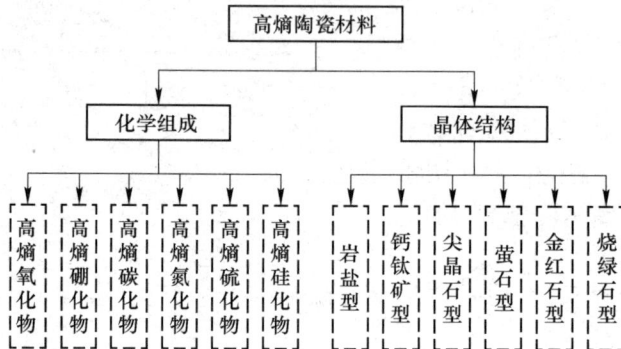

图 6-4　高熵陶瓷的分类

6.2.2.1　高熵氧化物陶瓷

近年来，对高熵氧化物陶瓷的研究与应用最为广泛。由于其多组元、等物质量的特性，自问世以来就展现出了非凡的性能，如高温稳定性、优异的电化学性能、良好的导热性能等。

$(Fe,Mn,Co,Ni,Cr)O_4$ 高熵尖晶石氧化物的成功制备，首次将高熵氧化物陶瓷用作质子传导固体氧化物燃料电池的阴极。结果显示，高熵材料的形成可以增强质子化能力以及 O-P 波段的中心向费米能级的运动，从而提高正极催化性能，为燃料电池新材料的开发提供了一条良好的途径。Yv 等人通过沉淀法合成了 $(Mg,Co,Ni,Cu,Zn)O$ 高熵陶瓷，由于不同元素扩散速率的影响，不同煅烧温度的粉末形貌和结构不同，其初始循环放电容量为 624.3 F/g，表现出具有良好的电化学性能。Liu 等人制备了一种新型的 $Pr_{1/6}La_{1/6}Nd_{1/6}Ba_{1/6}Sr_{1/6}Ca_{1/6}CoO_{3-\delta}$ 高熵钙钛矿氧化物，展现出卓越的电化学性能，燃料电池的峰值功率密度为 1.21 W/cm^2，在 1.3 V 的电解电压和 600 ℃ 的条件下电流密度达到 -1.95 A/cm^2，为可逆质子陶瓷电化学电池开辟了一个新途径。

Deng 等人从分子设计入手成功获得了 $(Zr_{0.2}Hf_{0.2}Ti_{0.2}Gd_{0.2}Y_{0.2})O_{2-\delta}$ 高熵氧化物纤维。$(Zr_{0.2}Hf_{0.2}Ti_{0.2}Gd_{0.2}Y_{0.2})O_{2-\delta}$ 纤维具有 700 ℃ 的低结晶温度和出色的高温稳定性，导热系数仅为 25.7 mW/(m·K)，可以用作轻质高温热防护材料。Fu 等人采用冷等静压结合无压烧结的方法合成了 $(La_{0.2}Y_{0.2}Sm_{0.2}Eu_{0.2}Gd_{0.2})_2Zr_2O_7$ 高熵氧化物陶瓷。其 25~1200 ℃ 温度范围内的热扩散率从 0.0053 下降到 0.0041 cm^3/s，热膨胀系数为 $11.0×10^{-6}$/K，表明该材料在热胀涂层领域具有广阔的应用前景。Jin 等人通过固相反应合成了 $Eu_2(Y_{0.2}Yb_{0.2}Zr_{0.2}Nb_{0.2}Ta_{0.2})_2O_7$ 高熵氧化物陶瓷，观察到其热导率范围为 0.94~1.13 W/(m·K)，此外热膨胀系数也达到 $10.52×10^{-6}$/K，展现出良好的高温稳定性，可作为热胀涂层和隔热体材料。

6.2.2.2 高熵硼化物陶瓷

图 6-5 所示的高熵硼化物结构主要表现为层状六方晶格，其中特征为硼原子网络层与过渡金属阳离子层上下交替堆叠。当前的研究焦点集中于过渡金属构成的高熵硼化物，这类材料展现出优良的性能，如高硬度和出色的隔热保温性能，因而被认为在航空航天领域具有广阔的应用潜力与发展空间。

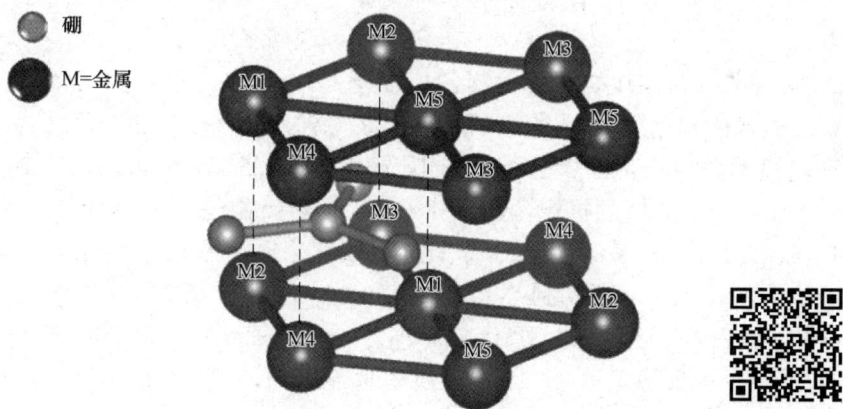

图 6-5 高熵金属二硼化物结构

Qin 等人首次合成了六方形 $(Y_{0.2}Nd_{0.2}Sm_{0.2}Gd_{0.2}Tb_{0.2})B_4$ 原型结构的六种高熵稀土四硼化物。在 9.8 N 的标准压痕载荷下，维氏显微硬度可达 13~15 GPa。这是混合规则平均值得出的各向异性晶格畸变所导致的，展现出了高硬度的材料特性。Murchie 等人采用两步合成工艺生产了 $(Hf,Mo,Nb,Ta,W,Zr)B_2$ 陶瓷。其抗弯强度为 $(528±53)$ MPa，杨氏模量为 $(520±12)$ GPa，断裂韧性可达 $(3.9±1.2)$ MPa·m$^{1/2}$，硬度为 $(33.1±1.1)$ GPa，展现出非凡的机械性能。Zhang 等人采用放电等离子烧结制备 $(Hf_{0.2}Zr_{0.2}Ta_{0.2}Cr_{0.2}Ti_{0.2})B_2$ 高熵硼化物陶瓷。相对密度为 99.2%，硬度达到 $(28.3±1.6)$ GPa，表明制备出了具有超高硬度的高致密高熵硼化物陶瓷。Feng 等人通过两步法生产了 $(Cr_{0.2}Hf_{0.2}Ta_{0.2}Ti_{0.2}Zr_{0.2})B_2$ 和

（$Hf_{0.2}Ta_{0.2}Ti_{0.2}W_{0.2}Zr_{0.2}$）$B_2$ 两种高熵硼化物，在 0.49 负载下的最高硬度值分别为 (48.3 ± 2.3)GPa 和 (45.8 ± 5.3)GPa，研究表明高熵二硼化物陶瓷是新一代的超硬材料。

6.2.2.3　高熵碳化物陶瓷

高熵碳化物陶瓷因具有优良的机械性能和抗氧化物性能而被广泛研究。图 6-6 显示了高熵碳化物的结构，其中黑色的小球代表的是碳原子，其他颜色的大球代表的是金属原子。

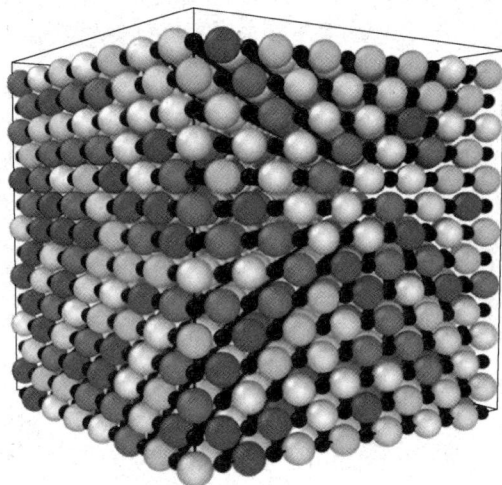

图 6-6　高熵碳化物结构　　　　　　　　图 6-6 彩图

Ma 等人通过高压烧结成功制备了（$Hf_{0.25}Zr_{0.25}Ta_{0.25}Ti_{0.25}$）C 高熵碳化物陶瓷。结果表明，制备的样品在 1600 ℃下的相对密度为 97.1%，平均晶粒尺寸为 (98 ± 35)nm，同时表现出良好的综合力学性能，维氏硬度为 (25.7 ± 0.6)GPa，断裂韧性为 (4.3 ± 0.4)MPa，具有良好的机械性能。Mao 等人通过新型超快高温烧结技术在 6 min 内制备了（$Ti_{1/5}Cr_{1/5}Nb_{1/5}Ta_{1/5}V_{1/5}$）$C_x$ 高熵碳化物其硬度达到 (36.6 ± 1.5)GPa。Fang 等人通过放电等离子烧结在 2000 ℃下成功制备了（Ti,Nb,Ta,W,Mo）C 高熵碳化物陶瓷，其维氏硬度、抗弯强度和断裂韧性分别为 (21.31 ± 0.43)GPa、(477.15 ± 34.17)MPa 和 (6.41 ± 0.85)MPa·$m^{1/2}$。常温下摩擦系数稳定在 0.35，磨损率低至 3.39×10^{-7} mm^3/Nm，表现出良好的机械性能。

高熵碳化物除了拥有优异的力学性能外，在热力学及电磁波吸收领域也有着非凡的应用。Liu 等人通过反应合成法制备了（V,Nb,Ta,Mo,W）C 高熵碳化物，其室温下的导热系数为 9.2 W/(m·K)，可以用作保温或隔热材料，造成导热系数低的原因是严重的晶格畸变和较高的点缺陷浓度。Schwind 等人通过放电等离子烧结制备了（Hf,Ta,Zr,Nb）C 高熵碳化物，相对密度超过 97.6%。从室温到 2000 ℃其热扩散率为 $0.045\sim0.087$ cm^2/s，热容量为 $0.23\sim0.44$ J/(g·K)。热导率从室温下的 10.7 W/(m·K) 增加到 2000 ℃时的 39.9 W/(m·K)。Wang 等人制备了（$Ti_{0.2}Zr_{0.2}Mo_{0.2}Nb_{0.2}Ta_{0.2}$）C 高熵碳化物粉末，在厚度为 1.50 mm 时，反射损耗最小为 -32.1 dB，有效吸收带宽（小于 -10 dB）在 $13\sim18$ GHz 的频率范围内。有趣的是，在 2.50 mm 的厚度处，最小反射损耗达到了 -36.6 dB，这与固溶体元素有很大关系。

6.2.2.4 高熵氮化物陶瓷

高熵氮化物陶瓷材料有着优异的力学性能、热稳定性和抗氧化性等。近年来，在薄膜涂层领域有着较为突出的应用。高熵氮化物陶瓷被用作薄膜涂层材料极大程度上改善了器件的硬度、强度和韧性等特征。

Shen 等人以 $Al_{1.5}CrNb_{0.5}Si_{0.5}Ti$ 为靶材，在 SiO_2 基体上制备了 $(Al_{1.5}CrNb_{0.5}Si_{0.5}Ti)_{50}N_{50}$ 高熵氮化物薄膜，研究结果表明，该薄膜硬度最高可达 36 GPa。Xu 等人采用高功率脉冲 RMS 法在不加热的情况下合成了超硬 (Al,Cr,Ti,V,Zr)N 高熵氮化物薄膜，力学性能分析结果表明，该薄膜的硬度可达到 41.8 GPa，同时具有较低的损率为 $2.3×10^{-7}$ mm^3/Nm。Lai 等人在恒定的氩气和氮气流量下，采用 RMS 法制备了 (Al,Cr,Ta,Ti,Zr)N 高熵氮化物薄膜，研究结果表明，该薄膜为单相面心立方结构，具有高硬度 (35 GPa) 和高弹性模量(350 GPa)。Shen 等人制备了非等物质的量的 $(Al_{0.34}Cr_{0.22}Nb_{0.11}Si_{0.11}Ti_{0.22})_{50}N_{50}$高熵氮化物薄膜，研究结果显示该薄膜的硬度为 36 GPa；在 900 ℃ 空气退火 50 h 后，其表面氧化膜的厚度为 290 nm，但是硬度略有降低为 33 GPa。与商用镀锡和氮化钛薄膜的刀片相比，由该高熵氮化物涂层和钛中间层组成的刀片具有更好的铣削性能。Hsieh 等人制备了两种面心立方岩盐结构的高熵氮化物薄膜 $(Al_{23.1}Cr_{30.8}Nb_{7.7}Si_{7.7}Ti_{30.7})N_{50}$ 和 $(Al_{29.1}Cr_{30.8}Nb_{11.2}Si_{7.7}Ti_{21.2})N_{50}$，研究结果表明，$(Al_{23.1}Cr_{30.8}Nb_{7.7}Si_{7.7}Ti_{30.7})N_{50}$薄膜的最高硬度为 36.1 GPa，而 $(Al_{29.1}Cr_{30.8}Nb_{11.2}Si_{7.7}Ti_{21.2})N_{50}$薄膜的最高硬度为 36.7 GPa，后者由于铝含量较高，具有更好的抗氧化性。

高熵氮化物陶瓷的研究具有前瞻性，使得它们在硬质涂层、刀具涂层、模具涂层和防护涂层等领域展现出巨大的应用潜力，并且有可能成为传统涂层材料的有力替代者。

6.3 高熵的四大效应

6.3.1 高熵效应

尽管因为成分众多，理论上高熵合金可以组成大量的相，但它在高熵效应下实际上只能形成一部分相。这个效应很根本，因为在它的作用下高熵合金才能形成面心立方、体心立方、密排六方这样的单相。

6.3.1.1 吉布斯自由能

吉布斯自由能（Gibbs free energy，简称 G）在热力学中用来判断一个反应是否可以发生，ΔG 为负值时可以发生，它代表了在某一温度和压力下系统的内能可以向外所做的功。吉布斯自由能的定义式为：$G=H-TS$。其中，H 为热力学系统的焓，T 为热力学温度，S 为热力学系统的熵。同样形成稳态相，多元素混合体系的自由能 $\Delta G_{mix}=\Delta H_{mix}-\Delta T\Delta S_{mix}$ 要比其基体体系低，在这之中温度对高熵合金稳态相的形成起了很大的作用。因为形成相受到混合体系的焓变和熵变的共同作用，吉布斯自由能也可以用来量度物质间的固溶能力。

6.3.1.2 熵

玻耳兹曼公式定义熵在统计热力学中和系统的微观状态数 Ω 的对数成比例，即 $S =$

$k\ln\Omega$，k 为玻耳兹曼常数（1.3807×10^{-23} J/K）。混合体系的熵变体现在原子的混乱程度，把多个不发生反应的体系融合在一起时，熵增起了重要的作用。

考虑一种理想合金，其在一定的温度和压强下不同离子排列完全无序。在这个系统中，离子周围的作用力完全相同。为了应用玻耳兹曼公式，需要通过排列晶格上 i 元素的离子数目 N，来计算 Ω 的数目。通过 $N=\sum_i N_i$，可得到离子的总数目，从而得到晶格位置的总数目。因此，Ω 等于 N 的排列组合，因为每个元素的 N 计算方法相同，所以有：

$$\Omega = \frac{N!}{\prod_i N_i!} \tag{6-5}$$

因此玻耳兹曼混合熵为：

$$\Delta S_{\mathrm{mix}} = k\ln\Omega = k\ln\frac{N!}{\prod_i N_i!} = k\ln N! - k\ln\prod_i N_i! = k\ln N! - \sum_i k\ln N_i! \tag{6-6}$$

这个公式当 N 和 N_i 足够大的时候，如果使用斯特林公式可以更简化。

$$\ln N_i \approx N\ln N - N\ ;\ \ln N_i! \approx N_i\ln N_i - N_i \tag{6-7}$$

如果考虑公式 $N=\sum_i N_i$，则熵公式可以被简化为：

$$\begin{aligned}\Delta S_{\mathrm{mix}} &= kN\ln N - kN - k\sum_i N_i\ln N_i + k\sum_i N_i \\ &= k\sum_i N_i\ln N - k\sum_i N_i\ln N_i \end{aligned} \tag{6-8}$$

$$= -k\sum_i N_i\ln\frac{N_i}{N} = -kN\sum_i \frac{N_i}{N}\ln\frac{N_i}{N}$$

引入一个新变量 $x_i = N_i/N$，将其定义为 i 元素的原子分数或在特定晶格点处能找到 i 元素的几率。

因为玻耳兹曼常数 $k=R/N_A$，R 为摩尔气体常数 8.314 J/(K·mol)，N_A 为阿伏伽德罗常数（6.022×10^{23}/mol），$n=N/N_A$ 为摩尔数，此时公式可写成：

$$\Delta S_{\mathrm{mix}} = \frac{R}{N_A}N\sum_i x_i\ln x_i = -nR\sum_i x_i\ln x_i \tag{6-9}$$

因此一个多元素系统的混合熵为：$\Delta S_{\mathrm{mix}} = -nR\sum_i x_i\ln x_i$；

如果一个系统由等摩尔分数的 r 种元素组成，则 $x_i = 1/r$，其混合熵可写为：

$$\Delta S_{\mathrm{mix}\,|\,\mathrm{equimolor}} = -nR\sum_i^r \frac{1}{r}\ln\frac{1}{r} = -nRr\left(\frac{1}{r}\ln\frac{1}{r}\right) = -nR\ln\frac{1}{r} \tag{6-10}$$

图 6-7 展示了理想的等摩尔比系统 i 中每摩尔的混合熵随元素数目的变化，也就是函数 $\frac{\Delta S_{\mathrm{mix}\,|\,\mathrm{equimolor}}}{n}(r) = R\ln r$ 的图像，可以看出随着主元数目的增加，混合体系的熵增变得缓慢，所以太多的主元数目意义并不大。

一般地主要元素种类在 5 种以上，每种主要元素摩尔含量为 5%～35%的合金称作高熵合金。在大部分的高熵合金体系内，当主元超过 5 种后，即使不保持等摩尔的元素比例，混合体系的熵值也能超过反应所需的生成焓。也就是说，在这种情况下体系可以形成固溶单相。虽然高熵体系在主元等摩尔比的时候熵值最大，但最大值附近的变化并不是很大，这意味着可以通过调节主元的比例获得多种多样的高熵合金，但可以调节的区间有限制，

图 6-7　理想等摩尔体系中摩尔混合熵与元素数目关系图

调节范围过大会出现第二相，所以高熵合金不包括任一主元含量超过一半（如传统合金）那样的情况。

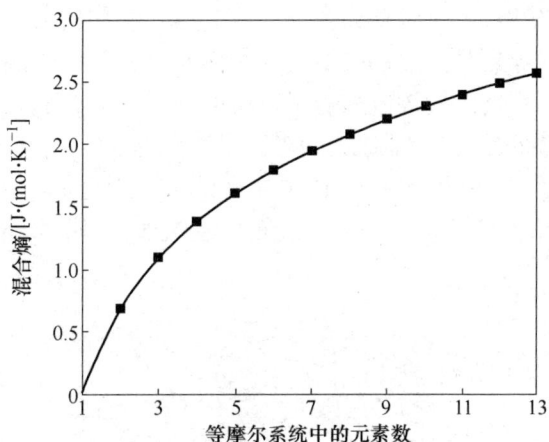

　　然而，端际固溶体或有序固溶体的混合熵小于上述计算的混合熵。这是因为成分之间可以混合的方式有限。假设原子是近似随机分散的，必须注意的是随机固溶态发生在高温环境下，是高热能造成了不同元素的随机分散。但即使这样分散也不是完全随机的，正确的方法是研究高熵合金中的原子分布，这就必须考虑到不同种类原子之间作用力的差异。因此，某些原子周围的原子可能是特定的，这就造成了较低的混合熵。前面说的主要是构型熵对混合熵的贡献，实际上，对混合熵有贡献的因素还包括振动、磁和电子分布等。

6.3.2　晶格畸变效应

　　高熵合金由多种元素组成，其晶格结构会由于不同原子大小的不同而产生变形。原子半径较大的，会挤开周围的原子，受到压应力；原子半径较小的则相反，会受到拉应力。所以高熵合金内部有很强的应力应变场。图 6-8 表征了一元、二元（元素的原子尺寸相差很大）和多元晶格结构在这种作用下的示意图。然而应力应变场不仅与混合元素的尺寸差异有关，还与它们之间的键能有关。强键通常比弱键键长要短。由于这种作用，晶格的应变能增加，因此总自由能也增加。更重要的是，晶格中的应力场不均匀，造成的局部应力梯度减缓了高熵合金中离子的运动，造成了缓慢扩散。晶格畸变作用保证了固溶单相的

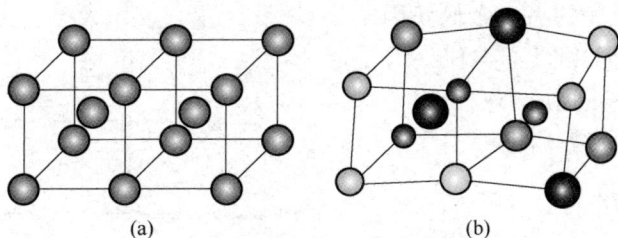

(a)　　　　　　　　　　(b)

图 6-8　一元和多元晶格结构在晶格畸变作用下的示意图
（a）一元晶格结构；（b）多元晶格结构

图 6-8 彩图

稳定性，因此对高熵合金十分关键。假如构成高熵合金的各个组元成分之间畸变能量过于高，导致晶格结构失衡，这个体系就会形成非晶态。

晶格畸变效应影响了材料的诸多方面，例如固溶体的形成能力、高的电阻及热阻、在X射线照射下的强烈散射及力学上的拉伸脆性。图6-9阐明了晶格畸变如何影响材料的光学性质。在图6-9（a）中X射线射入纯金属晶格时，经布拉格面反射，衍射光方向相同。在图6-9（b）中，由于多元合金原子半径的差异，衍射光的方向则不同。

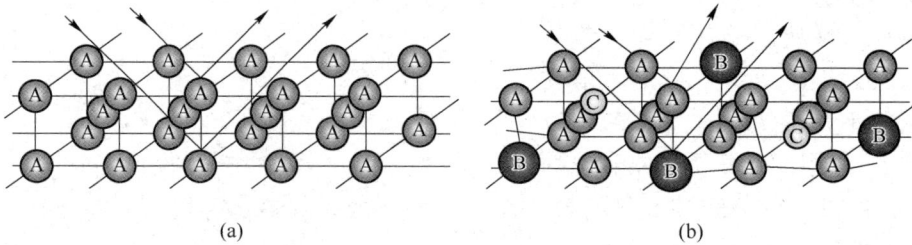

(a)　　　　　　　　　　　(b)

图6-9　X射线穿过纯金属和多元合金衍射示意图
（a）纯金属；（b）多元合金

合金中元素越多，晶格畸变越严重，X射线散射越严重。这就是为什么在X射线衍射实验条件和样本几何条件相同的情况下，具有更多元素的合金的X射线衍射强度小于元素较少的。图6-10给出了不同元素的系列合金的X射线衍射图，可以看出五元以上典型的高熵合金的衍射峰强度更低，高角度下的衍射峰强度比低角度下的低很多。

然而，由于德拜-沃勒热效应，在非零温度下衍射峰强度总是降低。这个效应是说由于因子 e^{-M^T}，X射线衍射强度更低，M^T 是德拜-沃勒温度因子。M^T 与 $(\sin\theta/\lambda)^2$ 成正比，θ 是X射线的入射角，λ 是波长。这是因为温度升高，离子振动，偏离其中心位置。离子的热运动造成布拉格衍射面的不平滑因此降低了X射线的强度。尽管如此，X射线强度的测量结果仍然比只考虑温度效应的预测要低很多。

因此，晶格畸变作用还要考虑另一个因素。对X射线衍射强度的另一个修正因子是 e^{-M^D}。与德拜-沃勒温度因子类似，畸变因子也与 $(\sin\theta/\lambda)^2$ 成正比。当两个因子都考虑到的时候，预测值与数据相符。

6.3.3　迟滞扩散效应

一般合金从高温单相固溶体降温的过程中，会出现第二相析出、亚稳态分解、结构

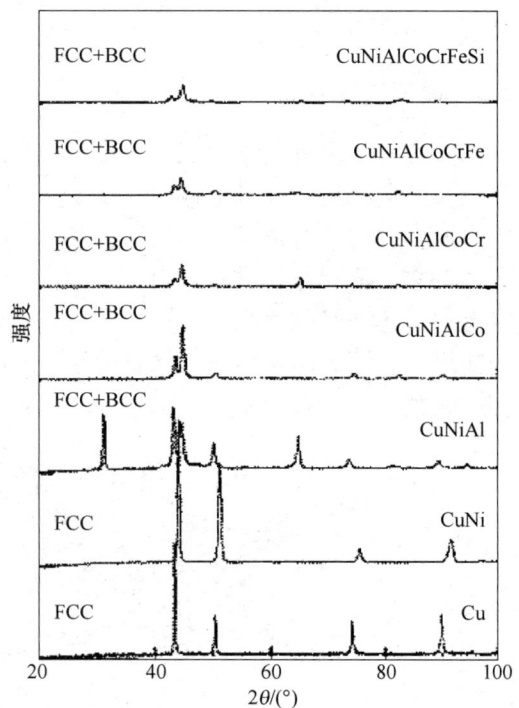

图6-10　不同元素系列合金的X射线衍射图

有序化等现象。这些相转变现象都是基于原子的扩散运动，而多元素造成的原子大小不一，会产生严重的迟滞扩散效应，也就是说高熵合金中的原子很难发生扩散。高熵合金的扩散速度比纯金属甚至不锈钢更慢，即 $\tau_{HEA} > \tau_{SS} > \tau_{PM}$，$\tau_{HEA}$ 是高熵合金的特征扩散时间，τ_{SS} 是不锈钢的特征扩散时间，τ_{PM} 是纯金属的特征扩散时间。这种效应源于以下两个原因。

第一个原因是在原子扩散的过程中，原子四周局部环境的改变造成了化学键的改变和势能的差异。当某个原子进入势能较低的环境，就很难再跃迁到其他位置；而相反来说，当这个原子进入势能较高的环境，它会有很大可能重新回到本来的环境。所以这两种情形里扩散速率都会变慢。这种情况是高熵合金所独有的，因为传统的低掺杂合金原子所处的环境势能大部分是相近的。

扩散中势能的影响能通过计算得出。表示原子运动困难度的主要参数是势能的平均差（MD），它在纯金属中是零。如图 6-11 所示，这张图展示了三个不同的合金系统的两个晶格点之间晶格势能随距离变化的函数。字母 L 表示原子迁移前的位置，M 表示迁移后的位置。纯金属迁移前后原子势能是相同的，其中的原子从 L 迁移到 M 所需的激活能为 E_b。对另两种合金来说迁移前后势能是不同的，原子从 L 到 M 所需的激活能 E_a 增加了 MD/2，即 $E_a = E_b + MD/2$；从 M 到 L 所需的激活能则减少 MD/2，即 $E_a = E_b - MD/2$。因此，在这些合金中，位置 M 是亚稳态的，原子有很大几率重新跃迁到位置 L，因为 L 的势能更低。

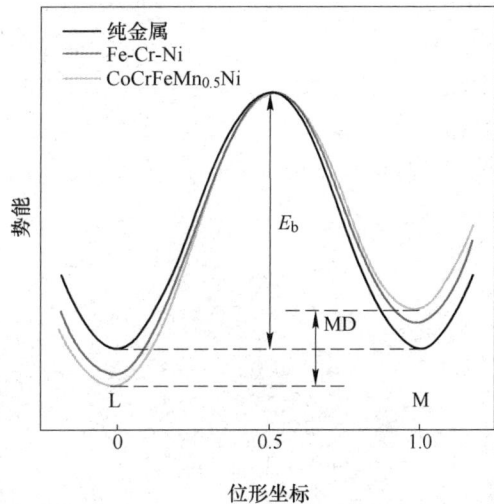

图 6-11　三个不同的合金系统的两个晶格点之间晶格势能随距离变化图

高熵合金严重的迟滞扩散效应的第二个原因是每种原子的扩散速率不同。一些原子不那么活跃，相对来说其势能平均差较低。然而对于一个相变来讲，通常有许多种原子需要运动，因此运动较缓慢的原子成了减缓扩散速度的限制因子。在迟滞扩散效应的作用下，高熵合金在高温下的强度和结构相比传统合金极有优势，这为其在扩散阻挡涂层或抗蠕变结构部件上的应用提供理论依据。

6.3.4 "鸡尾酒"效应

"鸡尾酒"效应特指在高熵材料中，每种组分因其独特的性质，在混合时产生复杂的相互作用，这种效应可能导致材料整体性能的下降或提升。在高熵材料领域，其性能确实深受不同组元成分及其相对比例的影响，通过调控组分含量可以优化高熵材料的性能。然而，高熵材料的"鸡尾酒"效应并非简单地理解为添加更多组分就一定会叠加所有组元各自的优良性能，而是一个涉及多重性能相互交织和整合的过程。

6.4　高熵陶瓷的制备

6.4.1　粉末高熵陶瓷

高品质的高熵陶瓷粉末是烧结块体材料、热/环境屏障涂层的起始材料，也是锂离子电池阳极、催化剂、电磁波吸收剂等的最终产品。根据应用场景和材料体系，已有多种方法用于合成高熵陶瓷粉末包括固态合成、溶胶-凝胶或共沉淀，然后高温煅烧、反应高能球磨、熔盐合成、碳热还原、硼氢化物还原、硼/碳热还原等。Okejiri 等人采用一锅法合成钙钛矿结构纳米颗粒的基于室温超声化学的方法。利用超声处理过程中的声空化现象，通过超声处理暴露而不煅烧结晶平均晶粒尺寸约为 5.9 nm 的单相 $BaSr(Zr,Hf,Ti)O_3$、$BaSrBi(Zr,Hf,Ti,Fe)O_3$ 和 $Ru/BaSrBi(Zr,Hf,Ti,Fe)O_3$ 纳米颗粒，合成示意图如图 6-12 所示。Dong 等人使用溶胶-凝胶法合成了 $(Yb_{0.2}Y_{0.2}Lu_{0.2}Sc_{0.2}Gd_{0.2})_2Si_2O_7$ 粉末。在该方法中，首先将四乙氧基硅烷（TEOS）溶解在摩尔比为 1：4：1 的蒸馏水和乙醇中。然后，在搅拌下将 $RE(NO_3)_3$ 溶液加入到 TEOS 溶液中，直到 TEOS 完全水解。随后，将溶液在 70 ℃下加热 24 h 并在 120 ℃下加热 24 h 得到干凝胶。经 800 ℃煅烧 2 h 和 1500 ℃煅烧 2 h 后，制得了 $(Yb_{0.2}Y_{0.2}Lu_{0.2}Sc_{0.2}Gd_{0.2})_2Si_2O_7$ 粉体。

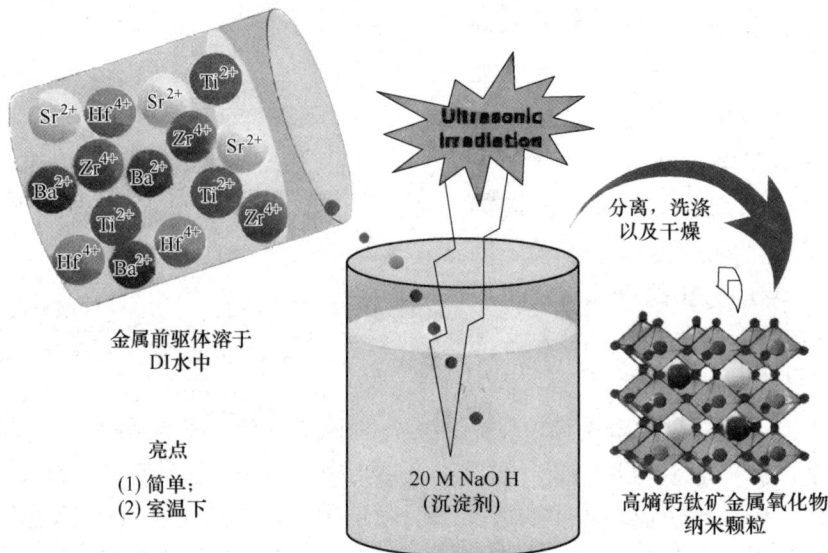

图 6-12 彩图

图 6-12　超声化学法合成 $BaSr(Zr,Hf,Ti)O_3$ 示意图

由于包括过渡金属碳化物和硼化物陶瓷的高熵相变温度陶瓷（UHTC）的致密化通常需要更高的温度，因此减小具有更高表面能的起始粉末的粒度是有益的，这为致密化提供了更高的驱动力。为了实现这一目标，人们采用了各种方法来合成超细高熵碳化物和硼化物粉末。Moskovskikh 等人通过元素过渡金属粉末和石墨颗粒的反应性高能球磨（R-HEBM）合成了高熵 $(Hf_{0.2}Ta_{0.2}Ti_{0.2}Nb_{0.2}Zr_{0.2})C$ 和 $(Hf_{0.2}Ta_{0.2}Ti_{0.2}Nb_{0.2}Mo_{0.2})C$ 粉末。X 射线衍射分析表明，球磨 60 min 后可形成岩盐结构的高熵碳化物。另一个例子是 Guan 等人合成的高熵金属硼碳氮化物在室温下通过机械合金化制备了 $(Ta_{0.2}Nb_{0.2}Zr_{0.2}Hf_{0.2}W_{0.2})BCN$、

$(Ta_{0.2}Nb_{0.2}Zr_{0.2}Ti_{0.2})BCN$ 和 $(Ta_{0.2}Nb_{0.2}Zr_{0.2}Ti_{0.2}W_{0.2})BCN$ 粉末。采用熔盐法制备了 $(Ta_{0.25}Nb_{0.25}Ti_{0.25}V_{0.25})C$ 纳米粉体。Ning 等人以 Ta、Nb、Ti 和 V 粉末为起始原料，KCl 为熔盐介质，在 1300 ℃ 温度下合成了粒径为 50~100 nm 的高熵 $(Ta_{0.25}Nb_{0.25}Ti_{0.25}V_{0.25})C$。除了上述低温工艺外，碳热还原、硼氢化物还原和硼/碳热反应也有利于合成细晶粒高质量粉末。例如，Feng 等人使用过渡金属氧化物和碳粉作为起始材料，在 2000 ℃ 下合成了平均粒径约为 550 nm 的 $(Hf_{0.2}Zr_{0.2}Ti_{0.2}Ta_{0.2}Nb_{0.2})C$ 粉末。Liu 等人使用简易的硼氢化物还原法在 1700 ℃ 下合成了平均粒径约为 310 nm 的 $(Hf_{0.2}Zr_{0.2}Ta_{0.2}Nb_{0.2}Ti_{0.2})B_2$。Zhang 等人使用 B_4C 和石墨粉末作为还原剂，在 1600 ℃ 下通过硼/碳热还原过渡金属氧化物制备了三种高熵硼化物粉末 $(Hf_{0.2}Zr_{0.2}Ta_{0.2}Nb_{0.2}Ti_{0.2})B_2$、$(Hf_{0.2}Zr_{0.2}Mo_{0.2}Nb_{0.2}Ti_{0.2})B_2$ 和 $(Hf_{0.2}Mo_{0.2}Ta_{0.2}Nb_{0.2}Ti_{0.2})B_2$。利用超细高熵碳化物和硼化物作为初始材料，制备了机械性能得到改善的、接近完全致密的块状碳化物和硼化物 HEC。

6.4.2 块体高熵陶瓷

采用上述一系列方法制备得到的高熵陶瓷粉体，在进行后续烧结工序时，所得到的陶瓷块体材料的致密度往往不尽如人意，这一现象可能归因于粉体内部各元素的扩散过程存在滞后效应。为了解决此问题并提升高熵陶瓷的致密度及其性能表现，人们对此也进行了制备方式上的优化。

Jing 等人首先通过碳热法合成了平均粒径为 203 nm 的单相 $(Ti_{0.2}V_{0.2}Nb_{0.2}Ta_{0.2}Mo_{0.2})$ $(C_{0.9}N_{0.1})$ 高熵碳氮化物粉末，随后，在 1600~1900 ℃ 的温度下通过热压制备了 $(Ti,V,Nb,Ta,Mo)(C,N)$ 高熵碳氮化物陶瓷，相对密度为 99.8%，平均晶粒尺寸为 $(0.37\pm0.08)\mu m$，纳米压痕硬度为 $(32.4\pm0.9)GPa$，维氏硬度为 $(24.0\pm0.7)GPa$，断裂韧性为 $(4.87\pm0.25)MPa \cdot m^{1/2}$。Ye 等人通过热压烧结成功制备了一种新型 $(Zr_{0.25}Nb_{0.25}Ti_{0.25}V_{0.25})C$ 高熵陶瓷，具有单一的岩盐晶体结构。在室温下表现出相对较低的热导率为 $(15.3\pm0.3)W/(m \cdot K)$，这是由于固溶效应、纳米板和孔隙率的存在。同时，由于固溶强化机制和纳米板拉出和微裂纹偏转，它表现出相对较高的纳米硬度 $[(30.3\pm0.7)GPa]$、弹性模量 $[(460.4\pm19.2)GPa]$ 和断裂韧性 $[(4.7\pm0.5)MPa \cdot m^{1/2}]$ 增韧机制。此外，热压烧结的过程中无需添加烧结助剂，且在真空环境下进行，不仅促进了烧结过程中的收缩，还有助于改善其微观结构和性能，示意图如图 6-13 所示。

Wang 等人使用金属碳化物为原料，采用放电等离子烧结技术在 1900~2100 ℃ 合成了具有面心立方结构的 $(Mo,Nb,Ta,Ti,V)C_5$ 高熵碳化物陶瓷，密度高于 95.6%，烧结温度的升高有利于促进致密化、晶粒长大和金属元素的扩散。Xu 等人使用金属钴作为添加剂，通过放电等离子烧结技术在 1500 ℃ 时成功地制备了全致密和细晶粒 $(Hf,Zr,Ta,Nb,Ti)B_2$ 陶瓷。结果表明，$(Hf,Zr,Ta,Nb,Ti)B_2$ 高熵陶瓷的相对密度随着 5 vol% 钴的引入，从 49.3% 大幅增加至 99.5%。由于显著降低的烧结温度、高熵基体的缓慢扩散特性和偏折拖曳效应，得到的 $(Hf,Zr,Ta,Nb,Ti)B_2$ 高熵陶瓷晶粒尺寸小至 0.5 μm。在 1500 ℃ 致密化后的维氏硬度达到 $(24.90\pm1.39)GPa$。放电等离子烧结技术的优势在于其快速而均匀的烧结过程，能够在高电流和持续压力的耦合作用下，有力推动粉末颗粒之间的有效扩散与紧密结合，从而大幅提升陶瓷材料的致密度。同时，这一技术还有助于限制晶粒的过分长大，能够塑造出细腻且均匀的晶粒结构，示意图如图 6-14 所示。

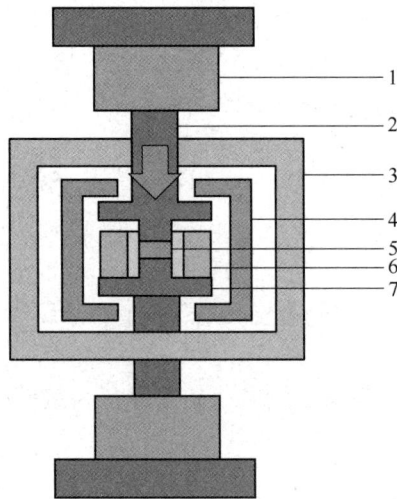

图 6-13　真空热压烧结炉示意图

1—上压头；2—导柱；3—外部腔体；4—加热板；5—混合原料；6—石墨磨具；7—石墨磨具底座

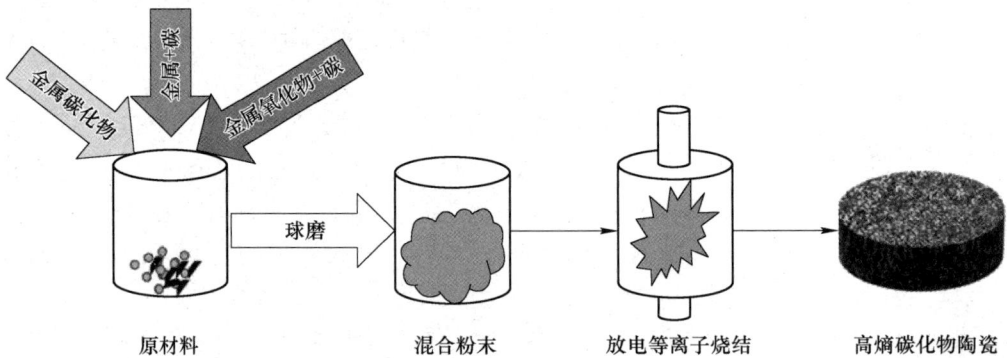

图 6-14　放电等离子烧结制备高熵碳化物的示意图

此外，Li 等人通过振荡压力烧结在 1800~1900 ℃和（30±5）MPa 下持续 1 h，获得了高纯度和致密的（$Zr_{0.2}Ta_{0.2}Nb_{0.2}Hf_{0.2}Mo_{0.2}$）$B_2$ 高熵陶瓷。其相对密度和硬度分别为 96.6% 和（24.0±1.0）GPa，在 30 ℃时的热导率为 12.2 W/（m·K），仅为 ZrB_2 的 10%。振荡压力烧结技术主要通过机械振动使粉末颗粒之间发生旋转碰撞，进一步促进颗粒间的扩散和结合，使陶瓷提高致密性，得到均匀细小的晶粒组织。

6.4.3　薄膜高熵陶瓷

高熵陶瓷薄膜和涂层具有热膨胀系数可调、硬度高、晶粒生长速率慢、稳定性好等优点，在隔热/环境阻隔涂层、硬质涂层、抗氧化和抗腐蚀涂层领域显示出巨大的潜力。

Kim 等采用反应磁控溅射法，通过控制 N_2 流量比（RN：25%~100%）和工艺压力（$1.33×10^{-1}$~1.33 Pa），在硅衬底上沉积了（Al,Co,Cr,Ni）N 高熵氮化物薄膜，结果表明，在不同的工艺条件下，均能制备出等物质的量的非晶态薄膜，在较高压力（1.33 Pa）下制备的薄膜为多孔结构，而在较低压力（$1.33×10^{-1}$ Pa）下制备的薄膜则为致密结构。

性能测试进一步表明，薄膜的硬度、弹性模量及硬度与弹性模量比（H/E）分别由多孔结构的 8.2 GPa、142 GPa 和 0.0577 提高到致密结构的 16.8 GPa、243 GPa 和 0.0692。反应磁控溅射法具有设备简单、易于控制、镀膜面积大和附着力强等优点。磁控溅射的工作原理是在电场的作用下，电子飞向基片过程中与氩原子发生碰撞，使其电离产生 Ar 和新的电子；新电子飞向基片，Ar 在电场作用下加速飞向阴极靶，并以高能量轰击靶表面，使靶材发生溅射，在溅射粒子中，中性的靶原子或分子沉积在基片上形成薄膜，工作原理示意图如图 6-15 所示。

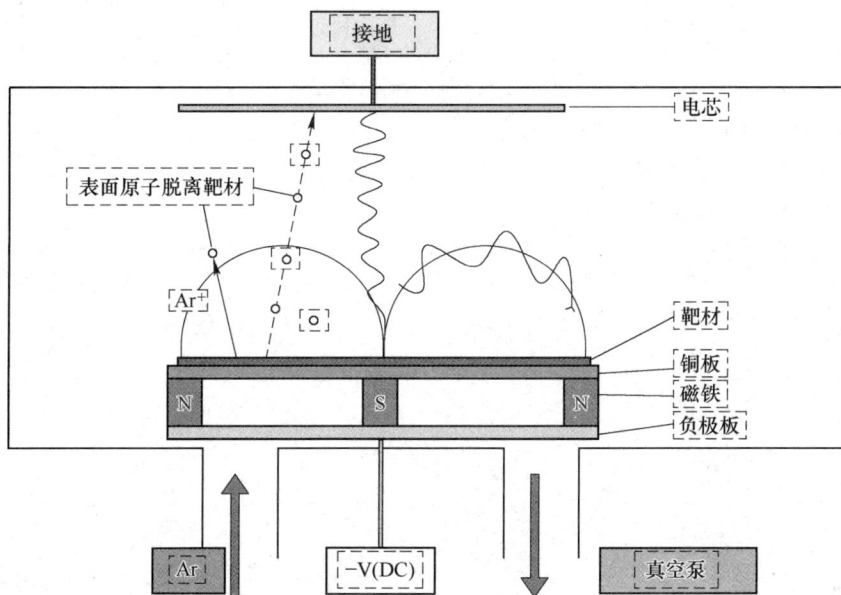

图 6-15　反应磁控溅射法工作原理示意图

★ 课程思政

　　热障涂层（Thermal Barrier Coatings，TBCs）是先进燃气涡轮发动机高压涡轮叶片等核心热端部件不可或缺的关键技术。在航空发动机和地面燃气轮机中，氧化钇部分稳定氧化锆（YSZ）作为陶瓷隔热层材料已得到广泛应用，并取得了显著成效。然而，随着航空发动机技术的快速发展，尤其是对更高推重比和更低油耗性能的追求，传统 YSZ 材料在高温稳定性、隔热性能等方面的局限性日益凸显，已难以满足下一代航空发动机的严苛要求。在此背景下，高熵热障涂层陶瓷材料应运而生，成为突破现有技术瓶颈的重要研究方向。

　　高熵热障涂层陶瓷材料的设计理念源于对传统材料结构的创新性改造。其核心在于通过在特殊原子占位上引入局部高熵设计，利用多主元协同效应来改善材料的综合性能。与传统的单一主元材料相比，高熵设计能够通过调控晶格畸变、电子结构等微观特征，显著提升材料的热物理性能和力学性能。目前，绝大多数高熵热障涂层陶瓷材料都选择稀土元素作为高熵设计的主要成分，这主要得益于镧系元素独特的物理化学特性。镧系元素不仅原子尺寸差异小，而且化学性质相似，这种特性使得它们更容易形成稳定的单相固溶体，从而为材料性能的精准调控提供了可能。

随着研究的深入，高熵热障涂层陶瓷材料的体系也在不断扩展。除高熵稀土锆酸盐外，高熵稀土钽酸盐和高熵稀土氧化物等新型材料也展现出良好的应用前景。这些材料各具特色，例如高熵稀土钽酸盐具有更高的熔点和更好的化学稳定性，而高熵稀土氧化物则可能在成本和生产工艺上更具优势。未来通过进一步优化组分设计和制备工艺，这些材料有望在热障涂层领域实现突破性应用，为下一代航空发动机的发展提供强有力的材料支撑。

课 后 习 题

6-1　高熵陶瓷的定义及特点。

6-2　阐述高熵陶瓷的"四大效应"。

6-3　阐述高熵陶瓷粉体的制备方法。

6-4　阐述高熵陶瓷的应用。

7 功能陶瓷材料

7.1 高导热陶瓷材料

随着社会的进步，科技的发展，热学材料的开发、研究、应用在材料科学和能源开发领域占有极为重要的地位。材料的性能决定其用途，不同材料因其性能的差异，用途也各不相同。大部分陶瓷材料的热传递性能与金属材料的性能相比要差，但陶瓷材料的高熔点、高硬度、高耐磨性、耐氧化、耐腐蚀、材料来源广泛及在声、光、电、热、磁等方面的优异特性和生物、化学等的独特性质，使其应用范围十分广泛。在一些特定领域，如导热、散热领域，陶瓷材料具有的高导热性能、低导电性能使它能够取代金属而发挥作用。

材料的传热性能对其本身的应用价值具有极其重要的影响。在满足基本的应用条件要求，且保证成本低廉的前提下，希望制备的陶瓷材料具有对热能强吸收、高存储、强散热的能力，并且具有较高的导热系数。在一定范围内，通过特定方法增加陶瓷材料的导热系数，将会提高其热传导、热对流、热辐射的能力。因此，在实际应用中，导热系数作为一个重要的物理参数对陶瓷材料的研究有着重要意义。

高导热系数陶瓷材料一般以氧化物、氮化物、碳化物、硼化物等为主，如 AlN、BeO、Si_3N_4、SiC、BN 等。表 7-1 列举了一些相关材料的导热系数供参考对比。

表 7-1 相关材料的导热系数

材料	导热系数/$[W \cdot (m \cdot K)^{-1}]$	材料	导热系数/$[W \cdot (m \cdot K)^{-1}]$
空气	0.028	Al_2O_3	30.00
玻璃	0.960	SiO_2	34.00
瓷器	1.500	MgO	36.00
瓷砖	1.990	致密 MgO 瓷	41.870
滑石瓷	2.200	Si	150.00
大理石	2.080~2.940	Al	230.00
TiO_2	3.400	SiC	270.00
$MgAl_2O_4$	6.600	BeO	270.00
CaO	15.00	AlN	320.00
K_2O	24.00	Cu	390.00
Na_2O	25.00	Ag	420.00
ZnO	26.00	碳纤维	400.00~700.00
Al_2O_3 陶瓷 (Al_2O_3: 96.00%~99.99%)	23.00~32.00	金刚石	2000.00
		石墨烯	4840.00~5300.00

7.1.1 氧化铋基导热陶瓷

我国铋资源非常丰富，已探明储量占世界总储量的 70% 以上，主要分布在湖南、广东、江西、云南四省。铋既具有共价键，又具有金属键特性，这种结构决定了铋具有一系列独特的物化性能，加之其为绿色金属，应用领域不断扩大，年用量从 20 世纪 90 年代的 4000 多吨增长到近几年的 6000 多吨，价格也逐渐升高，从 20 世纪 90 年代初的 2.3~3 美元/磅到近几年的 3~4 美元/磅。日、美为铋消费大国，用量约占世界总用量的一半，铋主要通过深加工后再应用，日本在 20 世纪 90 年代初期氧化铋的生产量就占全部铋用量的 50% 左右。我国近年来铋的年产量均在 2000 多吨，占世界总产量的三分之一以上，其中 60% 以初级铋锭的形式出口，迫切需要提高产品附加值。我国有色金属工业"十五"科技发展计划就明确提出要研究开发电子工业用高纯超细氧化铋粉体材料，迅速在国内实现产业化，形成大的规模生产。国家"973"计划项目"纳米材料和纳米结构"首席科学家张立德研究员提出应实现纳米电子陶瓷粉体材料（如纳米氧化铋）的产业化，在重现性和稳定性上达到国际先进水平，替代进口，以满足国内新一代电子陶瓷元器件的需求。图 7-1 为常温下的氧化铋粉末。图 7-2 为微观下的氧化铋。

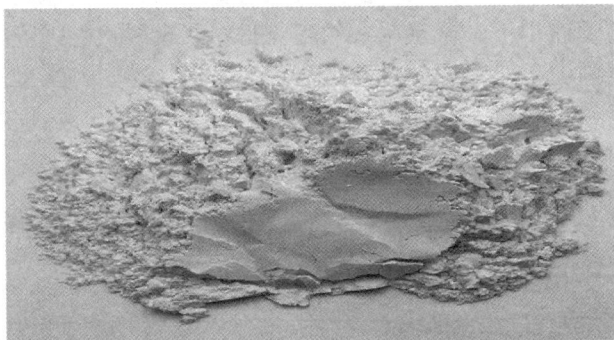

图 7-1 彩图

图 7-1 常温下的氧化铋粉末

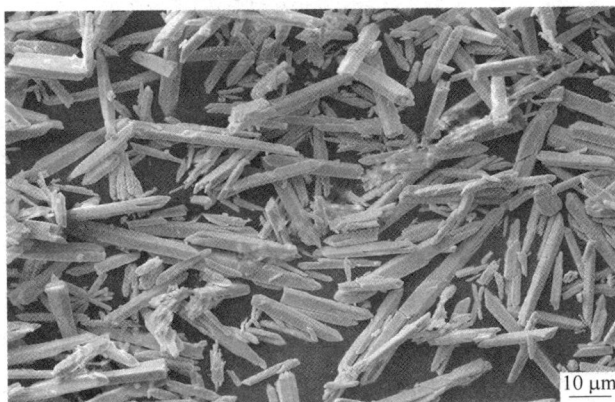

图 7-2 微观下的氧化铋

氧化铋在铋系超导材料原料粉中的含量接近 30%，纯度为 99.99%。随着 Bi-Sr-Ca-Cu-O 系高温超导材料的制备技术取得重大突破，高温超导线材很快形成产业化生产能力，大大促进了氧化铋的应用。现在世界上主要有美国超导公司、日本住友电气公司、丹麦北欧超导技术公司三家单位商业化供应 BSCCO-2223 带材。当前研究的重点集中在工程临界电流密度的提高、机械性能的改善、交流损耗的降低和成本的降低等方面。

美国超导公司持有 BSCCO 短导线实验室临界电流密度的世界纪录，提供的带材性能为：工程电流大于 115 A（77 K），工程电流密度大于 13500 A/cm^2。日本住友电气公司是最早在世界上主导 BSCCO 导线发展的公司，提供的带材性能为：工程电流密度大于 10000 A/cm^2。丹麦北欧超导技术公司提供的带材性能为：工程电流大于 60 A，工程电流密度为 6000 A/cm^2，目前正与德国真空公司建立联盟关系，推动将带材的工程临界电流密度提高到 25000 A/cm^2 的计划。我国自 1988 年以来，一直在开展铋系高温超导材料的研究，目前从事 BSCCO 系超导带材研究的主要有清华大学、北京有色金属研究院、西北有色金属研究院和北京英纳超导技术有限公司。北京英纳超导技术有限公司现已产出单线长度超过 1000 m、单线可通过电流达 43 A、工程电流密度超过 6000 A/cm^2 的铋系带材。

7.1.2　金刚石基导热陶瓷

金刚石陶瓷复合材料是由多种原材料组成的复杂物系，包括金刚石、结合剂、润湿剂、着色剂、成孔剂等材料。陶瓷结合剂原料的主要成分有黏土、长石、石英等，次要成分有滑石、硼砂和硼玻璃。金刚石的传热能力很强，其单晶体在常温下热导率理论值 1642 W/(m·K)，实测值为 2000 W/(m·K)。但金刚石大单晶难以制备，且价格昂贵。聚晶金刚石烧结过程中往往需要加入助烧剂以促进金刚石粉体之间的黏结，从而得到高导热聚晶金刚石陶瓷。但在高温烧结过程中，助烧剂会催化金刚石粉碳化，使聚晶金刚石不再绝缘。金刚石小单晶常被作为提高陶瓷热导率的增强材料添加到陶瓷中。

黏土是一种含水铝硅酸盐类矿物，经过长期风化与地质作用由长石类岩石形成。主要矿物组成有高岭石类、伊利石类、水铝英石、叶蜡石类等。黏土具有良好的可塑性及收缩率、烧结温度、烧结范围等工艺性质。在结合剂中起到了成形和保持干湿度的作用，提高结合剂的耐火度，增加高温劲度，并扩大结合剂的烧结温度范围。石英以硅酸盐化合物的状态存在，构成矿物岩石，能够降低结合剂干燥的收缩率，促进结合剂和金刚石之间形成硅酸盐层，增加结合剂在高温下的黏度。长石作为熔剂材料起到助熔作用。钾、钠、钙、钡是长石中含有的几种主要元素。结合剂中常用的是钾长石，由于其熔融温度较低，熔融范围也较大，熔融体积随温度变化慢，有利于烧成。含量越多制成的磨具强度、硬度越高。滑石可降低耐火度，促使结合剂中玻璃相含量增多，提高复合材料强度，增强热稳定性，提高结合剂的高温劲度。硼砂和硼玻璃能够提高结合剂与金刚石的反应能力，生成强度较高的硼酸玻璃，从而提高整体机械强度。

玻璃料金刚石的结合剂常用玻璃料包括 SiO_2-ZnO-B_2O_3 系玻璃、Na_2O-Al_2O_3-TiO_2-B_2O_3 系玻璃和其他。常作为金刚石陶瓷结合剂基础体系的为钠硼硅酸盐玻璃，因为其具有软化温度低、强度高、化学稳定性好的特点。各种成分的调整依据的是结合剂各种性质，主要包括熔点、热胀性、机械性能等。相关资料显示，碱金属与碱土金属的氧化物的阳离子半径是影响金刚石润湿性的主要因素。碱金属离子半径越大，其润湿性越差；碱土金属氧化物阳离子半径越大，润湿性越好，即 Ba^{2+}>Ca^{2+}>Mg^{2+}>Cd^{2+}>Zn^{2+}。但锶和铍不符合上述规律。Al$_2$O$_3$ 没有很明显的作用于润湿性的改变。

微晶玻璃作为一种新型无机材料，其主要特点是强度、软化温度高，热稳定性能和绝缘性能好。关于微晶玻璃用于结合剂和金刚石磨具的研究还有很大的发展空间。它的原理在于控制温度跟物质组成，使玻璃在热处理后均匀形成多种微晶结构。微晶玻璃兼顾玻璃和陶瓷的特点，但是结构和性能却比两者要好。主要受晶相和非晶相的组成及含量影响。晶粒尺寸较小，结晶度很高。但是工艺也较复杂，不好控制。

另外，还有一些辅料，如润湿剂：水玻璃、糊精、纸浆废液、聚乙烯醇等；着色剂：氧化铁、氧化铬、氧化钴；成孔剂：木炭、焦炭、核桃壳、塑料球等固体成孔剂；浸渍剂：充填于复合材料气孔中的物质，如油酸、硬脂酸、石蜡、石墨、松香等。除上述材料外，陶瓷结合剂中还要添加临时黏结剂，从而使成型料具有必要的成型性能并使金刚石与结合剂混合均匀，增加了坯体的强度，在搬运中不易遭到损坏。常用临时黏结剂包括有机和无机两种。有机黏结剂只是短时间黏结，一旦坯体焙烧完成，它也会随之消失，因此不会影响材料的终极性质。无机黏结剂除起到黏结作用外，还对材料的最终性能有影响。金刚石陶瓷复合材料的制备流程如图 7-3 所示。

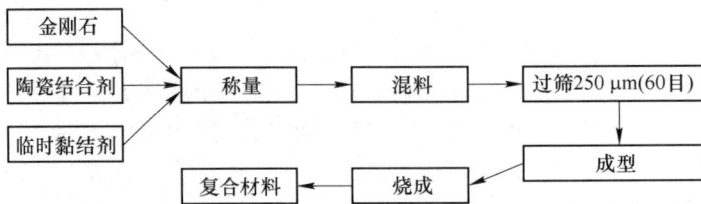

图 7-3　金刚石陶瓷复合材料的制备流程

由于金刚石热稳定性差，必须采用低温烧成。所以结合剂具有以下特点：结合剂熔点较低，可以在较低温度下烧结，节省燃料；烧成时间短，可以改善复合材料质量，减少废品；能够有效地避免金刚石高温氧化的发生。目前多采用的低熔点结合剂主要是由黏土、长石、硼玻璃、萤石、石英、刚玉、水玻璃等几种物质复合而成。

钠硼硅酸盐玻璃是最常用的基础玻璃体系，具有高强度、低软化温度、优异的化学稳定性等特点，调整方案如前面所说，主要是依据熔点、强度、膨胀性、润湿性等特性的要求。关于微晶玻璃用于陶瓷结合剂的应用类型也比较多。主要有硅酸、铝硅酸、氟硅酸、硼酸的盐类等。例如，用氟硅酸盐微晶玻璃作为结合剂，即在镁铝硅系统的基础上，加入强助熔剂氟和钾，通过对氟硅酸盐玻璃料的熔融温度和烧结温度的控制，来满足应用在金刚石结合剂上的要求。

7.1.3　其他导热陶瓷

7.1.3.1　SiC 陶瓷

目前碳化硅（SiC）是国内外研究较为活跃的导热陶瓷材料。SiC 的理论热导率非常高，已达到 270 W/(m·K)。但由于 SiC 陶瓷材料的表面能与界面能的比值低，即晶界能较高，因而很难通过常规方法烧出高纯致密的 SiC 陶瓷。采用常规的烧结方法时，必须添加助烧剂且烧结温度必须达到 2050 ℃以上，但这种烧结条件又会引起 SiC 晶粒增大，大幅降低 SiC 陶瓷的力学性能。

7.1.3.2 Si_3N_4 陶瓷

氮化硅无论在高温还是在常温下都具有韧性高、抗热冲击能力强、绝缘性好、耐腐蚀和无毒等优异的性能，越来越受到国内外研究人员的重视。氮化硅（Si_3N_4）的原子键结合强度、平均原子质量和晶体非谐性振动与 SiC 相似，具备高导热材料的理论基础。Haggerty 等计算出室温时氮化硅晶体的理论热导率为 $200\sim320$ W/(m·K)，但由于氮化硅的结构比 AlN 的结构更为复杂，对声子的散射较大，因而在目前研究中，烧结出的氮化硅陶瓷的热导率远低于氮化硅单晶，但同时这些特点也限制了其规模化推广与应用。

7.1.3.3 BeO 陶瓷

BeO 属于六方纤锌矿结构，Be 原子和 O 原子之间距离小，平均原子质量小，原子堆积密集，符合 Slack 等单晶的热导率的模型高导热陶瓷的条件。1971 年 Slack 和 Austerman 测试出 BeO 陶瓷和 BeO 大单晶的热导率，并且计算出 BeO 大单晶的热导率最高可达到 370 W/(m·K)。目前制备出的 BeO 陶瓷的热导率可达到 280 W/(m·K)，是 Al_2O_3 陶瓷的 10 倍，但 BeO 有剧毒，若被人体吸入会导致急性肺炎，长期吸入会对人的健康产生极其严重的危害，因此 BeO 陶瓷已经被逐步停止使用。

7.1.3.4 AlN 陶瓷

AlN 陶瓷是目前应用较高的高导热材料。AlN 单晶的理论热导率可以达到 320 W/(m·K)，但是由于烧结过程中不可避免的杂质掺入，在 AlN 晶格中产生各种缺陷进而减小声子的平均自由度，从而大幅降低其热导率。除了 AlN 晶格缺陷对其热导率的影响外，晶粒尺寸、形貌和晶界第二相的含量及分布对 AlN 陶瓷热导率也有着重要影响。晶粒尺寸越大，声子平均自由度越大，烧结出的 AlN 陶瓷热导率就越高。但根据烧结理论，晶粒越大，聚晶体陶瓷越难烧结。由于 AlN 是一种典型的共价合物，具有很高的熔点，在烧结的过程中原子的自扩散系数小、晶界能较高，因而通常很难采用常规的烧结方法烧结出高纯的 AlN 陶瓷，必须添加助烧剂来促进烧结。此外所添加的适当的助烧剂还可以与晶格中的氧发生反应，生成第二相，净化 AlN 晶格，提高热导率。

常见的 AlN 陶瓷助烧剂有 Y_2O_3、$CaCO_3$、CaF_2、YF_3 等。目前国内外对添加适当的助烧剂烧结高导热 AlN 陶瓷进行了广泛研究，并且制备出热导率达到 200 W/(m·K) 左右的高导热 AlN 陶瓷。添加助烧剂烧结高导热 AlN 陶瓷的方法目前已广泛应用于生产中，但是由于 AlN 陶瓷烧结时间长、烧结温度高、高品质 AlN 粉价格贵等原因，导致 AlN 陶瓷制作成本高，此外 AlN 还有易吸潮、易氧化等缺点。

7.2 透明陶瓷材料

透明陶瓷，也称为光学陶瓷，是一类能够透过可见光的陶瓷材料的总称。最初的研究是针对热寻的导弹、高压钠灯和战斗机的窗口等应用的需求。自 1961 年 Coble 成功制备了半透明的多晶氧化铝陶瓷（Lucalox）以来，透明陶瓷引起了世界各国材料工作者极大的关注。目前，所开发的透明陶瓷包括 MgO、Y_2O_3、$MgAl_2O_4$、AlON、SiAlON、AlN、YAG 等。

透明陶瓷一方面具有良好的透光性，另一方面要具有结构陶瓷的高强度、高硬度、耐腐蚀、耐高温等性能。透明陶瓷适合做窗口和透镜材料，如比玻璃拥有更高的强度和硬度，且重量轻的镁铝尖晶石（MgAl$_2$O$_4$）和氮氧化铝（AlON）等透明陶瓷材料已在军用车辆、飞机和导弹的前视窗口等方面得到应用。透明陶瓷按其应用特征可分为两大类，透光性陶瓷与光功能陶瓷。前者以可见光透光或红外透波为主；后者则主要体现在透明陶瓷的特殊光功能特性上。窗口用透明陶瓷主要利用的是其透光特性。

7.2.1　陶瓷透明性原理

透明陶瓷要求绝大部分的入射光可以顺利通过该陶瓷体，这样才会有足够高的直线透射率。而入射光通过陶瓷体时一般会有三部分的损失：

（1）表面反射损失，光线垂直入射到陶瓷表面时的反射；

（2）吸收损失，光线通过陶瓷体时因产生电子跃迁/原子振动而被吸收；

（3）散射损失，光线通过陶瓷体时遇见诸如气孔、杂质及夹杂物等而产生各个方向的散射。

三种光损失中，陶瓷固有的反射和吸收显然不可避免，但对多数透明陶瓷影响非常小；散射和第二相吸收是影响直线透射率的最重要因素。

光的透射强度 I 与陶瓷体厚度 t 可以用 Lambert-Beer 关系式表示：

$$I = \frac{(1-R^2)}{1-R^2\exp(-2\beta t)} \cdot I_0\exp(-2\beta t) \tag{7-1}$$

式中，I_0 为入射强度；R 为陶瓷材料反射率；$\beta = \alpha + Sim + Sop$，$\alpha$ 为陶瓷材料线性收缩系数，Sim 为陶瓷体的散射系数（由析出物、残余气孔、添加剂、晶体结构不完整及组成的不均匀性所引起，与粉末纯度、粒度及制备工艺条件直接相关），Sop 为折射在不连续界面上的散射系数，包括晶界、晶界层等界面。而在高性能透明陶瓷中，可以忽略反射率很小的多次反射，则式（7-1）可以表示为：

$$I = I_0(1-R^2)\exp(-2\beta t) \tag{7-2}$$

式中，$\beta = \alpha + Sim$、Sop，即保证高透光率的条件是：α、Sim、Sop 趋于 0，因此必须尽可能地消除吸收和散射，包括残余气孔、晶界相、析出物和杂质，同时保证晶粒尺寸要求。

（1）气孔率。陶瓷体内的气相与尖晶石相的折射率相差颇多，进而产生强烈的光散射；所以获得高透射率的前提是使孔隙率趋近或等于 0。一般制备透明陶瓷需要把残余孔隙率小于 0.1%，和平均孔径分别控制小于 100 nm，图 7-4 是 1 mm 厚、0.01% 孔隙率条件下相对透光率与孔直径的对应关系，相同的入射光下相对透光率随孔径增大而下降；相同的孔径条件，相对透光率会随波长的增加而降低；为保证中红外范围的相对透光率，气孔直径须减小至 100 nm。

（2）晶界相与析出物。其同样与晶体的性质不同，降低多晶陶瓷的均匀性，影响直线透射率；单位体积晶界越多、晶界越厚、杂质越多、排布越杂乱，由

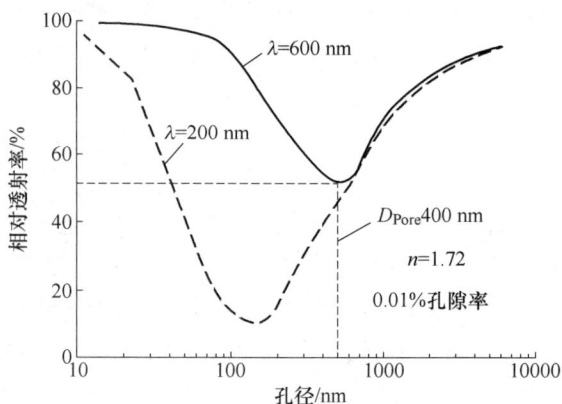

图 7-4　镁铝尖晶石的透射率与孔径的关系
（t = 1 mm，孔隙率 0.01%）

折射率不同引起的连续反射和折射越强烈，相对直线透过率越低。因此想要有效提高镁铝尖晶石透明陶瓷的光学性质，需要尽可能降低晶界数量与厚度、杂质率与气孔率，同时避免制备中可能产生的其他缺陷。

（3）晶粒尺寸，由光散射原理，多晶透明陶瓷晶粒尺寸与入射光波长越接近，造成的 Mie 散射越强烈。最新研究中分别实现了在 1100 nm/86.3%、600 nm/82.5% 和 1064 nm/86.4%、400 nm/79.8% 的最高透射率。

7.2.2 氧化铝透明陶瓷

多晶 Al_2O_3 透明陶瓷开发的最初目的是解决高压钠灯的灯管问题。高压钠灯灯管要求能抗高温钠蒸气腐蚀，而玻璃和石英都不能满足需要，蓝宝石的成本过高且很难制成异形件。采用常规粉末冶金方法烧结的多晶氧化铝透明陶瓷能较好地解决上述问题。目前广泛应用于高压钠灯的高纯度多晶 Al_2O_3，严格说是半透明的。然而氧化铝晶体是六方晶胞结构，属单轴晶体，存在双折射效应，光线通过多个晶粒时将在晶界上产生反复的双折射，从而使透过光强严重衰减，这也导致通过一般方法制备的多晶 Al_2O_3 陶瓷的透明度较差。

一般提高致密度和细化晶粒能改善 Al_2O_3 透明度。在高度致密的 Al_2O_3 陶瓷中，当晶粒尺度进入亚微米乃至纳米级时，双折射现象引起的光学损耗降低，Al_2O_3 陶瓷可由半透明转为透明。要获得细晶粒 Al_2O_3 透明陶瓷，烧结时不仅需要尽可能减少残余气孔，同时也需要尽可能限制晶粒生长。如热等静压烧结（HIP）技术能够在 1200～1300 ℃ 的低温条件下使氧化铝陶瓷的气孔率降低到 0.05% 以下，而晶粒尺寸能够控制在 1 μm 以下。这种方法获得的致密氧化铝陶瓷不仅具有良好的机械性能，通常直线透过率也会高于 50%。图 7-5（a）是相对密度为 99.7% 的 Al_2O_3 陶瓷的显微结构，样品平均晶粒尺寸为 500 nm。图 7-5（b）是不透明（左）和透明 Al_2O_3 陶瓷板（右）的实物照片。左侧不透明 Al_2O_3 陶瓷的气孔率约为 0.3%；右侧透明 Al_2O_3 陶瓷的气孔率低于 0.03%，晶粒尺寸约为 500 nm，杨氏模量约为 400 GPa，抗弯强度为 600～700 MPa，维氏硬度为 20.5 GPa。

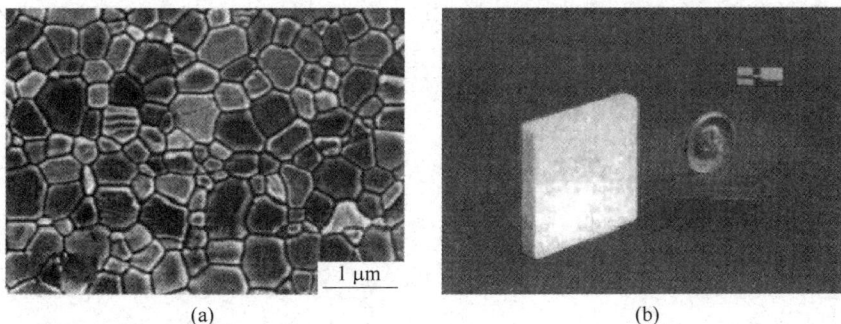

图 7-5 亚微米氧化铝陶瓷的显微结构（气孔率 0.3%）（a）和不透明和透明氧化铝陶瓷的实物照片（气孔率分别为 0.3% 和 0.03%）（b）

气孔对氧化铝陶瓷的直线透过率和总透过率均有显著影响，而晶粒尺寸只对直线透过率有影响。图 7-6 是具有不同晶粒尺寸的 Al_2O_3 透明和半透明陶瓷的实物照片。两块 Al_2O_3 透明（或半透明）陶瓷都经过双面抛光处理，样品厚度均为 0.8 mm，样品在文字上方的高度均为 1 cm。左侧的 Al_2O_3 陶瓷为半透明，平均晶粒尺寸为 20 μm，右侧则是平均晶粒尺寸为 0.5 μm 的 Al_2O_3 透明陶瓷。氧化铝透明陶瓷可以通过在高温下长时间保温以减少晶界数量来获得，但是粗晶粒氧化铝陶瓷的直线透过率通常低于 10%。

图 7-6 电子图

图 7-6 具有不同晶粒尺寸的透明和半透明氧化铝陶瓷照片

除晶粒细化提高透光度外，使多晶体的光轴发生取向排列从而消除双折射也是一种思路。强磁场作用下氧化铝晶体会发生择优取向，其 c 轴将沿磁场方向排列，而氧化铝 c 轴与光轴平行。如通过磁场辅助的注浆成型方法，制备出氧化铝颗粒具有取向性排列的陶瓷坯体，然后经过氢气氛烧结得到光轴相互平行的透明氧化铝陶瓷。磁场辅助注浆成型方法制备的氧化铝陶瓷的透过率曲线如图 7-7 所示。和晶粒无序排列的半透明氧化铝陶瓷相比，透过度大幅度提高。在磁场中成型的氧化铝陶瓷的透过率比不在磁场中成型的样

图 7-7 磁场辅助注浆成型方法制备的氧化铝陶瓷的透过率曲线

品有了突破性的提高，在可见光范围内达到了 50%～60%，并且紫外波段仍然保持较高的透过率。利用强磁场成功制备了织构化的透明氧化铝陶瓷，从本质上消除了晶界双折射的问题，透明氧化铝陶瓷的透过率得到了大幅度提高。

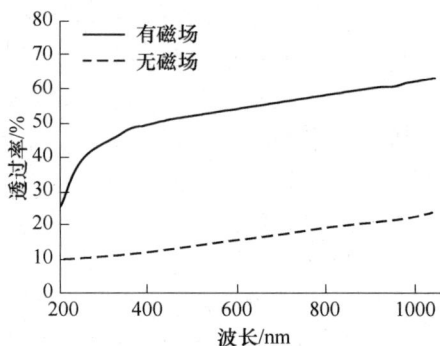

一般来说，氧化铝透明陶瓷都是在氢气气氛中高温烧结而成的。但是近些年也有一些新型的烧结技术来制备氧化铝透明陶瓷，如微波烧结和放电等离子烧结（SPS）技术。在微波烧结工艺中，陶瓷材料在微波场中吸收微波能而转化成热量，致使陶瓷整体加热。与传统的烧结技术相比，微波烧结具有烧结温度低、保温时间短等特点。图 7-8 是在 1750 ℃微波烧结得到的氧化铝陶瓷的透过率曲线。从图中可以看出，随着保温时间的延长，氧化铝陶瓷的透过率有所提高。放电等离子烧结升温速度快，能够在低温、短时间

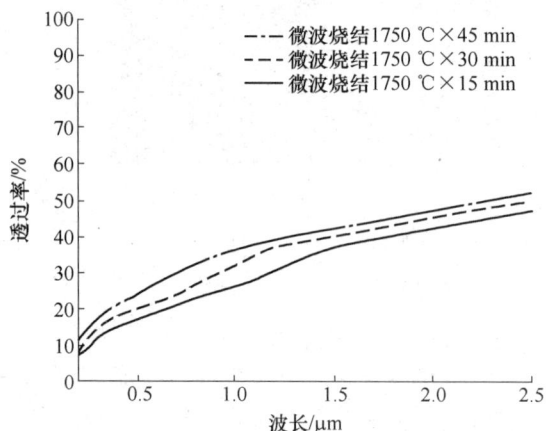

图 7-8 微波烧结氧化铝陶瓷的透过率曲线

内制备致密、细晶粒的氧化铝陶瓷。如以平均颗粒尺寸为 200 nm、无团聚的 Al_2O_3 粉体为原料，采用放电等离子烧结技术（1300 ℃×5 min，170 ℃/min）制备红外透过率高达 85% 的氧化铝透明陶瓷。

7.2.3　镁铝尖晶石透明陶瓷

7.2.3.1　概述

镁铝尖晶石（$MgAl_2O_4$）可以作为透明陶瓷材料，具有立方各向同性、低密度、高熔点、高硬度、高电阻、低热膨胀、高抗热震性、耐腐蚀、高强度、近紫外到中红外的透光性和高温稳定性等优异性能，在国防军事、航空航天、激光照明、医疗器械等众多领域备受青睐；而且已广泛应用于红外制导窗口、高马赫航空器的整流罩、透明装甲和极端环境下的光电设备等关系国防安全与核心竞争力的关键领域。

在诸多透明陶瓷材料中，镁铝尖晶石透明陶瓷具有显著的优点：

（1）密度低于蓝宝石，更易于抛光，降低生产成本；

（2）较高温度下具有比蓝宝石和 AlON 更高的 IR（红外）吸收边缘和 4.8 μm 处用于红外瞄准的排气特征波长下的透射率；

（3）硬度、耐腐蚀性、可见光透射率高于 ZrO_2，但密度更低；

（4）透射率和透射窗口范围虽略逊于 YAG 和 Y_2O_3，但成本更低等。

美国于 20 世纪 70 年代就致力于开发镁铝尖晶石透明陶瓷，以 CaO 为烧结助剂，采用高温烧结方法制备了镁铝尖晶石陶瓷材料，但是样品在紫外和可见光波段只有很低的透过率，光学散射现象严重。20 世纪 80 年代初，Roy 等在美国国防部的大力资助下，采用热压烧结手段，成功研制出了具有优异光学性能和机械性能的镁铝尖晶石透明陶瓷。

7.2.3.2　镁铝尖晶石晶体结构

镁铝尖晶石属于立方晶系，Fd_3m 空间群，其通式表述为 AB_2O_4。镁铝尖晶石的晶胞是由 32 个 O^{2-} 作面心立方米堆积，在 O^{2-} 的立方体中分别形成八面体空位和四面体空位的数量为 32 个和 64 个，在这些空位中，A^{2+} 离子和 B^{3+} 离子分别占据 1/8 的四面体空位和 1/2 的八面体空位，如图 7-9 所示，A^{2+} 和 B^{3+} 在一个晶胞的 8 个小立方单元中交替排列，同时尖晶石的晶胞参数主要由阳离子（即 A^{2+} 和 B^{3+}）的比例决定。此外，尖晶石容易发生阳离子位置的互换，造成尖晶石从有序到无序的转变，为了方便表述，阳离子位置互换通常用反位参数 i 表示，即无序尖晶石表示为 $(A_iB_i)(A_iB_{2-i})O_4$。其中，$i=0$ 时为正尖晶石结构，$i=1$ 时为反尖晶石结构，这种阳离子部分互换现象一般发生在人造尖晶石中，通常 i 的取值范围为 0.1~0.6。

镁铝尖晶石的相图如图 7-10 所示，其化学计量范围非常广泛，而且在 1600 ℃ 时形成唯一相。镁铝尖晶石的形成过程也是 Mg^{2+} 和 Al^{3+} 两种金属阳离子反扩散进入固定氧晶格的过程，过程中 Mg^{2+} 的扩散率略大于 Al^{3+}，伴随放热和 5%~8%（体积分数）的膨胀现象。由图 7-10 可知，化学计量比的镁铝尖晶石相在 1000 ℃ 左右开始形成，在接下来很大的温度范围内都可以形成不同化学计量比的镁铝尖晶石单相，其中 MgO/Al_2O_3 的取值为 0.11~1.66；而当 MgO/Al_2O_3 的取值为 0.33~1.02 时，即可以制备透明陶瓷块体。

7.2.3.3　镁铝尖晶石透明陶瓷的应用

A　透明装甲

随着军工不断发展，弹丸破坏力也不断提高，其中一些甚至可以达到 10 km/s 的速

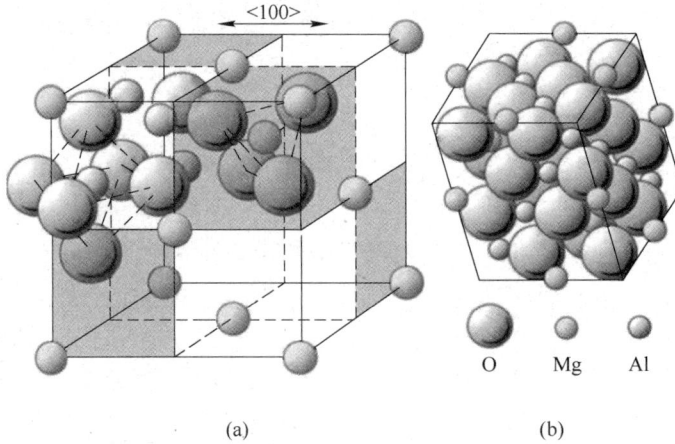

图 7-9 尖晶石的晶胞对称性(阴影) 及八面体和四面体间隙 (a) 和密排结构的透视图 (b)

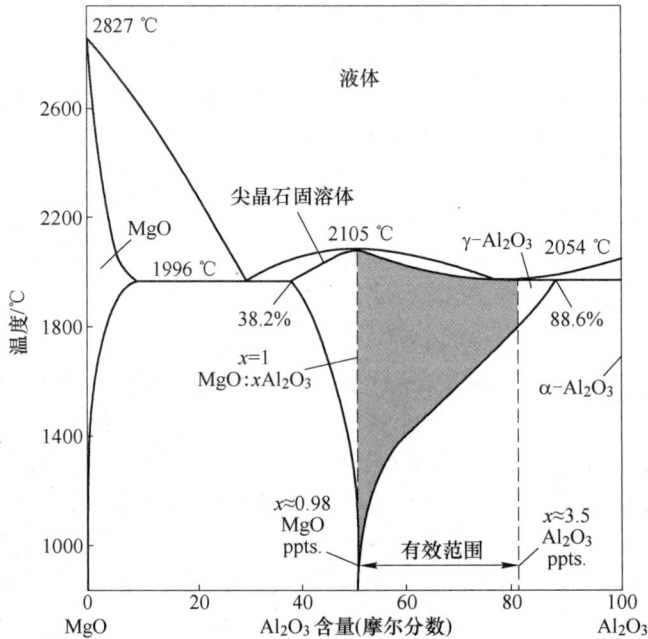

图 7-10 镁铝尖晶石的相图

度,在这样的速度下,普通透明装甲就像具有流体动力渗透机制的流体一样,失去装甲效能,使得装甲系统的设计越来越困难。而对于透明装甲系统,其可选择材料的范围被高可视透明度的要求所限制。目前最受欢迎的解决方案是玻璃或玻璃与透明有机物(例如聚碳酸酯(PC))的多层复合材料;广泛使用的玻璃透明防弹窗通常大于 0.127 m,以提供所需的多次撞击弹道防护,这不仅增加了已经因其重量限制而加剧的战术车辆的磨损成本,而且相对较软的玻璃面板在现场会因岩石损坏和吹沙而磨花,从而导致较大的更换成本,而镁铝尖晶石透明陶瓷则具有很高的抗弹性能、质量轻、透光率高、成本较低、可批量生产等,可以很好地满足防弹装甲的要求。可应用于面罩和面罩形式的人员护具,地面车辆和装甲车的窗户及挡风玻璃和飞机的后视窗户等,如图 7-11 所示。

(a)

(b)

(c)

(d)

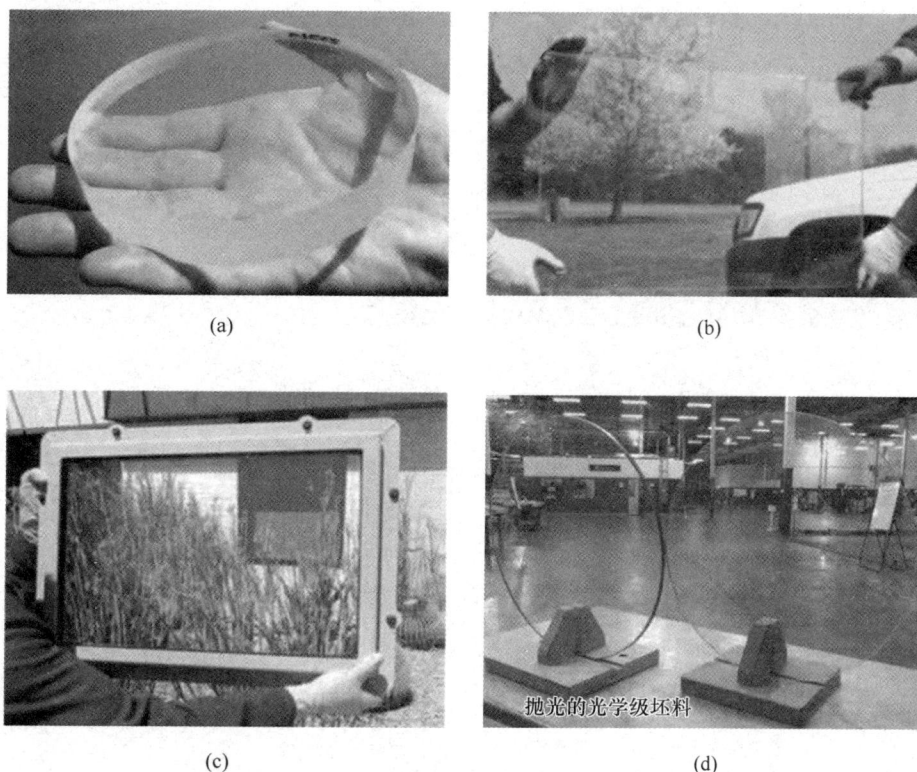

图 7-11 镁铝尖晶石装甲窗口

（a）17.4mm 厚圆窗；（b）（c）14.5×21.75 英寸、29×19 英寸矩形窗（1 英寸 = 25.4 mm）；
（d）Armorline 公司制备的大尺寸镁铝尖晶石透明陶瓷样品照片

图 7-11 彩图

B 红外窗口

透明装甲需要在可视波段中保持透明，但对于许多其他设备而言，在中红外波段的具有透明性的窗口更具有吸引力。在该领域中最苛刻的应用之一是用于保护导弹的红外传感器的飞行器整流罩（半球形或圆锥形）。这些零件必须能承受雨滴和沙粒的影响，而雨滴和沙粒会产生大量腐蚀和严重的热冲击。它们还需要在高温（以 4 马赫飞行的导弹的端部可达到接近 1000 ℃ 的温度）下具有低发射率；否则窗户发射的噪声会降低红外传感器的灵敏度。在实际运用中，传感器在中波大气窗口（3~5 μm）或长波窗口（8~14 μm）内工作。根据工作条件，一个或另一个窗口是有利的可以用于两种类型的窗户的红外透明陶瓷。长波长窗口允许在室温下收集更多的 IR 能量，并且对窗口发射更为宽容；中波窗口在高温下更敏感，尖晶石作为窗口材料（见图 7-12），在高达 5 μm 的波长下透明性优于蓝宝石和 AlON，并且在 0.25~5.5 μm 范围内具有优异的高光学和中红外透明性。

C 激光器

镁铝尖晶石透明陶瓷可用于激光器增益介质，与传统激光材料（玻璃和单晶）相比，主要优点是成本低同时具有较高的导热率、强度和较低的热膨胀率，使其具有较高的抗热震性，对于需要大尺寸和重掺杂的高功率器件而言，这一方面至关重要。虽然陶瓷激光器避免散射更困难，但是由于其较低的制造成本以及生产大尺寸和/或复杂形状物品的可能

图 7-12　镁铝尖晶石圆顶

图 7-12 彩图

性，在某些情况下（例如高能粒子加速、聚变反应点火、汽车发动机点火和火炮点火装置、UV 光刻机、激光武器等），镁铝尖晶石等透明陶瓷是更好的选择。

D　高效光源用具

在人类社会的生产生活中高质量且节能的照明光源是不可或缺的，也是主要的能源消耗之一，在资源日趋紧俏的今日，提高照明设备的效率和寿命是相当必要的。镁铝尖晶石透明陶瓷的立方晶系比六方晶系的氧化铝更易得高透光产品，兼具高透光和相当高的极端环境适应性，可作为新型气体放电灯具外壳和同步辐射光源的关键组件，可节省相当可观的照明能源。

E　其他应用

镁铝尖晶石透明陶瓷耐腐蚀、强度高且在可见光和中红外波段的具有高透性，耐极端环境的同时又无需采取降温辅助。因此，还可用作各种特种设备的观察和探测窗口，如测距和瞄准的多光谱窗口、微型和渐变折射镜片和激光开关等。

此外，透明尖晶石陶瓷还有望用作核反应堆壁材料、低压高频电容器、感应线圈骨架、光纤及光纤传感器、光学计算机部件、医用手术刀具，高档手表、精密仪表的壳体及镜面和各种护目镜片等。

7.3　陶瓷基透波与吸波材料

7.3.1　陶瓷基透波材料

高温透波材料，又称热透波材料，通常指使用温度 1000 K 以上，电磁波透过率大于70%的材料，主要用于制备高超声速飞行器（例如运载火箭、飞船、导弹及返回式卫星等飞行器）的天线罩（窗）等。图 7-13 为美国 Ceradyne 公司生产的熔融石英陶瓷天线罩。

天线罩位于飞行器的机舱鼻部，作用是保护内部雷达天线的正常有效工作，既是飞行器的结构件，也是制导系统的重要组成部分。天线罩应具有合适的气动外形，多为锥形或半球形，而天线窗一般为平板状，位于飞行器的侧面。天线罩服役环境更为苛刻，在飞行器飞行中既要承受因加速度引起的机械应力和因气动热产生的高温，又要作为传输电磁波的通道，保证信号的正常传输；同时面临大气中雨滴的侵蚀和粒子的碰撞。天线罩在这样恶劣的环境下保护飞行器通信、遥测、制导、引爆等系统正常工作，是一种集隔热、透波、承载、耐候等高性能要求于一体的结构/功能部件。随着飞行器技术的发展，天线罩正在向耐高温、宽频透波及隐身等方向发展，对天线罩材料的性能要求逐步提高。

图 7-13　美国 Ceradyne 公司生产的熔融石英陶瓷天线罩（白色）

图 7-13 彩图

由于气动加热效应，温度随速率的平方成比例变化，随着飞行器速率的增大，处于飞行器气动力和气动热最大最高位置的天线罩需承受的温度和热冲击越来越高。新一代战术导弹的再入速率可高达几十个马赫，高温透波材料的研制水平成为影响导弹技术发展的关键因素之一。

二氧化硅材料体系主要指石英玻璃、石英陶瓷材料及石英纤维织物增强二氧化硅复合材料。在无机材料中，石英陶瓷材料以其优良性能不仅能适用于飞行速度 $3.68 \times 10^3 \sim 6.13 \times 10^3$ km/h 的导弹天线罩，还能满足再入环境条件下的热绝缘和抗热冲击特性要求及雷达透明性要求。但对于中程导弹机动飞行弹头，由于其飞行马赫数高，且加热时间相对较长，采用单一的石英陶瓷材料不能满足热应力的承载要求。因此，从 20 世纪 70 年代开始，苏联已在几种中程精确制导导弹中淘汰石英陶瓷罩，改用复合材料或复相陶瓷天线罩。

一般来说，高马赫数短时间飞行可采用硅质纤维增强二氧化硅基复合材料、含除碳剂的硅树脂基复合材料或复相陶瓷；中低马赫数长时间飞行必须选用不碳化的陶瓷基复合材料，如织物增强磷酸盐和二氧化硅基体等。经纤维增强后的石英陶瓷材料天线罩在电性能方面不会受到影响，材料的介电性能稳定，且强度比原来提高 14% 左右。除采用纤维增强石英陶瓷外，还可采用退火、制造表面压应力层、弥散颗粒增强等方法来提高石英陶瓷天线罩的强度。在石英陶瓷天线罩表面形成一个压应力层，使石英陶瓷天线罩表面裂纹扩展时产生的局部张应力能得到中和，改善那些主要由于表面裂纹引起破坏的因素。同时表面压应力层可防止并减少磨损和其他表面损伤造成的强度下降，减少表面损伤的扩展。可采用化学气相沉积法在石英陶瓷材料表面涂覆石英玻璃层来作为表面压应力层，具体方法是：碳化硅经水解、氧化后沉积在石英陶瓷表面上，形成一层无定形疏松的二氧化硅层，然后经高温熔烧成为薄层。这种方法可以在不损伤基体的温度下形成表面压应力层，而且可以弥合陶瓷的气孔和表面裂纹，使陶瓷材料强度得到增强。

氮化硅基陶瓷是结构陶瓷综合性能最好的材料之一，不仅具有优异的力学性能、很高的热稳定性，而且具有较低的介电常数。它的分解温度为 1900 ℃，介电常数和介电损耗分别为 7 和（4~4.5）×10^{-3}，抗烧蚀性能比熔融石英好，能经受 7.35×10^3~8.58×10^3 km/h 飞行条件下的热震冲击。氮化硼陶瓷具有比氮化硅陶瓷更好的热稳定性、更低的介电常数和介电损耗，是为数不多的分解温度能达到 3000 ℃ 的化合物之一，且在很宽的温度范围内具有极好的热性能和电性能稳定性，其介电常数及介电损耗分别为 4.5 和 0.3×10^3，但力学强度偏低，抗雨蚀性不足。因此，采用氮化硅与氮化硼复合制备的氮化硅/氮化硼复合材料具有更稳定的热物理性能、低介电常数和更高的力学性能，完全能够承受在高马赫数飞行条件下对天线罩材料防热、承载、透波等要求。

磷酸盐复合材料在航天透波材料领域获得实际应用的主要是硅质纤维增强磷酸铝、磷酸铬及磷酸铬铝复合材料。一般按如下工艺制备磷酸盐复合材料：首先将纤维织物预处理，然后用准备好的磷酸盐真空浸渍，最后在 1~1.5 MPa、150~200 ℃ 固化。制备过程中的关键技术问题是确定合成磷酸盐合适物质的量比，选择合适的 pH 值对纤维进行保护处理及降低固化温度。经复合固化后的磷酸铬复合材料在 1200 ℃ 以下其力学、物理性能保持良好，电性能稳定，而磷酸铬铝基复合材料在 1200~1500 ℃ 及磷酸铝复合材料在 1500~1800 ℃ 均具有稳定的性能，这类材料在巡航导弹、反导型、战术型导弹及航天飞机上获得了应用。

国外透波材料的研究始于 20 世纪 50 年代初，多年来投入了大量的人力和物力，目前已开发出多种透波材料体系，主要分为两大类，有机透波材料和无机透波材料，即高分子透波材料和陶瓷透波材料。高分子透波材料包括玻璃纤维和石英纤维等无机纤维增强树脂（聚酯树脂、环氧树脂、氰酸酯树脂、氟树脂、双马来酰亚胺树脂和聚酰亚胺树脂等）复合材料。陶瓷透波材料包括氧化铝陶瓷、微晶玻璃、石英陶瓷、氮化硅陶瓷，以及玻璃纤维和石英纤维等无机纤维增强氧化硅、磷酸盐等陶瓷复合材料。高分子透波材料使用温度低，难以满足高马赫数高性能导弹的使用要求，因此国外大力开发无机陶瓷透波材料。如美国研制的高性能雷达天线罩采用石英纤维增强氧化硅基复合材料（即陶瓷复合材料），俄罗斯则采用磷酸盐陶瓷复合材料，如石英纤维增强磷酸铬。氧化硅基陶瓷复合材料制备工艺如下：有机硅树脂浸渍、高温裂解并除碳转化为二氧化硅基体。其特点是使用温度高（可在 1000 ℃ 以上长期使用）、介电性能好（介电常数为 3.1~3.2），缺点是多次高温除碳对增强纤维强度损伤大，存在强度低、易吸水等缺点，吸水后介电性能和强度下降。磷酸盐陶瓷复合材料的强度比氧化硅基体复合材料高，弯曲强度可达 120 MPa，压缩强度为 75 MPa，但介电性能比氧化硅基体复合材料差，介电常数为 3.65，介电损耗角正切值为 0.01，使用温度低，在 800 ℃ 以下具有与石英类材料相近的介电性能。因此，国外积极开发新型高温透波材料体系。美国新近开发了无机硅聚合物基透波复合材料，与有机硅树脂相比，这种无机硅聚合物（DI-100 树脂和 DI-200 树脂）具有使用温度高、无需高温除碳、复合材料强度高等特点。DI 树脂在 650 ℃ 保温 30 h 质量损失仅为 4% 左右，DI-100 树脂在 1600 ℃ 的质量保留率高达 78%。研制的石英纤维织物（2D 和 3D 织物）增强无机硅聚合物的性能见表 7-2。

表 7-2　石英纤维增强无机硅聚合物基体复合材料的性能

性　　能	3D Q/DI-100	2D Q/DI-200
拉伸强度/MPa	241	269
弹性模量/GPa	13.1	17.9
压缩强度/MPa	131	63.4
室温热导率/[W·(m·K)$^{-1}$]	0.43	—
线膨胀系数/℃$^{-1}$	<1.8×10^{-6}	—
ε（室温约为1093 ℃）	<3.5	—
tanδ（室温约为1093 ℃）	<0.01	—

　　以氮化硅为基本组成的陶瓷复合材料天线罩是西方研究的主要目标之一，除继续改进热压氮化硅、反应烧结氮化硅制造技术外，在氮化硅工艺技术上也取得了进展。1995 年，在美国海军部资助下，美国研究出以磷酸盐为黏结剂、烧结温度不超过 900 ℃的无压烧结氮化硅陶瓷材料。该材料 20 ℃时的介电常数 ε 为 4.03，1000 ℃时介电常数变化率为 5.2%，抗弯强度为 85 MPa。1997 年，在美国陆军部资助下，美国研制出以无压烧结 SiON 纳米复合材料陶瓷天线罩，应用于超音速飞行器。该材料在 20 ℃、1000 ℃的介电常数和介电损耗分别为 4.78、5.0 和 0.0014、0.0025，介电常数变化率不到 4.7%，抗弯强度为 190 MPa，约为石英陶瓷强度（48 MPa）的 4 倍，硬度是石英陶瓷的 2~5 倍，综合性能显著优于石英陶瓷。

　　美国、以色列等在类泡沫氮化硅陶瓷耐热宽带材料方面发展较快。研制的一种氮化硅天线罩材料，其介电性可满足 ε 为 2.5~8、tanδ<3×10^{-3}，而且强度高、耐雨蚀性能良好，可耐 1600 ℃以上高温。它是由一种低密度、多孔结构氮化硅，外加一层高密度氮化硅组成的，高密度氮化硅不透水且质地坚硬，以增强抗雨蚀、抗烧蚀能力。

　　随着现代战争的需要及导弹技术的飞速发展，飞行器的飞行马赫数在不断提高，透波材料的应用越来越广泛，要求也越来越严格。天线罩位于导弹最前端，既是弹体的结构件，又是制导系统的重要组成部分，是一种集隔热、透波、承载、耐候、气密、抗冲击等高性能要求于一体的多功能部件。随着科学技术的进步及现代战争的需要，导弹正朝着战场生存能力更强、突防速度更快、打击精度更高的方向发展。导弹面临的工作环境更加恶劣，对天线罩用透波材料提出了更为苛刻的要求，如耐高温、耐烧蚀、耐冲刷、抗热震、优异的力学性能和介电性能等。

　　陶瓷材料由于其优异的高温性能成为高温透波领域的主要候选材料。考虑到透波材料对介电性能的特殊要求，即介电常数较低、介电损耗角正切小，可作为候选的材料屈指可数。到目前为止，陶瓷透波材料主要包括氧化物、氮化物和氮化硼，以及由上述物质组成的复相陶瓷等。氮化硅陶瓷是结构陶瓷中综合性能最好的材料之一，它的电学、热学和机械性能十分优良，在氧化气氛中可以使用到 1400 ℃，在中性或者还原性气氛中可以使用到 1850 ℃。它既突出了一般陶瓷材料的坚硬、耐热、耐磨、耐腐蚀的优点，又具备了抗热震性好、耐高温性能好、自润滑特性好、化学稳定性能佳等特性，还具有相对较低密度和低的介电常数、介电损耗等优良的介电性能，已成为透波材料科学研究领域中的热点。

　　高温透波材料是在恶劣使用环境条件下保护飞行器的通信、遥测、制导、引爆等系统正常工作的一种多功能电介质材料，广泛应用于运载火箭、飞船、导弹及返回式卫星等再入飞行器。高温透波部件按其结构形式主要分为天线窗和天线罩两大类，用于保护雷达能够在高速飞行中正常工作，是发出和接收信号的通道。天线窗和天线罩不仅是无线电雷达系统的重要组成部分，还是飞行器的重要结构部件，要承受飞行器在飞行过程中严苛的气动力和气动热。根据其重要性次序，高温透波材料的评价指标分别为：（1）介电性能；（2）抗热震性；（3）力学性能；（4）抗雨水冲蚀性；（5）材料制造和加工的可行性；（6）重量；（7）价格。高温透波材料的主要衡量标准为介电性能、抗热震性能和力学性能，分别对应于透波、防隔热和承载的要求。

透波性能是高温透波材料使用性能的首要参数，是设计选材的重要依据。高温透波材料首先需要能够满足在频率 0.3~300 GHz、波长 1~1000 nm 范围内保证电磁波的通过率大于 70%，以保证飞行器在严苛环境下的通信、遥测、制导、引爆等系统的正常工作。通常来讲，具有低介电常数、低介电损耗角正切值的材料，通常具有较高的透波率。飞行器用高温透波材料的介电常数通常应该在 10 以下。如果材料具有较高的介电常数，则需要降低壁厚以满足其透波性能，这将会对材料的力学性能和加工精度提出更为严苛的要求。材料的损耗角正切值越小，则电磁波透过过程中转化成热量而产生的损耗也就越小。因此，高温透波材料的损耗角正切值通常要达到 10^{-4}~10^{-3} 数量级，以获得较为理想的透波性能和瞄准误差特性。此外，为了保证在气动加热条件下尽可能不失真地透过电磁波，高温透波材料应具有稳定的高温介电性能。

随着军事技术的发展，要求进一步拓展导弹的打击范围和精确制导，这对导弹的关键部件天线罩提出了宽频带透波的要求。典型的宽频带天线罩要求的频带宽度基本覆盖了 95% 的工作频段。对于宽频带天线罩，多采用多层罩壁结构来满足频带宽度的要求。宽频带天线罩一般是采用薄壁结构或夹层结构。薄壁结构是在最高频率上其蒙皮厚度不大于介质内波长的 1/20，这种结构的强度性能较差，不能满足高速飞行导弹对强度性能的需求。夹层结构是应用较为广泛的一种宽带天线罩结构形式，需要较低介电常数的芯层和较高介电常数的表层复合成 A 夹层或 C 夹层结构。因此需要匀质、低介电低损耗又耐高温的芯层材料，再复合上较高介电常数的内外表层。多孔氮化硅陶瓷具有较低的介电常数、介电损耗、低密度，良好的隔热性能及合适的强度，是耐高温宽频带透波材料比较合适的天线罩芯层材料，是制备 A 夹层或 C 夹层宽频带透波天线罩材料的关键。

多孔氮化硅陶瓷透波材料密度低，耐热性能良好，使用寿命长，介电常数随气孔率的多少可调，优异的介电性能使其在航空航天透波材料（天线罩、天线罩）的研制方面有很大的应用空间。采用多孔氮化硅陶瓷材料的宽频带天线罩可以加工成双层结构或多层结构，芯层为高气孔率氯化硅陶瓷，表层为低气孔率陶瓷，厚的芯层提供了足够的抗弯强度，而致密表面提供抗雨蚀和防潮功能。因此，这种材料能在高超速宽频带导弹天线罩中应用，是高超音速飞行器宽频带天线罩的可选材料之一。

7.3.2　陶瓷基吸波材料

雷达隐身技术对于武器装备的战场生存、突防及作战能力的提升有着重要意义，自第二次世界大战以来得到了各军事强国的广泛关注，也是先进武器装备的重要战技指标之一。随着近年来现代战争攻防转换加快，各类空间探测技术及战略防御系统的协同打击能力显著提升，武器装备的多角度、全方位隐身技术成为当前隐身技术领域的重要发展方向。

采用吸波材料是实现武器装备雷达隐身功能的重要途径之一，然而，传统的磁性粒子填充高分子吸波材料在高温下会发生性能下降和化学分解，无法满足巡航导弹帽头端、发动机尾喷口、超高音速飞行器表面等武器装备高温部位的隐身需求，严重限制了全方位隐身技术的发展，开发耐高温、耐腐蚀、抗氧化的吸波材料势在必行。

对于发动机尾喷口等高温部位而言，其服役温度可高达 900 ℃（甚至 1000 ℃以上），同时面临着高速气流冲刷、氧化及燃气腐蚀等恶劣的环境威胁，对耐高温吸波材料的研发提出了严峻的要求与挑战。考虑到武器装备对推力、质量、可靠性的要求，结构功能一体化的耐高温结构吸波复合材料更具先进性优势。陶瓷基耐高温结构隐身复合材料是以先进陶瓷基复合材料为基础发展起来的结构功能一体化复合材料，具备结构承载和雷达吸波双重功能，而且保留了陶瓷材料耐高温、耐腐蚀等优点，适用于发动机尾喷口等超过 1000 ℃的使用环境，是未来武器装备实现包括高温部位在内的全方位隐身技术指标的重要材料，具有广泛应用前景和战略意义。战斗机、巡航导弹等空中武器装备，其局部工作温度可达 700 ℃（甚至 1000 ℃以上），常温雷达吸波材料已难满足需要，高性能高温雷达吸波材料可以确保空中武器系统的战场生存能力。

国防科技大学利用自主研制的吸波 SiC 纤维，通过基体掺杂及多目标耦合场设计技术，制备出了具有隐身/承载/隔热一体化功能的 SiC_f/SiC 陶瓷基吸波材料。当材料厚度为 5 mm 时，小于−10 dB 的带宽可以达到 9 GHz［见图 7-14（a）］；材料厚度为 8 mm 时，6.5~16 GHz 反射率均可小于−10 dB［见图 7-14（b）］，并且吸收频段可以根据需要调节。复合材料的密度约为 1.8 g/cm³，三点弯曲强度约为 300 MPa，线烧蚀率为 0.078 mm/s（最高烧蚀温度 1860 ℃）。材料达到了较好的承载/吸波/抗烧蚀一体化功能，为后期应用奠定了较好的基础。

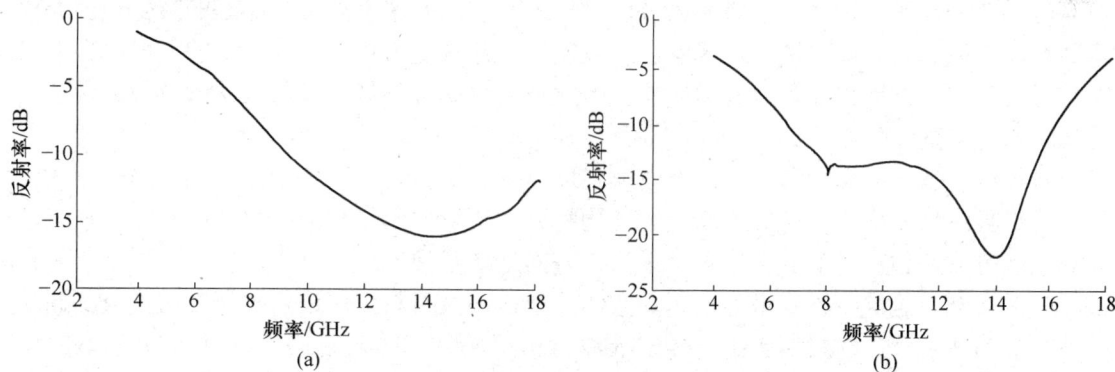

图 7-14 SiC 陶瓷吸波材料的吸波性能
（a）5 mm；（b）8 mm

在陶瓷基复合材料中，以连续纤维增强的复合材料性能最为优异，具有高比强度、高比模量、易成型复杂构件、加工性能好、耐烧蚀、抗氧化等优异性能，是目前较为理想的高温结构吸波材料体系。连续纤维增韧陶瓷吸波材料由于其内部长纤维在陶瓷基体内的出色增韧效果，在结构承载和吸波功能的综合性能上更具优势，在航空发动机等热端部位具有重要应用前景。

随着电子产品的广泛应用，电磁波泄漏和干扰成为普遍问题，迫切需要发展新一代高性能吸波材料。SiC陶瓷及陶瓷基复合材料具有耐高温、耐腐蚀、抗氧化、高强度、低密度、介电性能可设计等优异特性，是极具潜力的吸波型热结构材料。化学气相渗透和先驱体转化陶瓷法可实现陶瓷材料的微结构设计，是制备高性能吸波型热结构陶瓷的主要方法，日益受到关注。

现代社会中电子产品得到了前所未有的普及。手机、电视、电脑、雷达等已成为常用设备。随着这些电子设备的应用，电磁波泄漏的问题变得日益严重。有电流通过的电路就会产生电磁波，如未采取有效防护会导致电磁泄漏。电磁泄漏不但会污染环境，对生物健康产生不可预知的影响，还会对处在其中的其他电路产生影响，致使其不能正常工作。基于这些实际问题，迫切需要一种能够保护环境和设备免受电磁干扰的材料。因此，电磁屏蔽材料得到了越来越多的关注。

电磁屏蔽主要包括反射和吸收两种机制。传统的电磁屏蔽材料是金属材料。金属因具有高的电导率和介电常数而具有高的电磁屏蔽效能。由于金属与空气阻抗失配，表面反射严重，因此金属材料是以反射为主要机制的屏蔽材料。考虑到对环境的影响，吸收型电磁屏蔽材料（电磁吸收材料）更具应用潜力。除此之外，金属材料还有不可避免的缺点，如密度大、高温稳定性差、抗蠕变性差和耐腐蚀性差等，限制了金属材料在电磁领域和恶劣环境中的应用。陶瓷或陶瓷基复合材料的密度小、强度高、高温稳定性好并且耐腐蚀，有效地克服了金属材料的一系列缺点，有潜力用于高温恶劣环境中。基于现代材料科学结构功能一体化设计思想，陶瓷材料的电磁吸收性能也得到了广泛地探索，为吸波型陶瓷材料的发展提供了理论和试验基础。

现代先进陶瓷的制备方法主要有化学气相渗透（CVI）、聚合物转化陶瓷（PDC）和溶胶-凝胶法（Sol-Gel）。制备的陶瓷可分为晶态和非晶态。晶态的陶瓷通常介电常数实部偏高，大部分入射电磁波在材料表面被反射，因此吸波效率不高。非晶态的陶瓷虽然介电常数实部较低，但其虚部往往也很低，对电磁波的衰减能力很弱，大部分的入射电磁波可穿过材料而继续传播，即表现为透波性，因此吸波效率也很低。目前改善陶瓷吸波性能的方法主要有阻抗匹配层设计和透吸波复合设计两种。

按材料成型工艺和承载能力，吸波材料可以分为结构型和涂覆型两大类。结构型吸波材料是将吸收剂分散在特种纤维增强的结构材料中所形成的结构复合材料；而涂覆型吸波材料是将吸收剂和黏合剂混合后涂覆于目标表面形成吸波涂层，其以涂覆方便灵活、可调节、吸收性能好等优点受到世界许多国家的重视。吸波材料还可以依据研究时期分为新型吸波材料和传统吸波材料两大类。传统吸波材料有铁氧体、羟基铁、金属铁粉、钛酸钡、碳化硅石墨、导电纤维等，这些材料存在吸波频带窄、密度大等缺点。新型吸波材料有导电聚合物、手性材料、纳米材料、视黄基席夫碱等，具有吸收能力强、密度小等优点。但无论是传统吸波材料还是新型吸波材料，单独使用其中一类都很难满足"薄、轻、宽、强"的要求。利用复合材料的协同效应和电磁参数可调的优点，将不同吸收频带、不同损耗机制（电导型损耗、介电型损耗、磁损耗）的材料进行多元复合，有可能实现宽频、轻质、强吸收、微波红外多波段电磁波吸收兼容的目标。

7.4 其他功能陶瓷材料在航空航天中的应用

7.4.1 压电陶瓷材料

7.4.1.1 压电陶瓷的结构与原理

压电效应是指某些电介质（无对称中心的晶体）在机械应力的作用下，产生形变，极化状态发生变化，所以使晶体两端表面出现符号相反的电荷。压电效应包括正、逆压电效应。

在某些没有对称中心的晶体中，温度的变化产生极化，导致表面电荷变化，这种现象称为热释电效应。热释电效应是晶体中存在自发极化引起的，压电体不一定都具有热释电性。

在热释电晶体中，有若干种晶体不但在某温度范围内具有自发极化，而且其自发极化强度可以因外电场而反向，这即是铁电体。因此电介质、压电体、热释电体、铁电体之间是层层包容的关系。

晶体按对称性可分为 32 个晶族，其中有对称中心的 11 个晶族没有压电效应，而无对称中心的 21 个晶族中的 20 个呈现压电效应，这 20 个晶族中的 10 个具有热释电效应。

一种经极化处理、具有压电作用的铁电陶瓷称为压电陶瓷。从晶体结构看，钙钛矿型、钨青铜型、层状铋化合物、烧绿石型化合物及以 PZT 为基的四元系陶瓷等都具有压电性。常用的压电陶瓷如钛酸钡陶瓷、钛酸铅陶瓷、锆钛酸铅陶瓷（简称 PZT）、以 PZT 为基的三元系陶瓷和铌酸盐系压电陶瓷等都属钙钛矿型。

以 $BaTiO_3$ 为例，当温度高于居里点（120 ℃）时为等轴晶系，Ti^{4+} 在各个方向上偏离的概率相等，此时 $BaTiO_3$ 为顺电相；当温度低于居里点时，$BaTiO_3$ 为四方晶系，Ti^{4+} 振动降低，且沿 c 轴偏离中心位置的概率比沿 a、b 轴偏离中心的概率大很多，因此产生自发极化，极化方向相同的偶极子在一起形成电畴。在极化处理前电畴分布是杂乱无序的，因此陶瓷材料的宏观极化强度为零，极化处理后，各电畴在一定程度上按外电场取向排列，因此陶瓷的极化强度不再为零，而以束缚电荷的形成表现出来。

若在瓷片上加一个与极化方向平行的压力 F，在 F 作用下，瓷片发生变形，c 轴被压缩，钛离子位移概率变小，极化强度降低，因而必须释放部分原来吸附的表面电荷，出现放电现象。当 F 撤除后，瓷片恢复原状，晶胞 c 轴变长，极化强度又变大，电极上又多吸附一些自由电荷，出现充电现象。这种由机械力变为电的效应，或者说由机械能变为电能的现象，称为正压电效应。此时表面电荷密度与应力成正比。反之，若在瓷片上施加一个与极化方向相同的电场（激励电场），则起着增大极化强度的作用。极化强度增大，即表示钛离子位移增大，瓷片发生伸长形变。这种由电转变为机械运动，或者说由电能转变为机械能的现象，称逆压电效应。此时应变与电场强度成正比。

7.4.1.2 压电陶瓷的性能参数

（1）弹性常数。压电陶瓷在交变电场作用下，会产生交替的伸长或收缩，从而形成机械振动。这种振动的陶瓷零件称为压电陶瓷振子。振子振动时的变形一般为弹性变形，服从虎克定律，设应力为 T，应变为 S，则 $S = sT$，$T = cS$，s 为弹性顺度常数，c 为弹性劲度常数。电化学条件不同，弹性顺度常数各异。

（2）机械品质因素 Q_m 表示压电陶瓷在振动转换中，材料内部能量消耗的程度。Q_m 越大，能量损耗越小。Q_m 可定义为 $Q_m = 2\pi \times$ 振子贮存的机械能/谐振一周机械损耗的能量。

（3）压电常数和压电方程组。反映压电陶瓷应力 T、应变 S、电场强度 E 和电位移 D 四个参数之间关系的方程式称压电方程，共四组，出现有 d、e、g、h 四种压电常数（略）。

（4）机电耦合系数，在静电场作用下，输入材料的电能，因为压电效应部分转化为机械能，这两部分能量之比称为机电耦合系数，定义为：$K^2 =$ 通过逆压电效应转换的机械能/输入的电能总量或 $K^2 =$ 通过压电效应转换的能量/输入的机械能总量。K 与振子的形状和振动的模式有关。

7.4.1.3　压电陶瓷材料

压电陶瓷是多晶烧结体，是一种能把电能转换成机械能或者把机械能转换成电能的一种陶瓷功能材料。它与压电单晶相比，具有许多优点，主要是：制造方便、设备简单、可成批生产、成本低、不受尺寸和形状的限制；可以在任意方向极化，通过调节组分可在很宽的范围内改变材料的性能，以适应各种不同用途需要；不溶于水，且能耐热耐湿，化学稳定性好等。19 世纪末和 20 世纪初相继发现水晶和酒石酸钾钠等材料，具有压电性质，并且这些材料相继得到了应用。20 世纪 40 年代初（1942—1943 年）发现了钛酸钡压电陶瓷，并于 1947 年制成器件，这对压电材料的发展有重要意义。20 世纪 50 年代出现了锆钛酸铅（PTZ），其性能远优于钛酸钡。20 世纪 60 年代发展了铌酸盐压电陶瓷，20 世纪 70 年代发展了锆钛酸铅镧透明压电陶瓷（PLZT），使压电陶瓷的品种和系列进一步扩大。目前，应用最多的还是钛酸钡和 PZT 两大系列。

（1）$BaTiO_3$ 系压电陶瓷。在锆钛酸铅压电陶瓷出现之前，$BaTiO_3$ 是主要获得应用的压电陶瓷，纯 $BaTiO_3$ 的主要缺点是居里点不高（120 ℃），限制了它在高温下的使用，同时在室温附近由正交相转变为四方相（转变温度 0～5 ℃）时，自发极化方向由 [011] 变为 [001]。此时，其介电性、压电性、弹性性能都发生剧变。在相变点上，介电常数和机电耦合系数都出现极大值，频率常数出现极小值，所以在这个温度范围内 $BaTiO_3$ 的特性随温度和时间变化很大，对使用不利。为改善这一情况，往往在 $BaTiO_3$ 中加入第二相。最常加入的是 $CaTiO_3$ 和 $PaTiO_3$。加入 $CaTiO_3$ 不改变 $BaTiO_3$ 的居里点，但可大大降低第二相变的温度，$CaTiO_3$ 的加入量一般在 8%（摩尔分数）以内，过多的 $CaTiO_3$ 会使压电性能降低。加入 $PaTiO_3$ 能提高居里点，同时降低第二相变点，加入量一般也在 8%（摩尔分数）内，加入量过多同样会使压电性能变坏。现在也制得同时加入 $CaTiO_3$ 和 $PaTiO_3$ 的陶瓷（Ba，Pa，Ca）TiO_3。

（2）$PaTiO_3$-$PaZrO_3$ 系压电陶瓷。锆钛酸铅也属于 ABO_3 型钙钛矿结构，是铁电相 $PbTiO_3$ 和反铁电相 $PbZrO_3$ 二元系固溶体，化学式可写为 $Pa(Zr_xTi_{1-x})O_3$。除了采用改变 Zr/Ti 比的方法来改变压电陶瓷的性能外，还可以用添加元素的办法使压电陶瓷改性，添加剂大致可分为两类：一是添加与 Pb^{2+}、$Zr^{4+}(Ti^{4+})$ 同价且离子半径相近的元素，形成置换固溶体，称为元素置换改性；二是添加不同价元素的离子形成 $A^+B^{5+}O_3$ 和 $A^{3+}B^{3+}O_3$ 化合物，分为软性添加剂（La^{3+}、$Bi^{3+}O_3$、Sn^{5+}）和硬性添加剂（K^{5+}、Na^+、Al^{3+}、Ga^{3+}、Fe^{2+}、Mn^{2+}）。

（3）$PbTiO_3$ 压电陶瓷。$PbTiO_3$ 具有高的居里点（490 ℃），在居里点以上为顺电体，属立方相，居里点以下为四方相。$PbTiO_3$ 可以在制作高频滤波器等方面作高频低耗振子。添加添加剂后，改善了烧结性，达到实用水平，被认为是目前最有发展前途的材料之一。PZT 陶瓷生产的主要工序是：配料、预烧（合成）、球磨、成形、烧结、上电极、极化。原料一般是碳酸盐或氧化物，预烧的目的是合成单相 $Pb(Zr,Ti)O_3$。反应分阶段，一般在 850~900 ℃ 进行，最后在 1200 ℃ 完成，单相形成。预烧块经球磨后加入成型剂即可成型。成型剂的配比为：聚乙烯醇 15%、甘油 7%、乙醇 3%、蒸馏水 75%。在 90 ℃ 下搅拌溶解。轧膜成形时，成型剂一般为粉料的 15%~20%，冷压成形时，成型剂只需加 5%，压坯在 800~850 ℃ 排除成型剂，大约在 1200 ℃ 进行烧结，烧结时要防止 PbO 挥发，通常是将压坯埋在相同成分的熟料中，一般用银浆作电极，将其涂覆于经研磨后的烧结坯表面，在 750 ℃ 保温 10~20 min，使银浆中的氧化银还原成银，并渗入陶瓷表面，形成牢固结合。烧结坯中的自发极化是杂乱取向的，没有压电性，所以使用前要进行极化处理。极化在高于 E_c 的直流电场（24~45 kV/mm）下进行，通常加热到 100~150 ℃，10~20 min。在高温下极化是为了减少电畴转向时的阻力。

7.4.1.4 压电陶瓷的应用

压电陶瓷在近代无线电领域成为一个不可缺少的重要组成部分，在现代电子技术、航天、导弹、核弹、雷达、通信、超声技术、精密测量、红外技术和引燃引爆等各个领域，均有广泛应用，例如陶瓷滤波器和陶瓷鉴频器、电声换能器和水声换能器、引燃引爆装置、高压发生器、声表面波器件、电光器件、红外探测器、压电陀螺、压电陶瓷扬声器、变压器、延迟线、送话器、受话器等。压电陶瓷的应用领域见表 7-3。压电陶瓷的应用大致可分为两大类：压电振子和压电换能器。利用压电效应制成把机械能转换成电能或把电能转换成机械能的器件称为换能器。对于超声波换能器，在 100 kHz 以上高频范围内或水下声频仪器上，几乎全部采用压电陶瓷振子。这种振子具有灵敏度高、稳定性好、功率大等优点。压电陶瓷超声仪器广泛应用于计量、加工、清洗、化工、医疗、鱼群探测、声呐、探伤、传声、遥控、液体雾化、显微结构检测等方面。压电陶瓷制成的超声诊断仪已广泛应用于医疗。陶瓷受到机械应力或冲击力时，陶瓷两端就产生电压，这可用于引爆、点火、高压发生器等。

在外电场频率与压电陶瓷固有谐振频率一致时使陶瓷产生机械谐振，这种器件称为压电振子。滤波器就是利用这一谐振效应，在线路中分割频率时，只允许某一频段通过，其余频段受阻。

表 7-3 压电陶瓷应用领域及举例

应用领域		例　子
电源	压电变压器	雷达、电视显像管、阴极射线管、盖克计数管、激光管和电子复印机等高压电源和压电点火装置
信号源	标准信号源	振荡器、压电音叉、压电音片等用作精密仪器中的时间和频率保准信号源
信号转换	电声换能器 超声换能器	拾声器、送话器、受话器、检声器、蜂鸣器等声频范围的电声器件 超声切割、焊接、清洗、搅拌及超声显示等频率高于 20 kHz 的超声器件

续表7-3

应用领域		例　子
发射与接收	超声换能器 水声换能器	探测地质构造、油井固实程度、无损探伤和测厚、催化反应、超声衍射、疾病诊断等各种工业用超声器件 水下导航定位、通信和探测的声呐、超声探测、鱼群探测和传声器等
信号处理	滤波器 放大器 表面波导	通信广播中所用各种分立滤波器和复合滤波器，如彩色电视机中频滤波器、雷达、自控和计算系统所用带通滤波器、脉冲滤波器等 声表面波信号放大器及振荡器、混频器、衰减器、隔离器等 声表面波传输线
传感与计划	加速度计压力计 角速度计 红外探测器 位移发生器	工业和航空技术上测定振动体或飞行器工作状态的加速度计、自动控制开关。污染检测用振动计以及流速计、流量计和液面计等测量物体角速度，以及控制飞行器航向的压电陀螺监视领空，检测大气污染浓度，非接触式测温及热成像，热电探测，跟踪器等激光稳频补偿元件，显微加工设备及光角度，光程长的控制器
存储显示	调制 存储 显示	用于电光和声光调制的光阀、光闸、光变频器和光偏转器 光信息存储器、光记忆器 铁电显示器、声光显示器、组页器等
其他	非线性元件	压电继电器等

7.4.2　太阳能用半导体陶瓷材料

7.4.2.1　陶瓷半导体特性

具有半导体特性陶瓷的电阻率为 $10^{-5} \sim 10^7 \ \Omega \cdot cm$，对于陶瓷材料可以通过掺杂或者使化学剂量偏离而造成晶格缺陷等方法获得半导体特性。采用这种方法的陶瓷有 TiO_2、ZnO、CdS、$BaTiO_3$、Fe_2O_3、Cr_2O_3 和 SiC，这些半导体陶瓷的不同特点是它们的导电性随环境而变化，利用这一特性可制成各种不同类型的陶瓷敏感器件，如热敏、气敏、湿敏、压敏、光敏等传感器。半导体尖晶石材料如 Fe_3O_4，在受控的固溶体内掺入非导体尖晶石材料如 $MgAl_2O_4$、$MgCr_2O_4$ 和 Zr_2TiO_4，可用作热敏电阻，它是一种可精心控制的随温度而变化的电阻装置。

在 ZnO 中可加入 Bi、Mn、Co、Cr 等氧化物进行改性，这些氧化物大都不是固溶于 ZnO 中，而是偏折在晶界上形成阻挡层，从而得到 ZnO 压敏电阻陶瓷材料，并且是压敏电阻陶瓷中性能最优的一种材料。

SiC 掺杂（如掺入炭黑、石墨粉）可制备出具有高温稳定性的半导体材料，用作各种电阻、加热元件，即高温电炉中的硅碳棒。控制 SiC 的电阻率和横截面，可达到几乎任何所希望的操作条件（至 1500 ℃），增加其电阻率，降低加热元件的横截面，会使产生的热量增大。硅碳棒在空气中使用时会发生氧化反应，使用温度一般限制在 1600 ℃ 以下，普通型的硅碳棒的安全使用温度为 1350 ℃。在 SiC 中某一个 Si 原子被一个 N 原子替代，由于 N 的电子数较多，就出现过剩电子，它的能量水平紧靠在导带的下方很容易提升到导带，因此这种能态又称为施主能级，这种半导体为 N 型半导体或电子导电半导体。若在 SiC 中用一个 Al 原子替代一个 Si 原子，由于少一个电子，所形成的物质能态紧靠在价电子带的上面，它很容易接受电子，因而被称为受主能级，它在价电子带中留下空余的位置可能进行电子导电，因为空余位置的作用与正电荷载体相同，被称为 P 形半导体或空穴半导体。

7.4.2.2　太阳能光-热转换的研究背景

2012 年，全球能源总消耗量达到 $5.49×10^{15}$ Btu（$1Btu = 293$ T·W·h），其中 85% 来源于化石燃料。与此同时，化石燃料的燃烧导致大气中温室气体（CO_2、CH_4、N_2O、氟化气体）的浓度迅速增加。从 1950 年至今约 70 年的时间里，大气中温室气体的浓度已经增长了约 75%，大气中 CO_2 的浓度已经从工业革命时期的约 $278×10^{-6}$ 上升至如今的超 $400×10^{-6}$。此外，化石燃料的燃烧还会产生如 SO_x、NO_x、颗粒物（PM）、挥发性有机化合物及有毒重金属等其他类型的环境污染物。随着化石能源的枯竭和环境污染的加剧，可再生清洁能源的开发利用已经是大势所趋。

在所有的清洁、可再生能源中，太阳能因储量丰富而成为人们的主要选择。太阳能的利用形式主要有太阳能光-热转换技术、太阳能光-电转换技术及太阳能光-化学转换技术三种。因热能在储能密度和能量转换效率方面的高性能，太阳能光-热转换技术成为最直接、有效的太阳能利用形式。利用光-热转换材料吸收太阳光，并将其转换为热能加以有效利用的太阳能光-热转换技术，在过去的几十年里已经有了广泛的研究和应用。近十年来，随着先进光-热转换材料的开发，太阳能光-热转换系统得到了极大地简化。因此，高效率太阳能光-热转换材料和结构的开发已成为光-热转换领域研究者关注的主要问题。

7.4.2.3　太阳能光-热转换的研究

太阳能光吸收及光-热转换机理：要实现高效的太阳能光-热转换，必须首先保证光-热转换材料在整个太阳光谱范围内具有优异的光吸收能力。光-热转换材料吸收入射的太阳光，并通过光激发将入射光部分或全部转化为热能。当前，人们研究的高效光吸收材料体系主要包括金属等离子体材料、碳基材料、半导体材料及其他高分子材料。

光到热的转换是利用太阳能最直接、有效的途径之一。其中，基于太阳能集热器的光-热（蒸汽）转换技术为太阳能光-热（蒸汽）发电和太阳能海水淡化提供了潜在的可能性。太阳能光-热吸收体作为光-热转换技术的核心，不仅要求其能够高效地吸收太阳光并转换成热能，而且要求其能够对转换的热能加以有效利用。

★ 课程思政

要对月球表面进行成像与成像分析，一定少不了红外成像光谱仪，控制红外成像光谱仪工作的是一个高性能超声电机。只有 46 g 的超声电机重量仅为传统电机的 1/10。压电陶瓷作为超声电机的"心脏"，能保证超声电机电力强劲，并能经受月球大的温差。这项技术首次被应用于"玉兔号"，此次嫦娥五号正是应用了这种压电陶瓷。

课 后 习 题

7-1　综述陶瓷材料的分类。

7-2　综述高导热陶瓷材料及其特点和应用。

7-3　综述陶瓷的透明原理及影响因素。

7-4　对比分析吸波和透波陶瓷的特点。

8 碳纤维及碳/碳陶瓷基复合材料

8.1 碳纤维概述

碳纤维是一种以聚丙烯腈（PAN）、沥青、黏胶纤维等人造纤维或合成纤维为原料，经预氧化、碳化、石墨化等过程制得的含碳量达 90% 以上的无机纤维材料，具有比强度高、比模量高、耐高温、耐腐蚀、导电导热性好、热膨胀系数小等一系列优异性能，是航空航天等高技术领域不可缺少的原材料。目前，世界碳纤维产业已形成了黏胶基、沥青基和 PAN 基三大原料体系，其中黏胶基和沥青基碳纤维用途较单一，产量也较为有限，PAN 基碳纤维由于生产工艺简单，产品力学及高温性能优异，兼具良好的结构和功能特性，因而发展较快，成为高性能碳纤维发展和应用的最主要和占绝对地位的品种，主要用于高性能结构及功能复合材料，在航天航空、兵器、船舶、核工业等国防领域具有不可替代的作用，是世界各国高度重视的战略性基础材料。

8.2 碳纤维的性能

8.2.1 物理力学性能

碳纤维密度一般为 $1.70 \sim 1.80$ g/cm^3，不到钢的 1/4，约为铝的 2/3。对碳纤维强度影响较大的是缺陷，碳纤维直径越小，大缺陷存在的机会就小，碳纤维的拉伸强度越高。与传统金属结构材料相比，碳纤维在物理性能上具有强度大、模量高等特点。强度为 $1.2 \sim 7.0$ GPa，比强度是普通碳钢的 10 倍以上。

组成碳纤维的石墨微纤顺沿纤维轴向排列的程度决定了纤维的模量。石墨微纤顺沿纤维轴向排列程度比较高的碳纤维模量较大；石墨微纤结构不发达，空隙较多、排列紊乱、取向性较差，其拉伸强度较低，弹性模量也较低。碳纤维具有各向异性，沿长度方向力学性能优异。碳纤维具有较高的断裂韧性、抗疲劳性和抗蠕变性。此外，碳纤维具有良好的抗电磁辐射性能、导电性能与导热性能。碳纤维自润滑性良好、摩擦因数小、抗损性好。不同种类碳纤维的力学性能见表 8-1，碳纤维的类型及力学性能见表 8-2。

表 8-1 不同种类碳纤维的力学性能

分　类	拉伸强度/GPa	弹性模量/GPa
高强度碳纤维	2.94	196
高模量碳纤维	2.74	225
中模量碳纤维	1.96	372
耐火材料	0.26	392
碳质纤维	1.18	470
石墨纤维	0.98	98

表 8-2　碳纤维的类型及力学性能

纤维种类	纤维根数	拉伸强度 /MPa	弹性模量 /GPa	单位质量 /(g·km^{-1})	伸长率 /%	纤维密度 /(g·km^{-3})
T300	3000	3350	230	198	1.5	1.76
T700S	12000	4900	230	800	2.1	1.80
T800H	6000	5490	294	223	1.9	1.81
T1000G	12000	6370	294	485	2.2	1.80
M30	3000	3920	294	160	1.3	1.70
M40	6000	2740	392	864	0.4	1.81

8.2.2　热学性能

碳纤维热膨胀系数小，比热容高，能存储大量的热能，具有抗热冲击和热摩擦等优异性能。由于碳纤维具有较小的热膨胀系数，因此能耐急热和骤冷，对制造尺寸精度要求比较高的复合材料制品有利。即使是从极高温度的工作条件下突然降低到常温环境，它的结构与性能都不会发生变化；碳纤维不会受到工作时温度的较大影响，在较低温度下如在液氨条件下工作时，仍旧柔软，不会发生脆化现象；在不接触空气和氧化剂时碳纤维具有突出的耐热性能，在温度高于1500℃时，强度才开始下降；一般在1900℃以上时才出现永久塑性变形，说明其耐高温蠕变性能良好；在温度达到3000℃（惰性气体或真空保护条件下）也不会被熔化。碳纤维呈现各向异性的热膨胀系数，与纤维方向平行的为负值、垂直的为正值。因此，碳纤维可以用于制备特殊需求的零膨胀系数复合材料，这类材料可应用于航空航天和精密仪器领域。

8.2.3　化学性能

碳纤维的表面具有较低的活性，有一定的吸水性，且通用型比高性能型碳纤维的吸水能力强。因此，在与树脂基体进行复合反应前应该进行干燥处理，从而去除吸附的水分。碳纤维的化学性质与碳相似，在空气中，它能被强氧化剂氧化，当温度高于400℃时也会被氧化，生成 CO 与 CO_2。但碳纤维具有较好的耐腐蚀性，在恶劣的工作环境下（如强碱的作用）也不会被破坏。碳纤维耐热烧蚀性能良好。热烧蚀是在热流作用下，由于热化学和机械过程引起的固体材料表面损失的现象。通过表层材料的烧蚀带走大量的热量，可阻止热流进入材料内部。它还有耐油、抗辐射、抗放射、吸收有毒气体和减速中子等特性。但是，碳纤维也具有一定的缺陷，例如不耐冲击，在缺少保护气体或真空环境时，容易被强酸氧化，导致结构遭到破坏。与金属基体复合时，碳纤维容易与基体发生反应生成化合物、发生电化学腐蚀，导致金属被碳化出现渗碳的现象。为改善这些缺点，提高碳纤维使用性能，目前最有效的方法是在碳纤维使用之前对其进行表面处理。

8.3　碳纤维的种类

依照不同的分类标准，碳纤维可以有以下几种分类方法。

（1）按制备碳纤维的原料分类，可以分为两大类，一类是人造纤维，如黏胶丝、人造、木质素纤维等；另一类是合成纤维，它们是从石油等自然资源中提纯出来的原料，再经过处理后纺成丝的，如纶纤维、沥青纤维、聚丙烯腈（PAN）纤维等。

（2）按制造工艺条件分类，在 800~1600 ℃条件下生产的称为普通碳纤维；在 2000~3000 ℃条件下生产的称为石墨纤维、气相生长碳纤维、氧化碳纤维、活性碳纤维及其他方法生产的碳纤维等。

（3）按产品特性分类，通用型（GP）与高性能型（HP），其中高性能型主要包括中强型（MT）、高强型（HT）、超高强型（UHT）、中模量型（IM）、高模量型（HM）、超高模量型（UHM）。

经过多年的发展，目前只有黏胶基纤维、沥青纤维和聚丙烯腈纤维三种原料制备碳纤维工艺实现了工业化。沥青基碳纤维因为具有耐腐蚀性好、耐高温性强、导电与导热性优良、不易被氧化、模量强度高等优点，通常用在防辐射、航空航天、防电磁材料中；聚丙烯基纤维制备方法简单，生产操作方便，适合工业生产，由于它具有较好的力学性能，同时应用领域广泛，所以对其需求量非常大；黏胶基碳纤维可以分为高性能型碳纤维和通用型碳纤维两种，黏胶基碳纤维具有较好的耐热性，通常使用在各种耐热材料中。

8.3.1　黏胶基碳纤维

用黏胶基碳纤维增强的耐烧蚀材料，可以制造火箭、导弹和航天飞机的鼻锥及头部的大面积烧蚀屏蔽材料、固体发动机喷管等，是解决宇航和导弹技术的关键材料。黏胶基碳纤维还可做飞机制动片、汽车制动片、放射性同位素能源盒，也可做耐腐蚀泵体叶片、管道、容器、催化剂骨架材料、导电线材及面发热体、密封材料及医用吸附材料等。

虽然它是最早用于制取碳纤维的原丝，但由于黏胶纤维的理论总碳量仅 44.5%，实际制造过程热解反应中，往往会因裂解不当，生成左旋葡萄糖等裂解产物，而实际碳收率仅为 30% 以下。所以黏胶基碳纤维的制备成本比较高，目前其产量已不足世界纤维总量的 1%。但它作为航空飞行器中耐烧蚀材料有其独特的优点，由于含碱金属、碱土金属离子少，飞行过程中燃烧时产生的钠光弱，雷达不易发现，所以在军事工业方面还保留少量的生产。

8.3.2　沥青基碳纤维

1965 年，日本群马大学的大谷杉郎研制成功了沥青基碳纤维。从此，沥青成为生产碳纤维的新原料，是目前碳纤维领域中仅次于 PAN 基的第二大原料路线。大谷杉郎首先用聚氯乙烯（PVC）在惰性气体保护下加热到 400 ℃，然后将所制 PVC 沥青进行熔融纺丝，之后在空气中加热到 260 ℃进行不熔化处理，即预氧化，再经碳化等一系列处理后得到沥青基碳纤维。

目前，熔纺沥青多用煤焦油沥青、石油沥青或合成沥青。1970 年，日本吴羽化学工业公司生产的通用级沥青基碳纤维上市，至今该公司仍在规模化生产。1975 年，美国联合碳化物公司开始生产高性能中间相沥青基碳纤维 "Thomel-p"。我国某精细化工有限公司于 20 世纪 90 年代初从美国阿石兰石油公司引进年产 200 t 通用级沥青基碳纤维生产线，1995 年已投产，同时还引进了年产 45 t 活性碳纤维的生产装置。

8.3.3 聚丙烯腈（PAN）基碳纤维

聚丙烯腈基碳纤维的碳收率比黏胶纤维高，可达 45% 以上，而且因为生产流程、溶剂回收、三废处理等方面都比黏胶纤维简单、成本低、原料来源丰富，加上聚丙烯腈基碳纤维的力学性能，尤其是抗拉强度、抗拉模量等为三种碳纤维之首。所以是目前应用领域最广、产量最大的一种碳纤维。

8.4 碳纤维的制备方法

碳纤维在加热到 350 ℃ 以上的高温下会不同程度的被氧化，在隔绝空气的环境中加热至 3800 ℃ 以上的高温后发生升华，而不经过液态的形式，所以不能像一般有机合成纤维一样在熔融状态进行纺丝制造。因此，碳纤维一般是使用有机纤维的固相碳化和低分子烃类气相热解生长来制造。碳纤维主要由有机纤维通过高温分解法碳化而制成的，处理的方法为：惰性气体或真空保护条件下，在 1000~3000 ℃ 灼烧。

8.4.1 技术要点

（1）实现原丝高纯化、高强化、致密化及表面的高光洁度是制备高性能碳纤维的首要任务。碳纤维系统工程需从原丝的聚合单体开始，实现一条龙生产。原丝质量既决定了碳纤维的性质，又制约其生产成本。优质 PAN 原丝是制造高性能碳纤维的先决条件。

（2）杂质缺陷最少化，实际上提高强度的过程就是减小缺陷的过程。

（3）在预氧化过程中，保证均质化的前提下，尽可能缩短预氧化时间。

（4）研究高温技术和高温设备及相关的重要构件。高温碳化温度一般为 1300~1800 ℃，石墨化温度一般为 2500~3000 ℃。在如此高的温度下操作，既要连续运行，又要提高设备的使用寿命，所以研究新一代高温技术和高温设备就显得格外重要，如在惰性气体保护、无氧状态下进行的微波、等离子和感应加热等技术。

8.4.2 高温设备

（1）预氧化炉。目前，大型预氧化炉采用多层运行方式以提高生产效率。这些大型预氧化炉按照加热空气的组件是在预氧化炉的内部还是外部可以分为内热循环式和外热循环式两种。外热式可利用废气进行再次热交换，利于节能；而内热循环由于受热风均匀性限制，一般应用于小型或试验线中。

以某外热循环式预氧化炉为例，其钢板框架焊接结构分为三层，热风从顶部进入炉膛，通过上层炉体安装的孔板，形成一定的温度梯度，均匀穿过丝束，使丝束发生预氧化，经下层的循环风出口通过过滤和再加热后，从顶部循环进入。为控制进入炉膛内部的热空气量，上部炉体设有解压门，当压力到达设定值时，解压门将自动打开。PAN 原丝易蓄热会造成过热引发火灾，所以在上部炉体设有消防喷水管路。由于炉体高大所以内部设有走台。中部炉体部分在操作侧设有移动门，移动门可正向移出。由于该种形式的辊体在炉膛外部，因此在炉膛与外界之间设有预热室，预热室内部的热风循环系统是单独分开的。

（2）碳化设备。碳化炉一般分为低温碳化炉（300~1000 ℃）和高温碳化炉（1000~

1800 ℃）两种。一般预氧丝先经过低温碳化炉，再进入高温碳化炉，二者形成温度梯度，以适应纤维结构的变化。将耐热梯形结构的有机预氧丝经过高温热处理转化为含碳量为92%以上的无机碳纤维，实现这一转化的关键设备是碳化炉。碳化设备的核心技术是宽口碳化炉及其配套的迷宫密封、废气排除和牵伸系统的研发设计。

（3）石墨化炉。目前使用的石墨化炉大多是以石墨管为发热体的卧式炉，如塔姆式石墨化炉、以高能等离子体为热源的石墨化炉、高频石墨化炉等。

8.5　碳/碳复合陶瓷材料

在承受高温的结构陶瓷中，碳/碳复合材料（简称为 C/C）是以碳纤维或石墨为增强体的碳基复合材料，具有高强度和高模量，尤其是其随温度的升高，强度不但不降低反而升高的特性，以及高断裂韧性、低蠕变等性能，同时具有低比重、高比强、高比模、低热膨胀系数、耐热冲击及耐烧蚀等优异性能，在较宽的温度范围内拥有较好抗蠕变性能和较高强度保留率，是新材料领域重点研究和开发的一类战略性高技术材料。碳/碳复合材料是目前 3000 ℃ 以上仍保有结构强度的唯一材料，其理论最高使用温度高达 3500 ℃，在航空航天领域具有广阔的应用前景，已用于战略导弹端头、空天飞行器头锥、机翼前缘、热结构舱段，导弹发动机燃烧室、扩张段、喉衬，以及烧蚀环、防热/隔热部件，飞机制动盘，兵器火箭弹喉衬、喷管和机械紧固件等。

8.5.1　碳/碳复合材料概念

碳/碳复合材料是以碳纤维为增强相的碳基复合材料。该材料由基体碳纤维和碳基增强材料组成，具有碳纤维、碳基材料和碳纤维基复合材料的共同特点。

碳/碳复合材料最早发现于 1958 年，美国科研人员为了测定碳纤维增强酚醛树脂基复合材料中碳纤维的含量，由于实验过程中的失误，酚醛树脂基体没有被氧化，反而被热解，意外得到了碳基体。研究人员通过对碳化后的材料进行分析，发现并得到了一种新型的碳纤维增强碳基体复合材料，即碳/碳复合材料。该材料一经发现，立即引起了材料科学与工程研究人员的普遍重视，并且随着航空航天工业的需求得到了迅猛的发展，到目前，碳/碳复合材料发展基本划分四个阶段：从碳/碳复合材料发明到 20 世纪 60 年代中期为基础工艺研究阶段；从 20 世纪 60 年代中期到 90 年代中期为应用开发阶段，主要应用于航空航天等领域；90 年代中期到 2010 年，为碳/碳复合材料民用领域开发应用阶段；2010 年至今未发展成熟期，基本实现了应用的规模化和批量化。

8.5.2　碳/碳复合材料性能特点

先进复合材料主要有树脂基、金属基、陶瓷基和碳基复合材料四类，其中树脂基复合材料的应用已经较为成熟，而非树脂基复合材料则在航空耐热结构件等方面有着广阔的应用前景。当前，在四大类复合材料中，碳/碳复合材料的研究和应用水平仅次于树脂基复合材料，优先于金属基复合材料和陶瓷基复合材料，尤其在航天、航空领域已进入了比较成熟的应用阶段。碳/碳复合材料同时具有碳质材料的高温性能和纤维增强复合材料的力学性能，主要具有以下特点。

（1）密度低。碳/碳复合材料采用多孔碳纤维坯体作增强体，通过渗透、浸渍、渗积等方法加入碳基体；在致密过程中会残留孔隙，导致其最高密度一般为 1.7~1.8 g/cm³，低于石墨密度，约为镍基高温合金的 1/4，陶瓷材料的 1/2。这一点可以较好地满足许多耐高温的结构部件或装备轻型化的要求。

（2）力学性能优异。C/C 复合材料具有比强度高、比模量高和断裂韧性高等优良性能。强度与增强纤维的方向、含量、基体炭的结构及纤维与基体界面的结合强度有关；弹性模量取决于平行纤维轴向的方向和碳基体；轴向方向的强度和模量高于非轴向方向。C/C 复合材料中的碳纤维可以是连续的也可以是非连续的，通过调节纤维的方向和配置，控制 C/C 在不同方向的强度和模量，即获得不同使用要求的各向异性。一般 C/C 复合材料的拉伸强度为 270 MPa，弹性模量大于 69 GPa。先进 C/C 复合材料的拉伸强度可达349 MPa。而且在特定情况下，随温度升高（可达 2200 ℃），高温条件引起热膨胀使应力释放和裂纹闭合，其强度不仅不降低，甚至比室温时还高，这一高温稳定性特征是其他材料（如金属材料、树脂基复合材料、金属基复合材料、陶瓷基复合材料等）所无法比拟的，见表 8-3。

表 8-3　不同结构的碳/碳复合材料的物理力学性能

参数	美国		法国	
	2D	3D	4D	布
材料牌号	5451	SPE	Супкарб-500	Аэролор-22
基体类型	沥青碳	沥青碳	沥青碳	热解碳
热处理温度/K	1570~1650	1970	1800~1950	1500~1800
抗拉强度/MPa	45	115	—	40~70
抗压强度/MPa	90	77	70~120	120~200
弹性模量 E/GPa	28	65	—	20~30
导热系数/[W·(m·K)$^{-1}$]	5.9~15.0	18~22	50~150	—
在 300~2300 K 条件下的线膨胀系数/℃$^{-1}$	—	1.86×10^{-6}	1.0×10^{-6}~2.0×10^{-6}	—

（3）热物理性能优异。碳/碳复合材料是由两种纯碳材料复合而成的，其热导率高。碳/碳复合材料导热率随石墨化度的提高而增大，并与纤维的排布方向有关，一般为 2~50 W/(m·K)。线膨胀系数随石墨化度的提高而降低，并与晶体的取向度有关，热膨胀系数一般为 (0.5~1.5)×10^{-6}/K，仅为金属材料的 1/10~1/5。较小的热膨胀系数使碳/碳复合材料在温度变化时尺寸稳定性特别好，因此高温热应力相对较小。热容量大、抗热震性良好、化学稳定性好，比热容在室温至 2000 ℃之间为 800~2000 J/(kg·K)。碳/碳复合材料在常温下不与氧反应，400 ℃开始氧化，高于 600 ℃会严重氧化。熔点较高，其熔点低于 4100 ℃。新一代高推动比（15~20）战机发动机的涡轮，工作温度 2000 ℃以上，而且要求材料强度高，碳/碳复合材料是理想材料。

（4）抗烧蚀性能优良。碳/碳复合材料由碳纤维和碳基体组成，几乎所有元素为碳。碳元素的本质特性使得材料具有高的烧蚀热及低的烧蚀率，在高温、短时间烧蚀的环境中（如航天工业使用的火箭发动机喷管、喉衬等）烧蚀均匀、烧蚀率低。使用温度 2300~3500 K，且烧蚀均匀，用于短时间的烧蚀环境中，如已被发达国家成功用于航天飞机的机翼前缘、鼻锥、货舱门，火箭发动机喷管、喉衬、燃烧室等构件，具有无与伦比的优越性。

（5）摩擦磨损性能优异。基于其材质和试验条件综合作用的结果，其摩擦因数的大致范围是 0.24~0.36，线磨损量为 0.5 mm/（面·次），作为飞机刹车材料正常着陆时，其质量磨损率为 1~4 mg/（面·次）；而且随着刹车压力的增加或在中止起飞的条件下，仍能保持较高的摩擦因数（0.28~0.32），是各种耐磨和摩擦部件的最佳候选材料。现阶段全世界生产的碳/碳复合材料和制品 63%以上是应用于刹车材料。

8.5.3　碳/碳复合材料的制备工艺过程

碳/碳复合材料的制备工艺主要包括了预制体成型、预制体致密化和石墨化处理。制备工艺流程如图 8-1 所示。

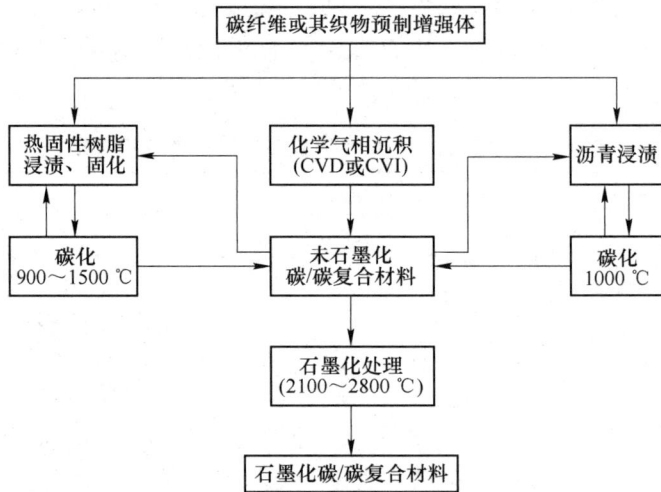

图 8-1　碳/碳复合材料工艺流程图

8.5.3.1　预制体成型

为使碳纤维在碳/碳复合材料中达到预期的增强效果，需要将碳纤维按照特定的方式成型为具有特定结构和形状的坯体，即预制体。碳纤维是复合材料中的增强相，必须与基体材料进行复合才能发挥作用。碳纤维是一维材料，根据产品使用要求，可进行设计与编织成为一维、二维、三维和多维织物预制体。图 8-2 为碳纤维空间排布方式，碳纤维的排布方式将直接影响并决定最终材料的性能，因此，碳纤维预成型技术即预制体的制造是非常重要的一个环节。

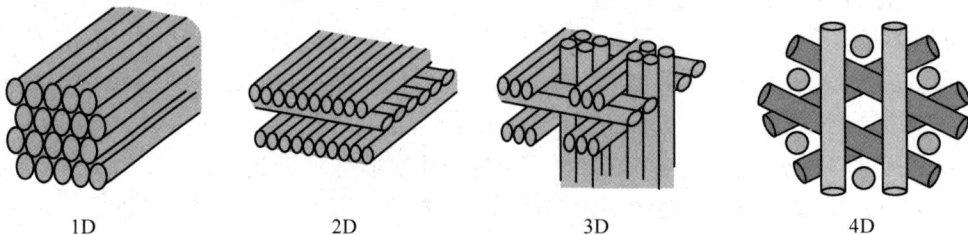

1D　　　　2D　　　　3D　　　　4D

图 8-2　碳纤维排布方式

预制体成型是制备碳/碳复合材料的前提。在进行预制体成型前，根据所设计复合材料的应用和工作环境来选择纤维种类和编织方式。目前常用的预制体成型的方法主要有短纤维模压、长纤维织物叠层和多维编织/穿刺。短纤维模压成型是将碳纤维经过切割、分散、抽滤、干燥、固化、碳化而成型的方法，该方法成型的预制体中碳纤维方向随机，纤维呈现不连续状态，因而导致制备的碳/碳复合材料力学性能偏低。长纤维织物叠层成型是将碳纤维布/毡经过裁剪、排列、夹持、固化、碳化而成型的方法，该方法中碳纤维呈现二维结构排列，z（轴）向纤维含量少，因而导致制备的碳/碳复合材料层间剪切强度低。多维编织/穿刺成型是在长纤维织物叠层成型的基础上，增加z轴方向的纤维含量和分布，从而提高碳/碳复合材料的层间性能。该方法制备的预制体的内部孔隙相对较大，不利于后续的致密化进程，因而难以获得高密度的碳/碳复合材料。此外，该成型工艺与短纤维模压工艺和长纤维织物叠层工艺相比较，其成本较高。

8.5.3.2 预制体致密化

预制体致密化是利用气相或液相的基体前驱体热解形成的基体碳填充碳纤维预制体孔隙的过程，只有达到一定密度的碳/碳复合材料才能具有良好的力学性能。预制体致密化是碳/碳复合材料制备的关键技术之一。

预制体的致密化决定了制备碳/碳复合材料的成本和性能。致密化过程中的关键主要有以下三个方面：一是速率和效率，即如何在尽可能短的时间里和用尽可能低的成本获得尽可能高的密度；二是基体碳的结构，即得到的基体碳结构应满足使用要求；三是材料密度和基体碳结构的均匀性。

目前，碳/碳复合材料的致密化工艺可分为四种：第一种为液相浸渍碳化（Liquid Impregnation and Carbonization，LIC）工艺；第二种为化学气相渗积（Chemical Vapor Infiltration，CVI）工艺；第三种为液相气化沉积（Chemical Liquid-Vaporized Deposition，CLVD）工艺；第四种为 CVI 与 LIC 复合工艺。

A 液相浸渍碳化工艺

液相浸渍碳化工艺是碳/碳复合材料最初的制备工艺，目前仍是制造碳/碳复合材料的主要工艺之一。它是将碳纤维预制体和树脂或沥青等有机物一起进行浸渍，并用热处理方法在惰性气氛中将有机物转化为炭的过程，该工艺主要包括浸渍和碳化两个过程。浸渍是在一定温度和压力下使液态有机浸渍剂（前驱体）渗入待浸试样的孔隙中；碳化则是指在惰性气体中进行热处理，将有机物转变成碳。

由于浸渍剂种类繁多，浸渍碳化工艺中压力、温度、操作周期等参数变化较大，因而采用液相浸渍碳化工艺可以制造出满足多种性能要求的碳/碳复合材料。液相浸渍碳化工艺可以按照前驱体的种类分为树脂浸渍、沥青浸渍和混合浸渍三种工艺；按浸渍压力可以分为低压浸渍、中压浸渍、高压浸渍和超高压浸渍四种工艺。

浸渍剂的种类会影响碳/碳复合材料的致密化效果和机械与物理性能。树脂受热会发生分解并产生水蒸气、甲烷、H_2、CO、CO_2 等小分子气体，造成大的体积收缩，影响碳/碳复合材料的性能。浸渍剂需要有较高残碳率、较小黏度以便浸入碳纤维纤维束之间的孔隙内并浸润纤维表面。还需要热解后产生的树脂碳能够与碳纤维之间有较好的结合强度，并且树脂碳本身也要具有满足基本要求的结构与性能。常用的浸渍剂有酚醛、呋喃和糠醛等热固性树脂及热塑性的石油沥青、煤沥青等，也可以根据需要采用沥青-树脂的混合浸渍剂。为使浸渍剂的碳转化率高且结构缺陷少，要求树脂沥青等含碳有机物应具备以下特性：（1）残碳率高，可减少反复浸渍碳化次数，减少碳化过程的收缩；（2）碳化时应有低的蒸汽压，使分解形成的低分子产物不挥发，而是进一步环化；（3）碳化不应过早地转变为坚硬的固态；（4）固化后树脂、沥青的热变形温度高；（5）固化、碳化时不易封闭坯体的孔隙通道。

树脂浸渍工艺的典型流程是：将预制体置于浸渍罐中，在真空状态下用树脂浸没预制体，再充气加压使树脂浸入整个预制体；然后将浸透树脂的预制体放入固化罐内进行加压固化，随后在碳化炉中保护气氛下进行碳化。沥青浸渍工艺与树脂浸渍工艺类似，不同之处是沥青需要在熔化罐中真空熔化，随后将沥青从熔化罐注入浸渍罐进行浸渍。浸渍过程中先抽真空，可以使浸润性能好的浸渍剂浸透到孔洞中从而达到快速致密化的效果。以树脂作为浸渍剂，浸渍过程结束后需要一个升温固化的过程，以使树脂完全固化，从而减少在碳化时样品的变形，保证碳化后碳/碳复合材料的致密性。液相浸渍碳化工艺流程如图 8-3 所示。

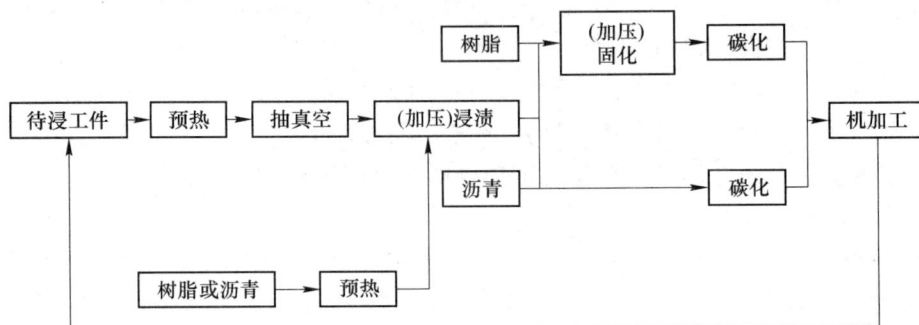

图 8-3 液相浸渍碳化工艺流程

在碳化过程中，非碳元素的分解会在碳化后的预制体中形成很多孔洞，需要多次重复浸渍-固化-碳化才能达到致密化的要求。沥青碳化时增加压力可明显提高残碳率，在 100 MPa 氮气压力下残碳率可高达 90%。将传统的液相浸渍工艺与热等静压工艺结合起来，发展出了热等静压浸渍碳化工艺和超高压浸渍碳化工艺。该工艺可以明显提高残碳率并减少孔隙尺寸从而大大提高了致密化效率，并且材料密度增加，力学性能提高。采用该工艺可以制得密度高、分布均匀和尺寸稳定的碳/碳复合材料制品。

液相浸渍碳化工艺采用常规的技术容易制得密度较均匀、尺寸稳定的制品，缺点是工艺繁杂，制品易产生显微裂纹、分层、纤维与基体结合不好等缺陷。

B 化学气相渗积工艺

化学气相渗积（CVI）工艺是一种在控制条件下向多孔的碳纤维预制体内部空间进行沉积的涂层工艺。20 世纪 60 年代中期，化学气相渗积工艺开始逐步应用于制备碳/碳复合材料。化学气相渗积是指在一定的温度下，利用气态物质，在固体表面上进行化学反应并生成固态沉积物的一种工艺方法。在化学气相渗积工艺过程中，气相前驱体扩散进入预制体中高温裂解并发生一系列的气相-气相和气相-固相反应，在纤维表面生成热解碳填充预制体内的孔隙。

气态前驱体采用烃类化合物，如甲烷、丙烯、丙烷等。化学气相渗积工艺的优点是工艺简单、增密的程度便于精确控制、不损伤纤维、可与其他致密化工艺一起使用。缺点是制备周期太长、生产效率较低。在化学气相渗积工艺中，影响致密化效果的主要因素是气态前驱体的传质和热解反应动力学，协调好这两个因素是化学气相渗积工艺控制的关键。

CVI工艺增密过程中，碳纤维成为了热解碳生长的天然核心，二者之间结合得非常紧密，而且随着沉积的进行，热解碳通过桥接把纤维连为体，使整个坯体形成一个高强高模的材料实体；其次，CVI热解碳的微观结构可以通过调节工艺参数来调控，以获得满足各种性能要求的热解炭的结构。CVI基体碳由于与纤维结合紧密、结构可调，因此是制备高性能碳/碳复合材料的首选方法。

按照加热方式我们可以把CVI工艺技术划分为外部热源和内部热源两类，其方法主要有等温CVI（ICVI）、压差法CVI、热梯度CVI（TGCVI）、强制流动CVI工艺等。等温化学气相渗积（ICVI）工艺被广泛用于制备碳/碳复合材料。

ICVI工艺的原理是将预制体放置在等温等压的空间里，让碳源气体不断从坯体表面流过，靠气体的扩散作用，气体从预制体表面扩散进入内部的孔隙，在扩散过程中发生热解反应而在孔隙内沉积碳。ICVI工艺的优点是不受制件几何形状影响，工艺简单，易实现批量生产，工艺重复性好；同时，因为预制体处于等温等压的环境下，基体结构容易控制。CVI工艺的缺点是在沉积的过程中，存在扩散控制，预制体表面沉积速率高于内部，获得的制品表面密度高于内部，甚至出现表面结壳，往往需多次中间高温热处理及机加工以打开表面封闭的孔隙，这样造成工艺周期过长（一般均在800 h以上），沉积效率低。尽管如此，由于易于批量化和易于实现组织控制的优点，目前它仍然是用来批量生产碳/碳复合材料的主要方法。

C 液相气化沉积工艺

液相气化沉积（CLVI）工艺是1984年发明的一种快速致密化工艺，其致密化效率是传统ICVI工艺的100倍以上。其基本制备过程是：将预制体包裹在发热体上，浸泡在液态前驱体中，用电阻加热或电磁感应方式加热预制体，液态前驱体通过自然对流加热。随着温度升高，液态前驱体沸腾也越剧烈，当达到沉积温度时，浸入其内的液态烃类发生裂解反应并在预制体孔隙内开始沉积出热解碳，随着沉积的进行，纤维束及束间孔隙内的热解碳相互接触并密实，纤维及热解碳基体的传热及导电能力增强，此时密度相对较高的区域温度已经接近或等同于发热体的温度，即此区域可充当发热体，沉积前沿向外推移（即形成了温度梯度和动态反应前沿），从而逐步完成整个预制体的致密化。CLVI工艺的过程的关键在于预制体内部形成较大的温度梯度，以保证热解碳沉积由内向外逐层进行。CLVI工艺实现快速致密化主要因素为：（1）致密化期间预制体内部存在相当大的热梯度，致密化前沿温度高且气体浓度高；（2）致密化期间预制体始终浸泡于液态碳源前驱体中，相当于缩短了反应物沉积和扩散的路径；（3）预制体内部温度梯度引起的反应物浓度梯度，以及液态烃类前驱体剧烈沸腾形成液态及气态反应物的循环对流均促使反应物气体向致密化前沿的渗入和扩散，从而大幅提高了致密化速率。

但是CLVI工艺难以制作大尺寸的碳/碳复合材料，其原因之一是需要较大的加热功率；原因之二是液态碳源极易气化，必须有足够的冷却能力和大尺寸的反应釜，以保证碳/碳复合材料始终浸泡于液态前驱体中。

D CVI 与 LIC 复合工艺

CVI 工艺与 LIC 工艺均有各自的优缺点，CVI 与 LIC 复合工艺是结合使用两种工艺 CVI 与 LIC 复合工艺的实施过程，可以先用 CVI 工艺使预制体密度达到一定程度后再使用液相浸渍增补密度，该方法可以先通过气相渗积制备出具有一定密度的碳/碳复合材料，然后通过液相浸渍填充孔隙，实现快速致密化。这种方法可以解决化学气相渗积工艺在致密化后期致密化速率过于缓慢的问题，能够有效缩短制备周期、减少工艺成本，有利于制备具有较大厚度的碳/碳复合材料。CVI 与 LIC 复合工艺的实施过程也可以先采用 LIC 工艺增密再进行 CVI 渗积。该方法可以预先制备出一定密度、形状稳定并且具有一定强度的碳/碳复合材料，方便后续的气相渗积工艺的致密化。CVI 与 LIC 复合工艺可以综合 CVI 与 LIC 两种工艺方法的优点。

8.5.3.3 石墨化处理

碳/碳复合材料在经过致密化工艺之后需要进一步进行石墨化处理，该过程是通过高温（1800~2800 ℃）将热力学非稳定态的碳材料转变成稳态的石墨的过程。在石墨化过程中基体碳内的乱层石墨结构逐渐转变成规则的石墨结构，随着石墨化过程的进行，基体碳中的石墨晶格越来越完整，沿层面方向的石墨烯平面间的缺陷越来越少，层间距 $d(002)$ 也逐渐减小。在石墨化过程中石墨烯平面间的缺陷及不完整性需要逐步消除，因此减少了芳香碳平面进行整体迁移时的阻力，芳香碳平面的整体迁移、转动、生长并趋向三维有序化才可能实现。有些基体碳在 2200~3000 ℃ 时可以完全转变成石墨，这类基体碳称为易石墨化碳材料，又称软碳。而有些基体碳在高温下难以转变成石墨，这类基体碳称为难石墨化碳材料，又称硬碳。石墨化度的不同会对基体碳的性能产生较大的影响。通常树脂碳难以石墨化，沥青碳易于石墨化，热解碳的石墨化难易与其结构类型有关。增强碳纤维中，PAN 基碳纤维较沥青基碳纤维难石墨化，中间相沥青碳纤维较普通沥青基碳纤维易石墨化。此外，在石墨化处理过程中，由于碳/碳复合材料中纤维与基体的热膨胀性存在差异，使得纤维与基体的界面处易产生热应力和机械应力，在应力的驱动作用下，基体碳有序排列程度提高，使材料中各组分的石墨化度比单独存在时增加。

8.6 碳/碳复合材料在航空航天中的应用

8.6.1 碳/碳复合材料在航天中的应用

碳/碳复合材料目前主要应用于航天、航空及兵器领域，此外该材料在核能、机电及生物医学领域都有潜在的应用价值。在航天领域，碳/碳复合材料主要作为耐烧蚀材料在固体火箭发动机喷管、喉衬及扩散段等受气动加热最严峻的部位使用。此外作为热防护材料在高超声速飞行器头锥、机翼前缘等表面温度较高的部位使用。其中，喉衬是碳/碳复合材料在航天领域最广泛的应用。2020 年，我国航天在新型火箭首飞、卫星导航系统、月球与深空探测和商业航天等领域取得了重大成就，航天产业飞速发展带来强大的市场需求。

8.6.2 碳/碳复合材料在航空中的应用

在航空领域，碳/碳复合材料主要作为飞机制动盘使用。20 世纪 60 年代末开始尝试用碳/碳复合材料制备飞机制动盘并取得了成功，目前全世界的民机和军机已经广泛使用了碳/碳复合材料制动盘。碳/碳复合材料之所以成功应用于飞机制动材料，归因于其具备以下特性：良好的耐摩擦、磨损性能，较高的比强度和比模量，材料强度随着温度的升高不降反升，在大能量制动条件下不会熔化黏结，优良的热传导率和较大的比热容，良好的尺寸稳定性，较高的断裂韧性，优异的疲劳抗力，结构可设计性。

碳/碳复合材料产业化最成功的典型代表是碳/碳复合材料航空制动盘，飞机刹车盘为碳/碳复合材料在航空航天领域的主要应用方向，50%以上的碳/碳复合材料用于飞机刹车装置。碳/碳复合材料制作的飞机刹车盘重量轻、耐高温、比热容比钢高 2.5 倍，同金属刹车材料相比，可节省 40%的结构重量，使用寿命可提升 5~7 倍，刹车力矩平稳，刹车时噪声小。

国际上生产碳/碳复合材料制动盘的厂家主要有美国的 ABS（Aircraft Braking System）公司、ALS（Aircraft Landing System）公司、B. F. Goodrich 公司；法国的 Messier-Bugatti 公司；英国的 Dunlop 公司和俄罗斯的 Nigrafit 研究院。此外，日本、德国、韩国、印度也具备一定的碳/碳复合材料制动盘的研制能力。我国在 1972 年开始启动军机碳/碳复合材料制动盘的研究工作，主要研制单位有华兴航空机轮公司兰州炭素厂、上海炭素厂等。由兰州炭素厂研制的碳制动盘于 1990 年 7 月首次飞行成功；1998 年华兴航空机轮公司研制的碳/碳复合材料制动盘在某重点型号军机上正式装机应用。20 世纪 90 年代初期开始启动民机碳/碳复合材料制动盘的研究工作，主要参与单位有中南大学、航天 43 所、航空 621 所、华兴航空机轮公司、烟台冶金新材料所等。

★ 课程思政

20 世纪 90 年代以来，国内碳制动盘取得长足发展。2004 年，中南大学黄伯云院士及团队完成的碳/碳飞机制动盘项目首次成功应用于南方航空公司的 A320 飞机。2005 年 2 月，西安超码科技有限公司研制的 B757-200 型制动盘在上海航空股份有限公司的 B757 飞机上使用。以博云新材为代表的碳/碳复合材料龙头企业已经成功地承担了我国大飞机 C919 刹车系统的生产。我国碳制动盘市场需求量在不断上升，飞机刹车盘为高耗材产品，可分为粉末冶金、碳/碳及复合材料三类，粉末冶金刹车盘仅 250 次起落就需更换，而碳/碳刹车盘性能优良可靠性高，更换次数可达 1000 次起落（约飞行 3 年），现阶段广泛应用新型号飞机，后续将成为飞机刹车盘的主流材料。

课 后 习 题

8-1 阐述碳纤维的种类、性能、特点和应用领域。

8-2 阐述碳纤维的制备工艺及技术要点。

8-3 阐述碳/碳复合材料制备工艺。

8-4 阐述碳/碳复合材料在航空航天及民用领域的应用。

9 高性能纤维/晶须增强陶瓷基复合材料

纤维/晶须强韧化是目前改善陶瓷韧性最为有效方法之一，不仅能提高材料的韧性，而且还能同时提高材料的强度。最早使用的增韧纤维是金属纤维，如 W、Mo、Ta 等。虽然这类纤维可以提高陶瓷的室温强度和韧性，但和其他金属陶瓷复合材料一样，也存在着金属纤维在高温下容易发生氧化相变，限制了其应用。纤维强韧化是在高性能陶瓷纤维和晶须（即单晶纤维）出现后才得以实现的。

晶须是指自然形成或者在人工控制条件下（主要形式）以单晶形式生长成的一种纤维。纤维或晶须强韧化主要是靠纤维/晶须桥联、裂纹偏转和纤维/晶须拔出等机制，达到提高陶瓷的韧性和强度的一种方法，这样制备的复合材料称作纤维/晶须增强陶瓷基复合材料。另外，通过适当的成分设计和工艺控制，某些陶瓷材料在烧结过程中，能原位形成一些具有针状、条状或板状等有较大长径比的晶粒，这些晶粒有类似晶须增韧的效应，被称为"原位生成纤维（晶须）强韧化"或"自生纤维（晶须）强韧化"。

9.1 增韧陶瓷的概述及方法

9.1.1 概述

陶瓷材料具有高熔点、高硬度、高耐磨性、耐氧化等优点，可用作结构材料、刀具材料及功能材料。其中，常见的先进陶瓷材料如氧化铝、氧化锆、氧化硅、碳化硅、氮化硅等，被广泛地应用于航空航天、汽车、生物医学、电子和机械设备等行业。目前，陶瓷材料的韧性差是制约其发展的主要因素之一，因此增韧成为陶瓷材料研究领域的核心问题。

众所周知，金属键没有方向性和饱和性，金属材料很容易产生塑性变形。而陶瓷材料的结合键主要为共价键和离子键，共价键有明显的方向性和饱和性，而离子键的同号离子接近时斥力很大。因此，陶瓷材料不仅滑移系很少，一般在产生滑移之前就发生断裂。这是室温下陶瓷材料脆性的根本原因。

根据 Griffith 理论，固体材料断裂强度主要取决于材料的三个基本性能参数：弹性模量 E、断裂表面能 γ 及临界裂纹尺寸 c。材料的韧性可以用断裂韧性进行量化。从断裂力学的观点看，增强陶瓷材料韧性的关键在于提高陶瓷材料抵抗裂纹扩展的能力和减缓裂纹尖端的应力集中效应。此外，采用先进的制备加工技术也可以增强陶瓷材料的韧性。目前陶瓷材料中增韧的机理大致有以下六种：相变增韧；微裂纹增韧；裂纹偏转和桥联；晶须/纤维增韧；畴转和孪晶增韧；自增韧。实际上，陶瓷材料中的增韧机制通常不止一种，而是以上几种机制的叠加，即为协同韧化。

9.1.2 增韧补强陶瓷的方法

9.1.2.1 相变增韧

相变增韧,通过第二相的相变消耗大量裂纹扩展所需的能量,使得裂纹尖端应力松弛,阻碍裂纹的进一步扩展。同时,相变产生的体积膨胀使周围基体受压,促使其他裂纹闭合,从而提高断裂韧性和强度。这种相变增韧也称为应力诱发相变、相变诱发韧性。利用氧化锆(ZrO_2)的马氏体相变使得氧化锆陶瓷材料韧性大幅提升,是迄今为止最成功的增韧方法之一。纯 ZrO_2 晶体有单斜相(m)、正方相(t)和立方相(c)三种结构。随温度变化会发生以下同素异构转变:

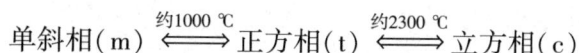

$$单斜相(m) \xrightleftharpoons[]{约1000\ ℃} 正方相(t) \xrightleftharpoons[]{约2300\ ℃} 立方相(c)$$

在冷却过程中,t→m 相变伴随着 7%~9% 的体积膨胀,因此纯 ZrO_2 陶瓷在冷却过程中很容易发生破损。后来,通过在 ZrO_2 中加入适量的 CaO、MgO、Y_2O_3 和 CeO 等稳定剂,并控制加热冷却条件,使高温相(t 或 c 或二者同时)部分地存在于室温,形成部分稳定 ZrO_2,极大地提高了氧化锆陶瓷的韧性。

在 ZrO_2 四方相多晶体(TZP)或以四方相 ZrO_2 为第二相颗粒的陶瓷基复合材料(如 PSZ,ZTA)中,裂纹尖端附件高应力的作用导致四方相 ZrO_2 晶粒发生相变(t→m 相变),这种马氏体相变产生的晶格膨胀和剪切在裂纹尖端形成屏蔽,释放了裂纹尖端的扩展驱动力,从而提高了材料的断裂韧性。

ZrO_2 增韧陶瓷材料是目前使用最为广泛的氧化物陶瓷之一,广泛用于机械、电子、石油、化工、航天、纺织、精密测量仪器、精密机床、生物工程和医疗器械等行业。部分稳定的氧化锆具有导热率低、强度和韧性好、弹性模量低、抗热冲击和工作温度高(1100 ℃)等优点,可用于制造发动机和内燃机的零件。ZrO_2 增韧陶瓷在内燃机中的应用是最为成功的。由于工作温度高,因此利用 ZrO_2 制作陶瓷绝热内燃机可以省去散热器、水泵和冷却管等部件,从而提升内燃机的热效率。氧化锆陶瓷无磁性、不导电、不生锈、耐磨,因此在生物医学器械领域和刀具工具领域中应用广泛。部分稳定氧化锆可用于制作人造骨骼、人造关节和人工牙齿等;ZrO_2 增韧陶瓷刀片由于具有非常高的刀刃强度和耐磨性能,可用于加工合金钢。此外,部分稳定氧化锆成型的结构陶瓷件如光纤接插件、套管和跳线等,在市场上已广泛应用。

9.1.2.2 微裂纹增韧

微裂纹增韧的根本原因是增大了裂纹扩展路径,即提高了材料断裂过程中裂纹扩展所需克服表面能增加做的功。微裂纹增韧是一种常用的陶瓷增韧机制,在陶瓷基体相和分散相之间,由于温度变化引起的热膨胀差或相变引起的体积差,会产生弥散分布的微裂纹。当导致断裂的主裂纹扩展时,这些均匀分布的微裂纹会促使主裂纹分岔,使主裂纹扩展路径曲折不平,增加了扩展过程中的表面能,从而使裂纹快速扩展受到阻碍,增加材料韧性。

目前,应用微裂纹增韧的陶瓷材料主要为 ZrO_2 增韧氧化铝陶瓷(ZTA)。ZTA 的增韧包含微裂纹增韧和相变增韧两种机理,其中微裂纹又可分为球形颗粒开裂和颗粒相变应变引起机体开裂两种。ZTA 复合陶瓷具有优良的抗腐蚀性、抗热震性、高强度和高韧性，可用于制作加工铸铁和合金的陶瓷刀具、耐磨瓷球和生物医用材料（如牙齿）等。

9.1.2.3　裂纹偏转和桥联

通过陶瓷基体中高强度、高韧性的第二相颗粒的弥散或者颗粒的移动，使得裂纹在扩展过程中，由于分散相粒子的阻碍作用，裂纹尖端会沿颗粒发生弯曲。另外，当分散相粒子与基体相交界周围产生残余压应力，裂纹遇到分散粒子时，原来的前进方向会发生转向。颗粒与基体的热膨胀系数是决定增韧效果的主要因素。裂纹桥联通常发生在裂纹尖端，依靠桥联单元连接裂纹的两个表面并在两个界面之间产生闭合应力，从而导致强度因子随裂纹扩展而增加。裂纹桥联可能发生穿晶破坏，也有可能出现裂纹绕过桥联单元沿晶发展及偏转的情况。裂纹桥联增韧值与桥联单元粒径的平方根成正比。复合材料中存在的微裂纹也会导致主裂纹在扩展过程中发生偏转，增加复合材料的韧性。裂纹偏转和桥联示意图如图 9-1 所示。

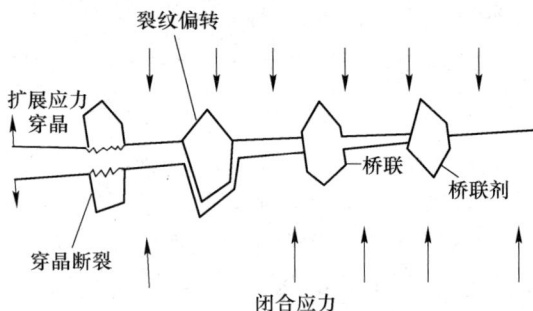

图 9-1　裂纹偏转和桥联示意图

在陶瓷基体中加入的第二相颗粒通常为强度较高的氮化物和碳化物陶瓷颗粒。塑性良好的金属颗粒作为第二相颗粒也可以增强脆性陶瓷基体的韧性。金属粒子作为延性第二相引入陶瓷基体内，不仅可以改善陶瓷的烧结性能，也可以多种方式阻碍陶瓷中裂纹的扩展，使得复合材料的抗弯强度和断裂韧性得以提高。其增韧机制有两种：（1）扩展裂纹的上下表面在裂纹尖端后方一定的距离内被完整的颗粒所钉住，颗粒通过阻止裂纹的张开而减小了裂纹尖端的应力强度因子，从而实现增韧。（2）裂纹扩展过程中导致颗粒的塑性变形，消耗了宏观裂纹扩展的驱动力。上述两种机理中，颗粒桥联机理起主导作用。

在 Al_2O_3 或 Si_3N_4 等材料的陶瓷基体中加入 SiC 和 TiC 等颗粒物制作的陶瓷刀具已广泛使用。裂纹偏转和桥联增韧不受温度限制，同时又可以避免微裂纹对材料的劣化作用，是高温结构陶瓷比较有潜力的增韧方法之一。

9.1.2.4　晶须/纤维增韧

实践证明晶须/纤维可使陶瓷材料的强度和韧性都大幅度地提高，被认为是高温结构陶瓷最有希望的增韧机理。晶须/纤维自身特性及纤维与陶瓷基体的界面结合特性是影响纤维增韧的主要因素。在陶瓷基体中掺入高强度高韧性的晶须/纤维，可使宏观裂纹在穿过晶须/纤维时受阻，从而提高陶瓷材料的强度和韧性。其增韧机理为陶瓷基体中晶须/纤维的脱黏、拔出和桥联，如图 9-2 所示。

（1）当纤维或晶须与基体的结合力较弱，晶粒的断裂强度超过裂纹的扩展应力时，裂纹会偏离原来而沿晶须/纤维与基体的结合面扩展，引起晶须/纤维基体界面脱黏，阻碍裂纹扩展；

（2）当晶须/纤维较短或发生断裂时，纤维/晶须在裂纹扩展过程中脱黏并拔出，晶须/纤维的断裂及拔出都会使得裂纹尖端应力松弛，减缓裂纹的扩展，消耗裂纹扩展的能量；

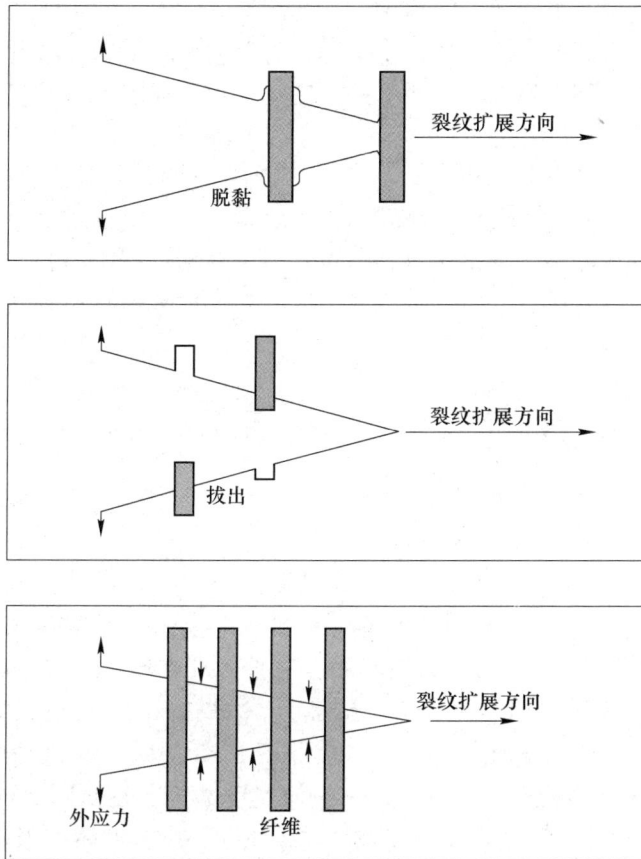

图 9-2　纤维增韧原理示意图

（3）陶瓷基体中的晶须/纤维产生桥联时，其两端会牵拉住两裂纹面，即在裂纹表面产生压应力，抵消一部分外加压力的作用，阻止裂纹的进一步扩展。

目前，常用的晶须/纤维材料为 SiC、Si_3N_4 和 Al_2O_3 等材料，陶瓷基体通常为 Al_2O_3、ZrO_2、Si_3N_4 和莫来石等。纤维增韧陶瓷主要用途有两类：要求高强度、高硬度和高温结构稳定性的材料；绝热、高温空气过滤材料、金属的增强材料，适用于航天和化学工业。利用纤维增韧陶瓷材料制作的零部件可以用于爆破箱、熔融器和密封件等，轻质增强纤维构件还可用于设计飞机发动机。

用碳纤维补强的石英基复合材料是最有成效的应用案例之一。在石英基体中加入25%（体积分数）的碳纤维组成的复合材料，其强度和韧性都显著提高，表现出优异的抗机械冲击和热冲击性能，并成功地用于我国的空间技术中。连续碳纤维增韧的 SiC 复合材料，不仅具有很高的强度，而且断裂韧性极高，在空间技术上是极为有用的材料。碳纳米管-陶瓷基复合材料，除具有优良的力学性能外，热学和电学性能上也有优异表现。

9.1.2.5　自增韧

自增韧也称原位增韧，即在陶瓷基体中加入可以生成第二相的原料，控制生成条件和反应过程，直接通过高温化学反应或者相变过程，在基体中生长出均匀分布的晶须、高长径比的晶粒和晶片形态的增强体，形成陶瓷复合材料。自增韧的韧化机理类似于晶须/纤维增韧，主要是借助自生增强体的拔出、桥联与裂纹的偏转机制。这种方法可以克服加入第二相增韧中存在的两相不相容、分布不均等问题，因此得到的复合材料的强度和韧性都高于第二相增韧的同种材料。

自增韧在陶瓷复合材料中应用广泛，包括 Si_3N_4、Sialon、SiC、Al_2O_3、$ZrB_2/ZrC_{0.6}/Zr$ 材料和玻璃陶瓷等。自增韧复合陶瓷材料与外加纤维、晶须增韧陶瓷复合材料相比，优点在于不需先制备纤维或晶须，降低了制备成本；另外烧结过程中不会对纤维和晶须造成损伤，与基体之间界面结合较好。自增韧陶瓷复合材料一般会使材料的断裂韧性提高，但断裂强度会有所下降。

9.2　碳化硅晶须（SiC_w）增强陶瓷基复合材料

9.2.1　碳化硅晶须（SiC_w）

碳化硅（SiC）俗称金刚砂或碳硅石、穆桑石，是一种典型共价键结合的化合物，是1891 年美国人艾奇逊在做电熔金刚石实验时，偶然发现的一种碳化物。SiC 主要分为 α-SiC 和 β-SiC 两种类型，其中 α-SiC 为面心六方晶系，存在着 4H、15R 和 6H 等 200 多种多型体，6H-SiC 在工业上应用最为广泛，晶体学参数见表 6-1；β-SiC 为立方晶系。在 SiC 多种多型体之间存在着热稳定性关系，当温度低于 1600 ℃时，SiC 以 β-SiC 为主；当温度高于 1600 ℃时，β-SiC 缓慢转变成 α-SiC 的各种多型体，当温度为 2000 ℃左右时，易生成 4H-SiC，当温度在 2100 ℃以上时，更易生成 15R 和 6H 多型体，当温度在 2200 ℃以上时，生成的 6H-SiC 也很稳定。SiC 中各种多型体之间的自由能相差很小，即使存在微量杂质的固溶现象也会引起多型体之间的转变。

SiC 材料具有优异的力学性能、热稳定性、传热性能和化学稳定性。

（1）利用其硬度高和耐磨性好等特性，SiC 作为磨料最早得到工程应用。SiC 的莫氏硬度为 9.2~9.3。

（2）SiC 的热稳定性较高，在常压下通常不会熔化，当温度高于 1800 ℃时会发生升华现象，分解为 C 和 Si 蒸气；温度低于 1500 ℃时 SiC 的稳定性好。

（3）SiC 的热导率高。SiC 热导率高，达到 500 W/(m·K)，远高于绝大多数半导体材料，室温下高于所有金属。高热导率使 SiC 器件可在高温下长时间稳定工作便于高密度、大功率器件集成。

（4）SiC 化学稳定性好，材料内部不存在杂质扩散，室温下能抵抗任何酸性刻蚀剂，这些性质使 SiC 器件可在高温下保持安全可靠，能在苛刻或腐蚀性环境中正常工作。

（5）SiC 抗辐射能力强。SiC 禁带宽度较宽，在相同辐照条件下，在 SiC 中产生的电子空穴对比在 Si 和 GaAS 中产生的要少，SiC 临界位移能相对较大，因此抗辐射能力强。

晶须是一种纤维状单晶体，长径比为 5~1000，直径为 20~100 μm。晶须的内部结构完整，原子排列高度有序，晶体中缺陷少，是目前已知强度最高的一种纤维，强度接近于相邻原子间成键力的理论值。晶须可用作高性能复合材料的增强材料，增强金属、陶瓷和聚合物。近年已有近百种晶须工业产品被陆续开发出来，如金属、氧化物、碳化物、氮化物等晶须，几种常见晶须的性能如表 9-1 所示。其中，高硬度无机晶须（如 SiC、Si_3N_4、Al_2O_3 等）具有可控生长的特性，为高韧性复合材料的制造提供新途径。

表 9-1　晶须增强体的性能参数

名称	碳化硅		酸铝	钛酸钾	硼酸镁	氮化硅	氧化铝	莫来石
化学式	α-SiC	β-SiC	$Al_8B_4O_{33}$	$K_2Ti_6O_{13}$	$Mg_2B_2O_5$	α-Si_3N_4 β-Si_3N_4	Al_2O_3	$3Al_2O_3$-$2SiO_2$
色泽	淡绿色	—	白色	白色或绿色	白色	灰白色	—	—
形状	针状	—	针状	针状	针状	针状	纤维状	—
密度/(g·cm⁻³)	3.18	—	2.93	3.3	2.91	3.18	3.95	
直径/μm	0.1~1.0	0.05~0.2 0.2~1.0	0.5~2	2~0.5 3~1.0 0.5~2.0	0.2~2	0.1~1.6 0.1~0.5	3~80	0.5~1.0
长度/μm	50~200	10~40 30~200	10~30	10~20 10~30	10~50	5~200 10~50	50~20000	7.5~20
拉伸强度/GPa	12.9~13.7	20.8	7.84	6.68	3.92	13.72	13.8~27.6	7.5~20
弹性模量/GPa	482.3	551.2~827.9	392	274.4	264.6	382.2	550	—
莫氏硬度	9.2~9.5	9.5	7	4	5.5	9	—	—
熔点/℃	2316	2316	1440	1370	1360	1900	2080	>2000
耐热性/℃	1600		1200	1200	—	—	—	1500~1700
主要制备方法	碳还原法、气相反应法、氮化硅转换法		熔融法、气相法、内部助溶剂法、外部助溶剂法	烧成法、熔融法、助溶剂法、水热法	熔融法、助溶剂法	硅氮化法、SiO_2 碳还原法、卤化硅气相氨分解法	气相合成	有机铝烧结 Al_2O_3 和 SiO_2 粉体烧结

碳化硅晶须（SiC_w）通常呈黄绿色或灰绿色，按构型特征可分为 α-SiC_w 和 β-SiC_w 两种。SiC_w 直径为 0.2~1.5 μm，粗晶须直径为 3~5 μm，长度为几十至几百微米。SiC_w 密度为 3.18 g/cm³，荷重软化温度 1600 ℃，熔点 2690 ℃，抗拉强度约为 21 GPa，弹性模量约为 480 GPa，莫氏硬度约为 9.5，热膨胀率为 $(4.5~5.0)\times10^{-6}$/K。α-SiC_w 呈四方柱状，表面有阶梯状生长纹，β-SiC_w 呈竹节状，表面光滑。β-SiC_w 横截面分为三角形和六角形两种，端面是尖的；而 α-SiC_w 端面较为平坦。β-SiC_w 在耐温性、硬度、强度、弹性模量等方面都比 α-SiC 高。常见的 SiC_w 如图 9-3 所示。

按引入碳的来源不同，将 SiC 制备方法分为气相碳源法、液相碳源法和固相碳源法。工业化生产的常用方法是将石英砂或稻壳与炭粉按一定比例配料，并加入铁、钴、镍等催化剂和生长控制剂，充分混合后加入坩埚中，在 1450~1600 ℃惰性气体和氢气存在下生长出碳化硅晶须。

碳化硅晶须是一种很少缺陷的、有一定长径比的单晶纤维，具有相当好的抗高温性能和很高的强度。作为增强剂，碳化硅晶须在高速切削刀，飞机、导弹的外壳上及发动机、高温涡轮转子等特种部件上得到应用。

9.2.2　影响 SiC$_w$ 增韧陶瓷的几个因素

SiC$_w$ 直径尺寸小，缺陷少，原子高度有序排布，强度接近于完整晶体的理论值，具有优良的耐高温、耐高热和耐蚀性，良好的机械强度、电绝缘性、轻量、

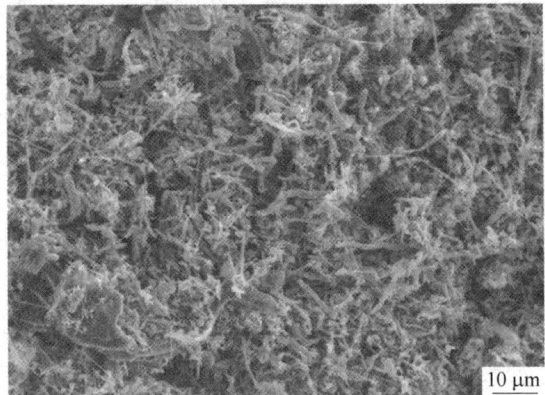

图 9-3　SiC 晶须

高强度、高弹性模量、高硬度等特性。SiC$_w$ 增韧陶瓷基复材料显示出了极佳的物理、化学性能和优异的力学性能。

SiC$_w$ 晶须增韧陶瓷基复合材料的性能与基体和晶须选择、晶须含量及分布等因素有关，复合材料的断裂韧性随晶须含量（体积含量）的增加而增大。但是，随着晶须含量的增加，由于晶须的桥联作用，复合材料的烧结致密化困难。影响 SiC 晶须增韧复合材料性能的因素很多，主要包括界面性质、晶须性能、基体材料性质等。

9.2.2.1　界面性质

就界面性质而言，晶须增韧陶瓷复合材料的性能与很多因素有关，包括界面结合力、物理匹配及化学相容性等。晶须与基体应选择得当，二者的物理、化学相容性要匹配，才能使陶瓷复合材料的韧性得到提高。晶须增韧效果由晶须与基体间的界面性质决定；物理结合力主要研究材料表面粗糙程度和机械结合性能等；化学性质包括材料表面的化学反应层厚度等。过强的界面结合，将导致材料强度增加，增韧效果降低，呈现出脆性断裂特征；过弱的界面结合，外界载荷无法有效地传递给晶须，增韧效果不明显；适当的结合界面既可有效地传递载荷，又可使裂纹尖端后部形成开裂区，提高材料增韧效果。要使晶须与基体的界面结合力适中，基体与晶须应尽量避免化学反应。

为了调整晶须与基体的界面结合力，通常需对晶须进行涂层处理。对晶须进行酸洗或热处理，可改变晶须表面的氧含量，影响晶须/基体的界面性质。对于 SiC 增韧氧化物陶瓷而言，在 SiC 的表面涂薄层碳层能提高该复合材料的断裂韧性。晶须的表面化学性质会影响晶须与基体的界面结合状况。表面氧含量低的晶须，其复合材料的韧性和强度数值均较高。晶须表面氧含量的高低决定晶须的解离/拔出长度，晶须表面含氧量越高，晶须拔出长度越短，这是因为晶须表面含氧量增加，晶须与基体间作用加强，导致纤维拔出效果降低。

9.2.2.2　晶须性能

当基体与晶须为物理结合时，应注意弹性模量和膨胀系数的匹配，需满足晶须弹性模量大于基体弹性模量和晶须的膨胀系数稍大于基体的膨胀系数或尽量接近这两个条件。若晶须与基体弹性模量和膨胀系数相差很大会造成材料严重失配，会在界面处产生很大的剪切应力，在烧结过程中可能造成较明显的宏观裂纹，使复合材料力学性能明显下降。从晶

须桥联和拔出的角度来讲，提高复合材料的弹性模量可以提高韧化效果，如图 9-4 所示，对于由 SiC 晶须增韧的氧化铝、莫来石和铝-硅玻璃，随基体弹性模量的增大，韧化效果更好。

就材料与基体之间的热膨胀系数而言，若晶须的热膨胀系数大于基体的热膨胀系数，则基体受压应力，晶须受拉应力，可导致强度增加。若晶须的热膨胀系数小于基体热膨胀系数，则基体承受拉应力，晶须承受压应力，此应力如超过基

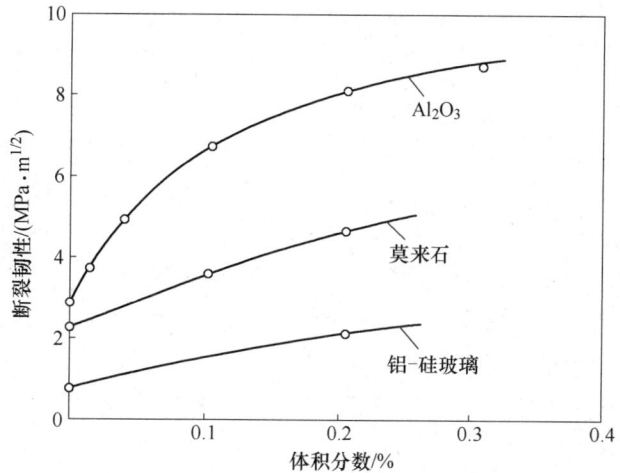

图 9-4 基体弹性模量对晶须韧化陶瓷断裂韧性的影响

体的抗拉强度，则会在垂直于轴方向产生微细裂纹。因此晶须热膨胀系数要稍大于基体。晶须强度对于晶须韧化非常重要。由前面的分析可知，提高晶须的强度可以提高晶须桥联和拔出对韧化的贡献，两者均正比于晶须的强度。使用包含缺陷的晶须或强度低的晶须，韧化效果降低。

9.2.2.3 晶须直径和含量

在晶须含量一定的条件下，对于一定的外加应力和晶须长度，作用在晶须上界面剪切应力与拉伸应力的比值随晶须直径的增大而线性增大。这样在确保晶须不发生断裂的前提下，由剪切应力导致的脱黏被强化，使得晶须桥联和拔出强化，从而韧性得以提高。晶须长度过长，晶须表面结构中所包含的缺陷增加，晶须性能下降；晶须尺寸越小，完整性相对较好，强度较高，但晶须尺寸过小，增韧作用降低。

就晶须含量而言，晶须含量的差异将影响复合材料的增韧机理和断裂方式。若晶须含量过高，容易形成团聚，基体中分散不均匀，存在空间架桥效应，增韧效果降低；同时晶须含量过高，导致晶须桥联作用，烧结复合材料变得困难。晶须在临界含量以内，随着晶须含量增加，复合材料断裂韧性增加。若晶须含量过低，难以达到增韧目的，将成为缺陷源。因此，晶须只有含量适当且均匀分散在材料中，才能实现增韧作用。

9.2.2.4 晶须分散性

如何使晶须均匀分散在基体中，是复合材料制造工艺的最重要课题。晶须分散不均匀所产生的后果，一种可能是晶须团聚，将严重地影响整体的烧结过程，形成气孔和大缺陷的聚集区；另一种可能是大片区域不含晶须，起不到晶须增韧作用。

9.2.3 SiCw 增韧陶瓷基复合材料

SiCw 有"晶须之王"之称，具有金刚石结构，分子内存在着牢固的共价键因而具有耐高温、强度高、弹性模量高、化学稳定性好等特点，在耐高温、硬度、强度、模量等方面 β-SiC 均比 α-SiC 性能优良。SiCw 主要作为提高结构陶瓷韧性和高温可靠性的增强补韧剂。常见几种 SiCw 增韧陶瓷基复合材料性能和应用如下。

9.2.3.1　SiC_w增韧 Al_2O_3 基复合陶瓷材料

Al_2O_3 陶瓷具有机械强度高、电阻率高、电绝缘性好、硬度和熔点高、耐蚀性好、化学稳定性优良等特点，广泛应用于航空航天、机械、电力、化工、建筑等领域。然而，Al_2O_3 陶瓷作为结构陶瓷等产品使用时，如何提高陶瓷韧性亟待解决。目前常用增韧方法有颗粒弥散增韧、ZrO_2 相变增韧、晶须增韧等，其中 SiC 晶须增韧效果最好。例如，SiC 晶须增韧 Al_2O_3 陶瓷刀具显示出更为优越的抗裂纹扩展能力和抗循环热震性能，具有强度高、硬度高、导热性好等优点。早在 1984 年 Becber 首次提出 SiC_w 增强 Al_2O_3 复合材料。当 SiC_w 体积分数为 20% 时，SiC_w 增强 Al_2O_3 复合材料的抗弯强度达 508 MPa，断裂韧性为 8.78 MPa·m$^{1/2}$，比纯 Al_2O_3 陶瓷提高近一倍。采用外部添加的方式将增强相 SiC 晶须引入 Al_2O_3 陶瓷基体中，复合材料抗弯强度可达 600~900 MPa，断裂韧性可达 7~9 MPa·m$^{1/2}$。

图 9-5 给出了 SiC 晶须含量对 SiCw/Al_2O_3 复合材料常温力学性能的影响。可以看出，随着 SiC 晶须含量的提高，复合材料的弯曲强度提高，当晶须含量达到 30%（质量分数），强度达到最大值，SiC 晶须含量为 40%（质量分数）强度有所降低。这主要是因为随晶须含量增大，晶须易形成架桥效应，不利于复合材料的致密化，使材料内部含有较高的气孔率。图 9-5 给出了 SiC 晶须含量对复合材料断裂韧性的影响，可见随晶须含量增大复合材料断裂韧性提高。由于 SiC 晶须的引入，陶瓷断裂韧性由约 3.0 MPa·m$^{1/2}$ 提高到 8.7 MPa·m$^{1/2}$，取得了很好的增韧效果。图 9-6 给出了 SiC 晶须含量对 SiC_w/Al_2O_3 复合材料硬度的影响，随着晶须引入量增大，复合材料硬度提高。

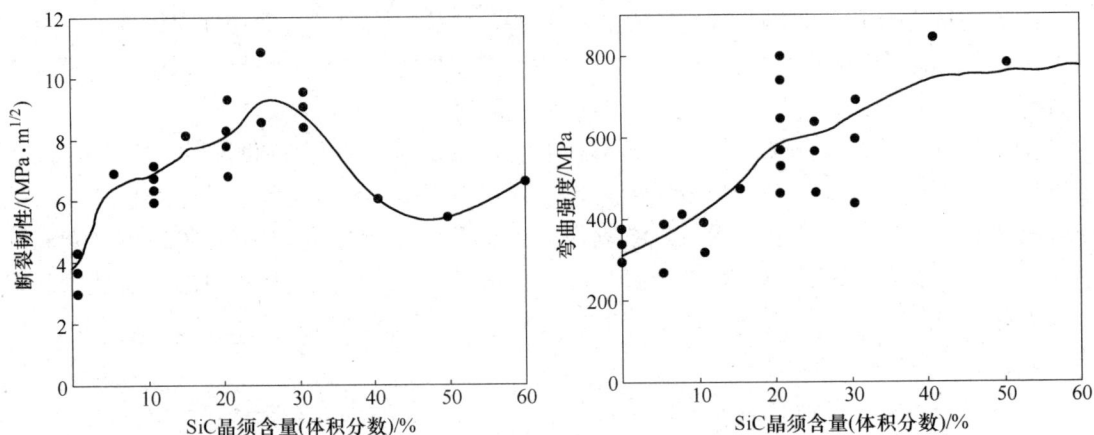

图 9-5　SiC 晶须含量对 SiCw/Al_2O_3 复合材料力学性能的影响

图 9-7 给出了 20%（质量分数）SiC 晶须含量的 SiC_w/Al_2O_3 复合材料强度随测试温度的变化，也给出了 Al_2O_3 陶瓷强度随温度的变化。与 Al_2O_3 陶瓷相比，SiC_w/Al_2O_3 复合材料不仅具有较高的常温强度，而且随着测试温度提高，复合材料强度均高于单相 Al_2O_3 陶瓷的强度。高温强度的改善主要是由于 SiC 晶须的引入抑制了氧化物陶瓷在高温下的黏塑性滑移和流动，并且晶须的增强效果不会由于温度的升高而失效。

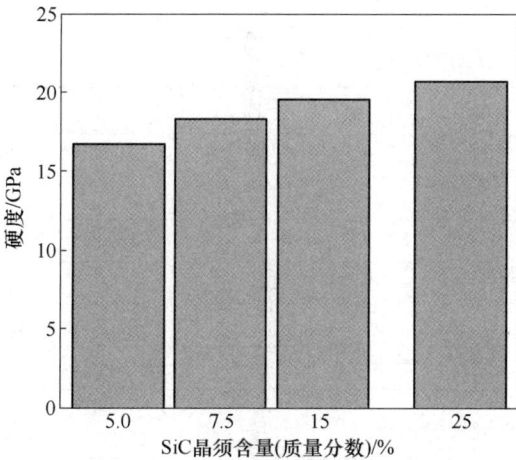

图 9-6　晶须含量对 SiC_w/Al_2O_3
复合陶瓷硬度的影响

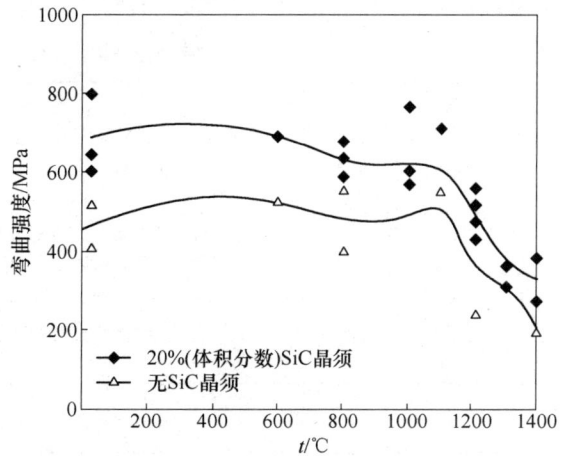

图 9-7　SiC_w/Al_2O_3 复合陶瓷强度随
温度的变化

SiC_w/Al_2O_3 复合陶瓷材料具高强度、高断裂韧性、高热导率、高抗热震性能、良好高温抗蠕变等。SiC_w 引入扩展 Al_2O_3 陶瓷的用途。目前，SiC_w/Al_2O_3 复合陶瓷材料已被应用于磨损部件、切削刀具等领域。尤其是 SiC_w 增韧陶瓷切削刀具材料，以其良好的断裂韧性和抗热冲击性能用于切削高温合金等难加工材料，延长刀具的使用寿命，切削效率远高于普通刀具。然而，目前切削刀具用的 SiC_w 补强 Al_2O_3 复合陶瓷材料陶瓷尚有许多问题需要解决。如 SiC_w 在切削加工时，会与金属 T 和 Al 发生化学反应，因而不适合加工金属 T 和 Al 工件；切削温度超过 1000 ℃时，SiC_w 会与钢发生反应，产生 $FeSi_2$，加速刀具磨损，减少使用寿命。

9.2.3.2　SiC_w 增强 Si_3N_4 基复合陶瓷材料

Si_3N_4 陶瓷是共价键化合物，力学性能优良，室温强度高达 1 GPa 以上，抗高温蠕变性和自润滑性好；Si_3N_4 陶瓷硬度很高仅次金刚石、立方 BN 等超硬材料。Si_3N_4 陶瓷耐高温性能好，高温强度可维持到 1200 ℃，与室温时相比，在 1200 ℃时高温强度略有降低，受热后不会熔成融体，一直到 1900 ℃才会分解；耐化学腐蚀性能优良，能耐几乎所有的无机酸和 30% 的烧碱溶液。Si_3N_4 陶瓷具是结构陶瓷研究中最为深入的材料，被认为是高温结构陶瓷中最有应用潜力的材料，广泛应用于汽车、机械、冶金和化学工程等领域。

利用 SiC 晶须对 Si_3N_4 陶瓷增韧，能大幅度提高 Si_3N_4 的断裂韧性。晶须增韧效果不仅取决于晶须的分散程度、晶须的尺寸和体积分数，而且与晶须的空间位置及方向性密切相关。采用热压烧结时，晶须定向排列结构存在差别，导致烧结后材料呈现出明显的各向异性。烧结助剂对 SiC_w/Si_3N_4 基复合陶瓷材料的微观结构和性能具有重要影响。如利用 AlN 和 Y_2O_3 作为助剂制备了 SiC_w/Si_3N_4 基复合陶瓷材料，增加晶须含量导致热压烧结 SiC_w/Si_3N_4 复合材料的致密度降低，等轴 $\alpha\text{-}Si_3N_4$、柱状晶 $\beta\text{-}Si_3N_4$ 和 SiC_w 在复合材料中分布较为均匀，增加烧结助剂用量，将导致 $\beta\text{-}Si_3N_4$ 颗粒的生长；增加 SiC_w 含量，将降低 $\beta\text{-}Si_3N_4$ 颗粒的生长。表 9-3 为不同烧结助剂对 SiC_w/Si_3N_4 基复合陶瓷材料力学性能的影响（序号对应表 9-2）。可以看出，烧结助剂可以改善 SiC_w/Si_3N_4 基复合陶瓷的烧结性能，但是高温下形成玻璃相使得 SiC_w/Si_3N_4 基复合陶瓷高温强度降低；以 $Y_2O_3\text{-}La_2O_3$ 为烧结

助剂的 SiC_w/Si_3N_4 基复合陶瓷具有较高的高温强度。

表 9-2 SiC_w/Si_3N_4 复合材料的配比

编号	Si_3N_4	Y_2O_3	Al_2O_3	SiC_w
1	72	5	3	20
2	74.5	3	2.5	20
3	72	5	3	20 经酸处理
4	60	10	—	20
5	64	8	—	20
6	60	10	—	20 经酸处理

表 9-3 SiC_w/Si_3N_4 复合材料的性能

编号	体积密度 /(g·cm^{-3})	RT 弯曲强度 /MPa	1350 ℃弯曲强度 /MPa	断裂韧性 /(MPa·m$^{1/2}$)
1	3.26	750.2	200	8.05
2	3.28	869.5	464.2	8.77
3	3.28	805.1	271.4	9.45
4	3.43	598.1	488.5	5.52
5	3.48	720.5	612.1	6.60
6	3.54	804.3	662.6	10.47

利用 SiC_w/Si_3N_4 基复合陶瓷材料的耐高温、耐磨损性能，SiC_w/Si_3N_4 基复合陶瓷材料在陶瓷发动机中可用作燃气轮机的转定子，无水冷陶瓷发动机中的活塞顶和燃烧器，柴油机的火花塞、活塞罩、气缸套等的材料。利用 SiC_w/Si_3N_4 基复合陶瓷材料的抗热震稳定性好、耐腐蚀、摩擦系数低、线膨胀系数小等特点，SiC_w/Si_3N_4 基复合陶瓷材料在冶金和热加工中被广泛用于测温热电偶套管、铸造模具、坩埚、烧舟、马弗炉炉膛、燃烧嘴、发热体夹具、炼铝炉炉衬、铝液导管、铝包内衬、铝电解槽衬里、热辐射管、传送辊、高温鼓风机零部件和阀门等。利用 SiC_w/Si_3N_4 基复合陶瓷材料的耐腐蚀、耐磨损、良导热等特点，SiC_w/Si_3N_4 基复合陶瓷材料在化工工业上用于球阀、密封环、过滤器和热交换部件等。但由于晶须或纤维的分散工艺复杂，烧结致密化困难，以及与基体的相容性差等问题，使 SiC_w/Si_3N_4 基复合陶瓷材料的实际应用受到限制。

9.2.3.3 SiC_w 增韧 SiC 基复合陶瓷材料

SiC 陶瓷具有高温力学性能优、耐氧化性强、耐磨损性好、热稳定性佳、热膨胀系数小、热导率大、硬度高、抗热震性和耐化学腐蚀性好的特性，被广泛应用于精密轴承、密封件、汽轮机转子、喷嘴热交换器部件及原子热反应堆材料等。但是 SiC 陶瓷韧性低限制其应用与发展。SiC_w 引入 SiC 基体可以制备出高韧性的 SiC_w/SiC 基复合陶瓷材料，显著改善了 SiC 陶瓷的力学性能，拓宽了其工程应用范围。SiC_w 引入到 SiC 陶瓷基体中的方式主要有三种：（1）将 SiC_w 与 SiC 颗粒及各种烧结助剂球磨混合、冷压成型，最终烧结而成；（2）将 C、SiO_2、少量催化剂与 SiC 颗粒混合，成型，加热原位烧结生成 SiC_w；（3）利用制备普通 SiC 陶瓷的方法，通过控制工艺促进 SiC 颗粒生长成 SiC_w。

SiC_w 增韧 SiC 基复合陶瓷材料具有优越的高温性能及耐磨性，使用温度可达 1400 ℃，无界面反应。经晶须增韧的 SiC 基复合材料，被用于燃气轮机叶片等高温部件。

9.3 连续碳化硅纤维增强碳化硅陶瓷基复合材料

高性能陶瓷纤维主要包括氧化物陶瓷纤维与非氧化物陶瓷纤维两大类。氧化物陶瓷纤维以氧化铝、氧化硅纤维为代表；非氧化物陶瓷纤维以碳纤维、碳化硅纤维（SiC_f）为代表。将高比强度、高比模量的陶瓷纤维增强体引入陶瓷基体制备连续纤维增韧的陶瓷基复合材料（Ceramic Matrix Composite, CMC）。CMC 陶瓷基复合材料主要由纤维增强体、陶瓷基体和界面三部分组成；其中，纤维增强体作为材料的骨架，主要承受载荷，在基体开裂过程中，保持材料的完整性，提高材料抵抗破坏的能力；基体主要成分为陶瓷，主要起到传递载荷、隔离纤维、保护纤维和调节性能的作用。

CMC 不仅具有陶瓷材料特有的强度高、硬度大、耐高温、抗氧化的特点，而且具有高温下抗磨损性好、耐化学腐蚀性优良、热膨胀系数和密度小等优点，同时改善了陶瓷材料的脆性，实现陶瓷基体的增韧和增强，使其具有类似金属的断裂行为，对裂纹不敏感，不会出现灾难性损毁，提高了材料的使用可靠性。

按照基体类型，陶瓷基复合材料主要有碳化硅陶瓷基复合材料（C_f/SiC、SiC_f/SiC）、超高温陶瓷基复合材料（$C_f/UHTCs$），以及氧化物陶瓷基复合材料（Al_2O_{3f}/Al_2O_3、Al_2O_{3f}/Al_2O_3-SiO_2、$Al_2O_{3f}/$莫来石等），如表 9-4 所示，不同基体的陶瓷基复合材料特性不同，适用于不同的服役环境。连续纤维增强陶瓷基复合材料已经开始在航空航天、核能等高技术领域得到广泛应用。

表 9-4　陶瓷基复合材料种类及应用环境

基质成分	组成	特性	服役环境
SiC 陶瓷基复合材料	C_f/SiC SiC_f/SiC	(1) 高温抗性（<1800 ℃） (2) 良好抗氧化性 (3) 良好抗中子辐射性能	高温、热-氧化耦合环境
超高温陶瓷剂复合材料	C_f/ZrB_2-SiC　C_f/ZrC C_f/HfB_2-SiC C_f/HfC	(1) 良好超高温性（≥2000 ℃） (2) 抗超高温氧化铝性能	（≥2000 ℃） 超高温氧化环境
氧化物陶瓷	Al_2O_{3f}/Al_2O_3	(1) 优异的烧蚀性能 (2) 高温温度性	烧蚀、高温氧化环境
矩阵复合材料	$Al_2O_{3f}/mullite$	优异抗氧化性能	长期服役环境

连续碳化硅纤维增强碳化硅陶瓷基复合材料（SiC_f/SiC 复合材料）是指在 SiC 陶瓷基体中引入 SiC 纤维作为增强相，形成以 SiC 纤维（SiC_f）为增强相和分散相、以 SiC 陶瓷为基体相和连续相的复合材料。SiC_f/SiC 复合材料保留了碳化硅陶瓷材料耐高温、抗氧化、耐磨耗、耐腐蚀等优点，同时发挥 SiC 纤维增强增韧机理，克服了材料固有的韧性差和抗外部冲击载荷性能差的缺点。SiC_f/SiC 复合材料具有质轻、耐高温、高温强度好、抗蠕变性能佳等综合性能，在航空、航天、核能等领域具有广泛的应用前景，特别是在航空

发动机燃烧室内衬、燃烧室筒、喷口导流叶片、机翼前缘、涡轮叶片和涡轮壳环等热端部位。

9.3.1 连续碳化硅纤维

SiC_f/SiC 复合材料克服了陶瓷本身的脆性，使其能够在航空航天中作为耐高温结构材料得以应用，并在国际高尖端高科技领域得到广泛关注和研究。连续碳化硅纤维是 SiC_f/SiC 复合材料的关键原材料，其性能的优劣决定着复合材料应用的成败。碳化硅纤维作为一种高性能陶瓷纤维，与碳纤维相比，在耐高温、抗氧化、抗蠕变及与陶瓷基体良好相容性方面都表现出一系列优异的性能。碳化硅纤维集结构-隔热等功能于一体，在航空航天、兵器、船舶和核工业等一些高技术领域具有广泛的应用前景，是发展高技术武器装备、航空航天事业的关键战略材料之一。

9.3.1.1 SiC 纤维分类

碳化硅基纤维是一种由等量的碳和硅两种元素按金刚石结构周期排列而成的陶瓷纤维，实际的碳化硅基纤维中可能含有富余碳和部分氧等。根据结构组成、结构和性能发展过程，SiC 纤维主要分为三代，第一代为高氧、高碳型 SiC 纤维，第二代为低氧、高碳型 SiC 纤维，第三代为近化学比 SiC 纤维。其中，第一代、第二代 SiC 纤维是低密度、高碳含量、无定型结构，其耐温能力不超过 1300 ℃；第三代为高密度近化学计量比、多晶结构，其耐温能力最高达到 1600 ℃，能够满足航空航天等领域许多尖端装备的需求。国产第一代和第二代 SiC 纤维 SEM 如图 9-8 所示。

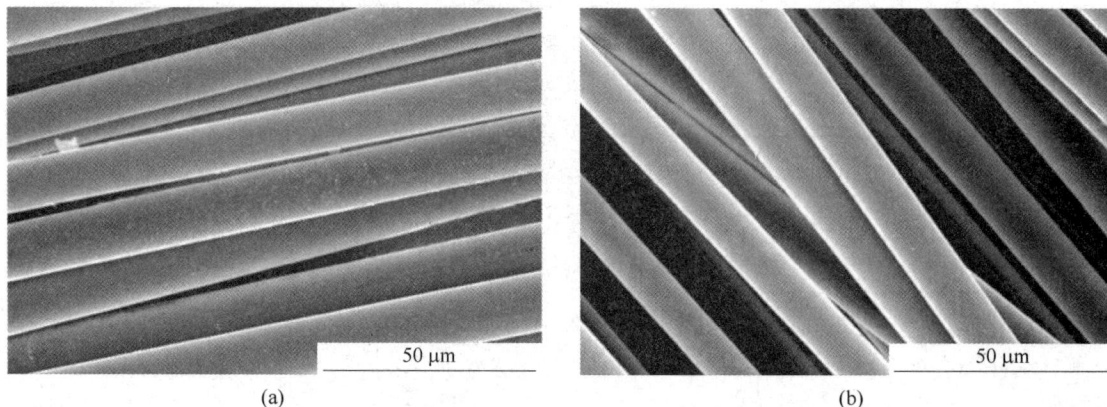

图 9-8 国产第一代 SiC 纤维 (a) 和第二代 SiC 纤维 (b) 显微形貌

第一代为高氧高碳 SiC 纤维，典型代表是日本碳素公司的 NicalonNL202 纤维和宇部兴产公司的 Tyranno Lox M 纤维。第一代 SiC 纤维氧含量在 10%（质量分数）以上，高碳（碳硅比为 1.3）、SiC 处于无定型状态，纤维含有部分 SiC_xO_y 相和游离碳。在惰性气氛中较高温度（高于 1200 ℃）下，第一代 SiC 纤维纤维内部的 SiC_xO_y 相会发生分解反应，并伴随 SiC 晶粒的粗化，纤维内部产生大量孔洞和裂纹等缺陷，导致纤维力学性能急剧下降。在氧化气氛中，第一代 SiC 纤维在 1050 ℃时仍有良好的热稳定性，但是，在空气中 1050 ℃以上和惰性气氛中 1200 ℃以上，SiC_xO_y 相分解，同时纤维表面开始氧化，生成的

SiO_2 和逸出的 CO 导致部分孔洞的形成，纤维力学性能急剧降低。在氧化温度为 1200 ℃时，纤维性能变得非常差，难以作为复合材料的增强纤维使用。

第二代为低氧、高碳含量 SiC 纤维，工业化产品以 Nippon Carbon 公司的 Hi-Nicalon 纤维和 Ube Industries 公司的 Tyranno LOX-E 纤维、Tyranno ZM 纤维和 Tyranno ZE 纤维为代表。基于一代纤维中高氧高碳结构对热力学稳定性的影响，研究人员采用电子辐照等技术改进了不熔化处理工序，大幅降低了交联过程中氧元素的引入。相比于第一代 Nicalon 型 SiC 纤维，Hi-Nicalon 纤维氧含量很低，无 SiC_xO_y 相存在，但是依旧富碳。第二代 SiC 纤维的主要特征是氧含量小于 1%（质量分数），高碳（碳硅比大于 1.3），主要由 β-SiC、无定型 SiC 及游离碳相组成；SiC 纤维的抗蠕变性能和抗氧化性能都优于第一代 SiC 纤维，燃气下的长期使用温度为 1250 ℃。第二代 SiC 纤维氧含量的降低，使纤维在 1200～1300 ℃的环境中具有良好的热稳定性，是目前应用领域最广、应用数量最多的 SiC 纤维。

第三代为近化学计量比 SiC 纤维，工业化产品以 Nippon Carbon 公司的 Hi-Nicalon S 纤维、Ube Industries 公司的 Tyranno SA 纤维和美国 Dow Corning 公司的 Sylramic 纤维等为代表。基于第二代纤维游离碳较多对纤维高温氧化气氛中稳定性的影响，Nippon Carbon 公司在 Hi-Nicalon 纤维的基础上进一步降低游离碳含量，研制成功接近 SiC 化学计量比的第三代 SiC 纤维。第三代 SiC 纤维的主要特征是近化学计量，所以又称为近化学计量 SiC 纤维，是指 C 与 Si 的比为 1.05～1.1，在组成上杂质氧、游离碳含量很低，接近 SiC 的化学计量比，结构上由原来的 β-SiC 微晶结构或中等程度结晶变为高结晶状态。

近化学计量比的组成形态显著提升了 SiC 纤维的模量，纤维拉伸弹性模量高为 350～420 GPa，热膨胀系数与 SiC 基体更接近，使复合材料的残余热应力小，有利于提高 SiC_f/SiC 复合材料的起始开裂应力和纤维承载能力，解决复合材料起始开裂应力低的问题，并显著提高了复合材料的力学性能；同时，纤维晶间相含量降低则明显改善了材料的抗蠕变性能；以 Hi-Nicalon S 纤维为代表的第三代 SiC 纤维具有优异抗氧化性能和抗蠕变性能，显著拓宽了其在航空航天热端构件领域的应用。

图 9-9 为第三代 SiC 纤维与第一、第二代 SiC 纤维的耐高温拉伸强度，可以发现，当温度高于 1200 ℃时，第一代 Nicalon 纤维和 Tyranno Lox-M 纤维强度急剧下降，在 1400 ℃以上时第二代 Hi-Nicalon 纤维强度迅速下降，而第三代 SiC 纤维在 1600 ℃甚至更高温度时依然保持了较高强度（至少2.0 GPa）。

连续 SiC 纤维是 SiC_f/SiC 承载增韧的主要单元，是限制 SiC_f/SiC 发展和应用的关键材料。目前，国外能够实现 SiC 商业化出售的公司

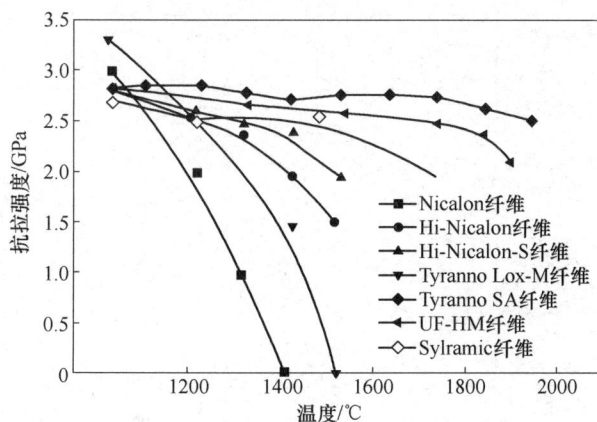

图 9-9 SiC 纤维的耐高温性能（Ar 中热处理 1 h）

只有日本的碳素公司（Nicalon 系列）、宇部公司（ZMI 和 Tyranno 系列）、美国道康宁公司（Syramic 纤维）和 NASA（Syramic-iBN 纤维）。国外典型 SiC 纤维的组成、结构与

特性见表 9-5。美国 GE 公司已经大量使用日本炭素公司的 Nicalon 纤维制备 SiC$_f$/SiC 导向叶片及涡轮外环等部件，应用于其商业化的发动机。由于 SiC 纤维被列为战略性物资，国外对中国严格禁运。国防科技大学在 20 世纪 80 年代起就着手开展了 SiC 纤维的研究，目前发展了 KD-Ⅰ 和 KD-Ⅱ 纤维，相当于第一代和第二代纤维的水平，含氧量和含碳量偏高，性能不佳。后来采用类似于宇部的工艺，通过掺杂 Al，降低了碳含量和氧含量，制备的纤维具备了第三代 SiC 纤维的特征。厦门大学在张立同院士的带领下，注重可工程化工艺的研究，采用电子束交联工艺和类似于炭素公司的工艺，制备了第二代和第三代 SiC 纤维，并成功在立亚公司实现第二代 SiC 纤维的产业化，突破了关键纤维材料受限于人的困境，为我国先进高温复合材料的研制提供了重要支撑。

表 9-5 国外典型连续 SiC 纤维的组成、结构和特性

性能		日本碳素公司			日本宇部兴产公司				美国 Dowcorning
		Nicalon 纤维			Tyranno 纤维				Sylramic 纤维
		NL-202	Hi-Nicalon	Hi-Nicalon S	Lox-M	LoxE	ZE	SA	
组成	Si	56.4	62.4	68.9	55.4	56	61	67.8	66.6
	C	31.3	37.1	30.9	32.4	37	35	31.3	28.5
	O	12.3	1.2	<1.0	10.2	5.0	2.0	0.3	0.50
	N	—	—	—	—	—	—	—	0.40
	B	—	—	—	—	—	—	—	2.30
	Al	—	—	—	—	—	—	0.6	—
	Ti	—	—	—	2.0	2.0	—	—	2.10
	Zr	—	—	—	—	—	2.0	—	—
	C/Si	1.29	1.39	1.05	1.36	1.54	1.34	1.08	1.05
密度 /(g·cm^{-3})		2.55	2.65	2.85	2.48	2.55	2.55	3.1	>2.95
纤维直径 /μm		14	14	12	11	11	11	8 和 10	10
拉伸强度 /GPa		2.6	2.5	2.6	3.3	3.4	3.5	2.5	2.8~3.4
拉伸模量 /GPa		188	250	340	187	206	2.33	300	386
断裂应变 /%		1.4	1.3	0.6	1.8	1.7	1.5	0.7	0.8
有氧环境下使用温度/℃		1050	1250	1400	1000	—	—	约1500	约1500
价格 /(美元·kg^{-1})		约2000	8000	13000	1500	—	1600	约5000	约10000

9.3.1.2 SiC 纤维的制备方法

在航空发动机工作环境下，热端部件需要承受长时间的高温，寿命是重要的指标之一。SiC 陶瓷虽然具有良好耐高温性能，但由于自身脆性和灾难性断裂，难以被应用于高温结构部件。连续纤维增强是改善其脆性的最有效的方式。碳纤维具有高温抗氧化性能差、氧化物纤维高温蠕变不足、有机纤维耐温不足等缺点，连续 SiC 纤维成为目前能够应用于发动机高温热结构件的陶瓷材料最有效的增韧纤维。SiC_f/SiC 基复合陶瓷成为高温热结构材料的首选，决定着下一代航空发动机热结构材料的水平，是重要的战略性材料。如 GE 公司的 GE9X 发动机的燃烧室内外衬、HPT 罩环、喷嘴上均使用了 SiC_f/SiC 复合材料，在 LEAP 发动机的 HPT 罩环上也使用了 SiC_f/SiC 材料。

连续 SiC 纤维通常的制备工艺包括气相沉积法（CVD）、活性碳纤维转化法、超细微粉烧结法和先驱体纺丝法等。CVD 法通常采用钨丝或碳纤维为载体，在高温下通过 CVD 工艺在连续丝上沉积多晶 SiC 获得，这类 SiC 纤维单丝直径大，难以编织，通常用于增强树脂基或金属基复合材料；先驱体纺丝法类似于碳纤维制备工艺，采用硅基有机先驱体，通过纺丝、固化、高温裂解等工艺实现连续细丝 SiC 纤维的制备。先驱体转化工艺制备的纤维性能好，可进行编织和成型，是目前研究比较成熟且已实现工业化生产的方法，是 SiC 纤维制备的主流方向。

化学气相沉积法成功制备碳化硅基纤维始于 20 世纪 60 年代。目前，采用化学气相沉积法生产钨芯连续碳化硅基纤维的主要有英国 BP 公司、法国 SVPE 公司等，其商品牌号有 SM1040、SM1140 和 SM1240 等。中国科学院金属研究所石南林等用射频加热的方法同样制得钨芯连续碳化硅基纤维。化学气相沉积法原理是通过甲基硅烷类化合物（如三氯甲基硅、CH、SiCL）的热分解，在细钨丝上沉积碳化硅后得到复合纤维，反应方程式如式（9-1）所示。

$$CH_3SiCl_3 \xrightarrow{\triangle} SiC + 3HCl \qquad (9-1)$$

化学气相沉积法制备的碳化硅基纤维纯度高，同时具有良好抗拉伸性能、抗氧化性能、抗蠕变性能，以及与陶瓷基体的相容性能。但是，化学气相沉积法制备碳化硅基纤维时所采用碳丝和钨丝的直径为 $10\sim33$ μm，其成品碳化硅纤维直径更是达到 140 mm，纤维直径过大，柔韧性差，难以编织，不利于复杂复合材料预制件的制备。此外，以钨丝为芯材，在高温下钨容易与碳化硅发生反应并生成中间相，纤维在惰性气氛中进行退火处理后，其抗拉强度大大降低。由于生产效率低和成本较高，难以实现大批量规模化生产，限制了化学气相沉积法制备碳化硅基纤维的实际应用。

活性碳纤维转化法是利用活性碳纤维与氧化硅气体在一定真空度及 $1200\sim1300$ ℃ 的温度下发生反应生成碳化硅，反应方程式如式（9-2）所示，然后在氮气下进行热处理（1600 ℃），得到全部由 β-SiC 微晶构成的碳化硅基纤维。

$$2C + SiO(g) \longrightarrow SiC + CO \qquad (9-2)$$

活性碳纤维转化法所得碳化硅基纤维中的氧含量仅为 1.3%，具有良好的耐高温性能，且制备过程简单、成本较低，是目前降低碳化硅基纤维制造成本、拓宽其应用领域的最佳途径之一。但是，由于活性碳纤维多孔脆性的影响，目前所得碳化硅基纤维的抗拉强度只有 1.0 GPa 左右，弹性模量约 180 GPa，性能还需进一步提高。

超细微粉烧结法是采用亚微米的 α-SiC 微粉、烧结助剂（如硼、碳等）与聚合物的溶液混合纺丝，经挤出、溶剂蒸发、煅烧、预烧结及烧结（>1900 ℃）等步骤最后得到 α-SiC 纤维的制备方法。由于 α-SiC 相是高温稳定相，结晶性能好，其制得的纤维是目前多品碳化硅基纤维中高温抗蠕变特性最佳的纤维。不过，超细微粉烧结法制备的碳化硅基纤维晶粒尺寸高达 1.7 μm，纤维内部经常有较大的孔洞，导致其强度仅为 1.0~1.2 GPa。美国 Carborundum 公司已用此法获得了 α-SiC 相含量在 99%以上的碳化硅基纤维，其直径约 25 μm，密度和模量较高，但由于其强度太低且直径偏大，并不适宜用作高性能陶瓷基复合材料的增强纤维。

采用有机聚合物制备陶瓷纤维的概念最早见于 20 世纪 60 年代中期，20 世纪 70 年代初由德国 Bayer 首先使之实用化，1975 年日本东北大学 Yajima 教授及 1980 年我国国防科技大学冯春祥教授等，先后用该法成功开发出连续 SiC 纤维，奠定了先驱体法制备碳化硅纤维工业化基础。

先驱体转化法最早用于制造碳纤维。由于各种新型有机硅聚合物先驱体的成功开发，纤维品种才由碳纤维发展到碳化硅基纤维。先驱体转化法是以有机聚合物为先驱体，利用其可溶、可熔等特性成型后，经高温热分解处理使之从有机物变为无机陶瓷材料。先驱体转化法具有适于工业化生产、生产效率高、成本低（只有化学气相沉积法碳化硅基纤维价格的 1/10）的优点，且所制得的碳化硅基纤维直径小，具有可编织性，可成型复杂构件，可改变制备条件获得适合不同用途的纤维品种（不同的成分、结构、相态、晶态等）。先驱体转化法制备碳化硅连续陶瓷纤维的基本过程如图 9-10 所示，大致分为：合成目标先驱体（如聚二甲基硅烷）；先驱体制备成有机纤维，即纺丝；有机纤维的交联处理；高温下使交联后的纤维热解成陶瓷纤维；表面处理。

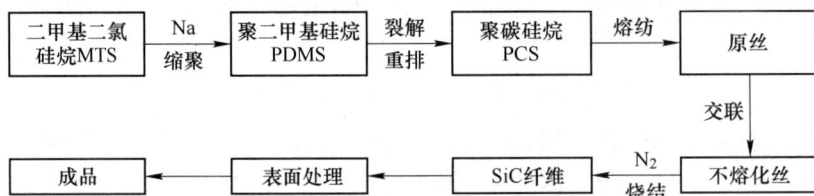

图 9-10 先驱体法制备连续 SiC 纤维生产工艺流程

先驱体转化法制备连续碳化硅基纤维技术开发成功以来，该技术以其优异的实用性和可设计性成为当今连续碳化硅基纤维制备领域的热点，并在世界上掀起了用先驱体转化法制备碳化硅基纤维的高潮。先驱体法制得的 SiC 纤维直径细，韧性好，易于编织成平纹、斜纹、菱形、透孔等平面织物，也可以通过 2.5D、三维编织成各种规格平板、工字梁、T 型梁、管材、棒材、纤维绳及其他变截面立体织物等，还可以制成各种规格的 SiC 纤维毡。

9.3.1.3 碳化硅纤维的用途

碳化硅纤维用途十分广泛，主要用作耐高温材料和增强材料。耐高温材料包括热屏蔽材料、耐高温输送带、过滤高温气体或熔融金属的滤布等；用作增强材料时，常与碳纤维或玻璃纤维合用，以增强金属（如铝）和陶瓷为主，如做成喷气式飞机的刹车片、发动机叶片、着陆齿轮箱和机身结构材料等，还可用作体育用品，其短切纤维则可用作高温炉材等。

碳化硅纤维通常以一维形式的纤维、二维形式和三维形式的纤维集合体、非织造织物的形式应用于各个领域的各类零部件。以一维形式存在时，通常以短切或连续纤维的形式应用于军事、仪器仪表、汽车、宇航、航空、体育用品、电子信息、音响器材、窑炉材料、医卫用品等。

以二维形式的纤维集合体存在时，通常以平面织物形式应用于航天飞机、超高音运输机的高温区和盖板，空间飞机或探测器发动机的平面翼板及前沿曲面翼板燃烧室，燃气涡轮发动机的静翼面、叶片、翼盘、文架和进料管，飞机及高超飞行器的发动机喷口挡板、调节片、衬里、叶盘。以三维形式的纤维集合体存在时，通常以异形编织物的形式应用于飞机、巡航弹的尾翼、头锥、鱼鳞板、尾喷管，一般是以碳化硅增强铝或碳化硅纤维与PEEK混编织物的形式存在，其主要发挥优良的吸波性能，用作隐身材料。

以非织造织物存在时，通常以纤维毡的形式应用于核电站耐辐射材料及核聚变装置的第一堆壁、偏滤器、燃料包覆及控制棒材料。

9.3.2 SiC$_f$/SiC 陶瓷材料的制备技术

连续 SiC 纤维成为目前能够应用于发动机高温热结构件的陶瓷材料最有效的增韧纤维。SiC$_f$/SiC 陶瓷成为高温热结构材料的首选，决定着下一代航空发动机热结构材料的水平，是重要的战略性材料。经过几十年的发展，SiC$_f$/SiC 复合材料的制造技术已经趋于成熟，部分技术成果已经成功应用于航空发动机热端部件。由于 SiC 纤维的限制，目前能够制备 SiC$_f$/SiC 复合材料的国家只有法国、美国、日本和中国，这些工艺主要包括化学气相渗透（Chemical Vapor Infiltration，CVI）法、前驱体浸渍裂解（Polymer Infiltration and Pyrolysis，PIP）法、树脂浸渍裂解结合熔硅浸渗工艺（Melt Infiltration，MI）法和泥浆浸渍法（Slumy Infiltration，SI）法等。

9.3.2.1 化学气相渗透技术

化学气相渗透技术是在化学气相沉积（Chemiea Vapor Deposition，CVD）基础上发展起来的一种陶瓷基复合材料制备技术。当无机分子大部分沉积在材料表层时，称为化学气相沉积，通常用来制备陶瓷表面涂层，沉积在材料内部则称为化学气相渗透。在化学气相渗透过程中，将纤维预制体置于密闭的反应室，通入反应气体，气相物质在加热的纤维表面或附近发生化学反应，渗入纤维预制体中沉积得到陶瓷基体。20 世纪 70 年代，法国学者 Aslain 和德国学者 Fitzer 分别利用 CVI 工艺成功制备了连续纤维增强 SiC 陶瓷基复合材料，由此国内外学者开始对该领域进行了广泛研究，开发了等温化学气相浸渗、热梯度化学气相浸渗、压力梯度化学气相浸渗、强制流动热梯度化学气相浸渗和脉冲化学气相浸渗等 CVI 工艺。目前，国外采用 CVI 工艺制备连续纤维增强 SiC 陶瓷基复合材料的研究主要集中在法国、美国和日本。

SiC$_f$/SiC 复合材料的 CVI 工艺制备通常以卤代烷基硅（如甲基三硅烷，MTS）为原料，氢气为载气，氩气为稀释/保护气体，高温沉积而成。以 MTS 原料制备 SiC 陶瓷基体时，沉积温度一般在 1100 ℃ 以下，控制沉积速度，可以得到致密度达 80% ~ 90% 的 SiC$_f$/SiC 复合材料。

CVI 工艺的主要优点是：（1）能在低温、低压下进行基体的制备，材料的内部残余应力小，纤维受损小；（2）基体组成可设计，可获得不同成分和梯度分布的基体；（3）能制备形状复杂和纤维体积分数高的近尺寸部件；（4）在同反应室中，可依次进行纤维界面、中间相、基体及部件外表面的涂层沉积；（5）可用来填充其他工艺制备的材料中的孔隙和裂纹。

CVI 工艺的主要缺点是：（1）工艺设备复杂，制备周期长，成本较高；（2）SiC 基体晶粒尺寸极其微小（10nm），复合材料的热稳定性低；（3）复合材料不可避免地存在10%～15%的孔隙，作为大分子量沉积副产物的逸出通道会影响复合材料的力学性能和抗氧化性；（4）预制体的孔隙入口附近气体浓度高，沉积速度大于内部沉积速度，易导致入口处封闭而产生密度梯度；（5）制备过程中产生腐蚀性产物，污染环境。

9.3.2.2 前驱体浸渍裂解技术

前驱体浸渍裂解（Polymer Infiltration and Pyrolysis，PIP）工艺是在树脂基复合材料制备工艺基础上发展起来的，是目前发展较迅速的一种陶瓷基复合材料制备工艺。PIP 工艺制备连续纤维增强 SiC 陶瓷基复合材料的基本流程为：在真空条件下将纤维预制件中的空气排出，然后在一定温度和压力下将前驱体液体或溶液渗入纤维预制件中，交联固化或除去溶剂后，在惰性气氛下高温裂解获得 SiC 基体。通过多次浸渍/裂解处理，获得致密度较高的复合材料。PIP 法所制备的复合材料的微结构与所使用前驱体及制备条件密切相关。小体积收缩率的有机聚合物前驱体有利于提高 SiC_f/SiC 复合材料的性能。

PIP 工艺的主要优点是：（1）前驱体具有可设计性，可控制基体的成分和结构；（2）裂解温度相对较低，可避免纤维受损，且对设备要求简单；（3）可制备形状复杂的大型构件，实现近净成型。

PIP 工艺的主要缺点是：（1）前驱体裂解过程中有大量的气体逸出，造成复合材料残余孔隙率较高（10%～15%），不仅降低复合材料的密度，还影响材料的力学性能和抗蠕变性能；（2）从有机前驱体转化为无机陶瓷过程中材料密度变化大（前驱体密度约为 $1.0 \ g/cm^3$，陶瓷化率 60%～80%，陶瓷化后密度为 $2.6 \ g/cm^3$），导致材料体积收缩大（达 70%～75%），收缩产生的内应力不利于材料性能；（3）浸渍/裂解周期较长，成本较高。

9.3.2.3 树脂浸渍裂解结合熔硅浸渗工艺（Melt Infiltration，MI）

熔渗（MI）工艺是在反应烧结 SiC 基础上发展起来的复合材料制备工艺，其基本工艺流程是：首先利用 CVI 或 PIP 工艺在纤维编织体中引入碳源，然后液相硅或合金在毛细管力作用下渗进残留的气孔中，渗透过程中与基体碳反应生成 SiC。

MI 工艺的主要优点是：（1）能获得结晶度高，残余孔隙率低（2%～5%）的复合材料；（2）制备过程中尺寸变化极小，可实现近净成型，制备形状复杂构件；（3）制备周期短，成本低。

MI 工艺的主要缺点是：（1）制备温度高、对纤维的耐温性能要求较高；（2）纤维在渗硅过程中较易与硅发生反应，造成纤维受损，导致性能下降；（3）复合材料中存在一定量残余硅，硅的熔点为 1414 ℃，当使用温度超过其熔点时由于硅的熔化而使材料性能下降，限制了复合材料在高温下的应用。

9.3.2.4 泥浆浸渍（Slumy Infiltration，SI）技术

泥浆浸渗/烧结是低成本制备工艺，制备过程与纤维增强树脂材料类似。将 SiC、烧结助剂粉末和有机黏结剂用溶剂制成泥浆，浸渍 SiC 纤维或 SiC 纤维布，卷绕切片，铺层热压成型后烧结。反应烧结通过硅碳反应完成，Si 和 C 在 900 ℃开始生成 SiC，但通常反应烧结温度在 Si 的熔点 1414℃以上。Si 以液相或气相状态与 C 反应，材料中存在少量未与 C 反应的自由硅。SHP 工艺的主要优点是：（1）工艺简单；（2）反应速度快，制备周期短，致密化程度较高。SHP 工艺的主要缺点是：（1）高温高压并添加烧结助剂，对纤维损伤较大；（2）难以制备复杂大尺寸构件。

9.3.3 SiC_f/SiC 陶瓷复合材料在航空航天领域中的应用

9.3.3.1 SiC_f/SiC 陶瓷复合材料在空天飞行器热防护领域中的应用

发展可重复使用空天飞行器（Reusable Launch Vehicle，RLV）是降低运输成本，提高运载能力和发射频率的必由之路，受到航空、航天发达国家的重视。空天飞行器需要多次出入大气层，会与空气剧烈摩擦而产生大量热量，特别是当以高超声速再入大气层时，表面达到极高的温度。重量轻、耐温能力好、可重复使用的空天飞行器热防护系统是必然要求。热防护系统（Thermal Protection System，TPS）是决定空天飞行器可重复使用的关键技术之一。

陶瓷瓦重量轻（密度为 0.149 g/cm³）、耐热性和隔热性好，是传统空天飞行器的热防护系统的主要材料。研究表明，再入大气层时空天飞行器热防护系统必须保证机身主要结构的温度小于 200 ℃。目前航天飞机，由于受气动加热的时间短，表面覆盖氧化硅防热瓦即可达到满意的防热效果。但对空天飞行器则远远不够。若单靠增加防热层厚度来解决问题，则使重量大大增加，而且防热层烧坏后影响重复使用。此外，陶瓷材料比较脆，因为位置不同，形状和厚度不一，所以防热陶瓷瓦的敷设全靠人工操作，劳动强度较大。对于需要快速操作和可重复使用的空天飞行器，防热陶瓷瓦已经不适用。

近年来，各国对纤维增强陶瓷基复合材料开展了大量研究，并取得了许多卓有成效的成果。纤维增强陶瓷基复合材料的比强度、比模量和断裂韧性高，具有很好的热稳定性、抗烧蚀性和性能的可设计性，可以满足 2000 ℃ 有限寿命的使用要求，可以将防热功能和结构很好地统一起来，弥补传统防热材料的不足。图 9-11 为陶瓷基复合材料相与高温合金的比强度，与高温合金相比，陶瓷基复合材料具有更高的比强度，热防护性能更好，热膨胀系数小，使得该材料在空天飞行器

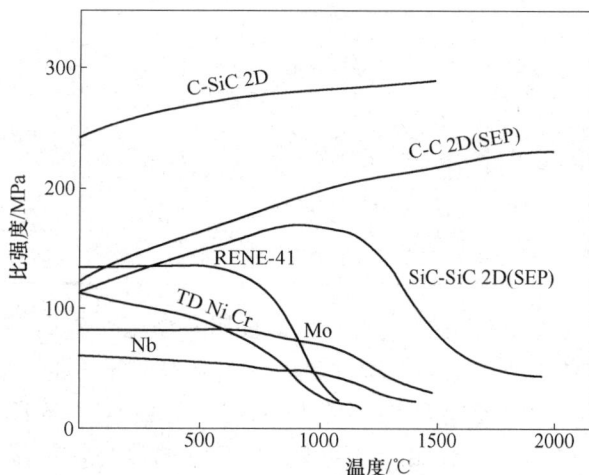

图 9-11　陶瓷基复合材料相与高温合金的比强度

TPS 的构件（如 TPS 盖板）设计上更具优势，比 C/C 复合材料具有更好的抗氧化性能和层间剪切性能。陶基复合材料主要通过表面辐射将气动加热产生的热量辐射出去，以达到辐射平衡温度而实现热防护功能。

对于复合材料薄壁热结构而言，其薄壁结构可应用于头锥帽、翼前缘或小翼翼盒与舱面、升降副翼和机身襟翼等结构，其中头锥帽和翼前缘为薄壁空腔结构，本身不承载，内有支撑件连于主结构上；小翼等热结构则为承载热结构，所选材料主要是 C/C、C/SiC、SiC_f/SiC 复合材料等。许多国家开始关注这类材料的优异性能，分别提出了第二代空天飞行器热结构材料计划，见表 9-6。

表 9-6　第二代空天飞行器热防护系统拟采用的隔热材料

飞机型号	防热材料	拟使用部位	工作温度/℃
美国 NASP 空天飞机	抗氧化 C/C	机翼前缘面板、控制舱	1371～1927
	SiC/SiC	机头锥帽、机翼前缘	816～837
	快速凝固钛合金	机身	593～837
	高温先进柔性隔热毡	机身	1093
	先进柔性隔热毡	机身	650
美国 HOTOL 空天飞机	SiC/SiC	机头锥帽、舵面机翼前缘	1477～1727
	钛合金多层壁结构	机身	927
	碳/PEEK	箱结构材料	<650
法国 HERMFS 航天飞机	抗氧化 C/C	机头锥帽、机翼前缘	1700
	C/SiC、SiC/SiC	盖板	1300
	柔性陶瓷隔热毡 RSL	机身	<650
德国 SANGER 航天飞机	抗氧化 C/C	机头锥帽、机翼前缘	900
	C/SiC	机头锥帽、机翼前缘	1000（盖板）>1300（热结构）
	多层壁钛基、镍基合金	机身	300～1000
	柔性隔热毡	机身	约 500
日本 HOPE 航天飞机	抗氧化 C/C	头锥、机翼前缘	1000（盖板）1660（头锥）
	陶瓷隔热瓦	机身	550～1200
	柔性陶瓷隔热毡 RSL	机身	<650

　　法国 HERMES 航天飞机拟采用 SiC_f/SiC 复合材料用于机头锥帽、盖（1300 ℃）、机翼前缘、小翼等高温构件及机身上部和下部的相对低温构件。英国 HOTOL 航天飞机拟使用 SiC_f/SiC 复合材料用于头锥帽、舵面和机翼前缘等构件、工作温度范围为 1477～1727 ℃。该工作温度已高于 SiC 纤维的最高使用温度。日本有将碳化硅基复合材料应用于实验空间飞机（HOPE-X）平面翼板及前沿曲面翼板等热保护系统的报道，并且指出其具有良好的力学性能和热保护性能，这表明碳化硅基纤维增强碳化硅基复合材料在航天飞机热结构材料及热防护材料具有广阔的应用前景。

　　SiC_f/SiC 复合材料的脆性相比单体陶瓷大大改善，且其抗氧化性和层间剪切强度又比 C/C 复合材料要高，因而被认为是一种适宜的高温辐射隔热材料。但是超过 1600 ℃，第三代 SiC 纤维的强度急剧下降，SiC_f/SiC 复合材料可使用的最高温度为 1600 ℃。SiC_f/SiC 复合材料的高温应用仍然受到限制。相信随着 SiC 纤维不断发展，其耐高温能力逐渐提高，未来在空天飞机的热防护方面会有广泛应用空间。

　　9.3.3.2　SiC_f/SiC 陶瓷复合材料在航空发动机领域中的应用

　　下一代航天飞机、具有战略意义的超高声速飞机及高性能赛车均需要高性能发动机，特别是高推重比发动机。提高发动机推重比的主要途径是提高涡轮进口温度和降低结构重量。随着军用航空发动机推重比提高，涡轮前进口温度不断提高。推重比 7~8 的第三代涡扇发动机，涡轮前进口温度为 1250~1400 ℃；当推重比为 10 时，涡轮进口温度为 1650 ℃；当推重比为 15~20 时，涡轮进口温度将达到 1980~2080 ℃。因此，新一代军用航空发动机对新型耐高温结构材料的需求迫切。

镍基高温合金与陶瓷基复合材料性能对比，如表 9-7 所示。对于传统发动机用高温金属合金材料，超过 1100 ℃ 已经难以稳定工作。而对于连续 SiC 纤维增韧 SiC 陶瓷基复合材料（SiC_f/SiC），其有效使用温度可以突破 1600 ℃ 以上，还能兼具高强度、高断裂韧性和高断裂功等优势，成为耐高温结构材料首选之一。涡轮部件、燃烧室火焰筒、喷嘴等采用 SiC_f/SiC 陶瓷基复合材料，冷却空气用量可明显减小，甚至为零，可改善燃烧条件、提高燃烧效率、降低污染排放和噪声水平；冷却结构可大大简化甚至省去，从而降低结构设计的复杂性，提高工作温度，并进一步减轻结构质量。SiC_f/SiC 陶瓷基复合材料在航空航天领域的应用潜力巨大。SiC_f/SiC 陶瓷基复合材料应用广泛，主要包括航空发动机、航天及核能领域，具体为航空发动机燃烧室、喷口导流叶片、涡轮叶片、涡轮壳环、尾喷管等部位。图 9-12 为日本 IHI 公司制备的 SiC_f/SiC 复合材料静子叶片。

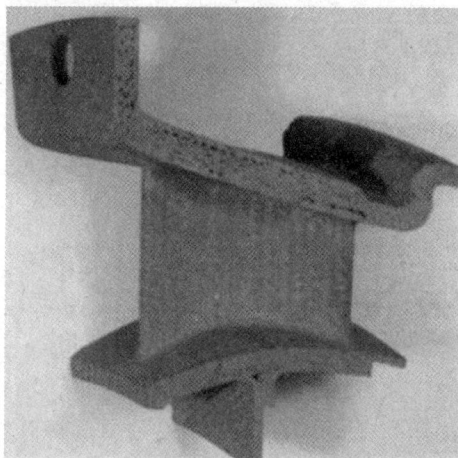

图 9-12 日本 IHI 公司制备的 SiC_f/SiC 复合材料静子叶片

表 9-7 镍基高温合金与陶瓷基复合材料对比

性 能		镍基高温合金	陶瓷基复合材料
密度		7.9~8.4 g/cm³	2~3.2 g/cm³
最高耐温	有气冷	1450 ℃	1650 ℃
	无气冷	1100 ℃	1200 ℃
高温稳定性		1050 ℃后急剧变软	比强度和比模量与温度正相关
抗氧化性能		一般	具有良好的高温抗氧化性能
结构强度		各向同性	单方向抗拉强度极高
表面特性		单晶、光滑致密	光洁表面需加强编织工艺

法国、美国等国家在 20 世纪 90 年代初期以推重比 8 和推重比 10 发动机为演示验证平台，对 SiC_f/SiC 陶瓷基复合材料构件进行了大量应用验证。验证结果表明，这类材料在中等载荷静止件上具有很强的竞争力，减重 50% 以上，疲劳寿命显著提高。SiC_f/SiC 尾喷管调节片/密封片和加力燃烧室内锥体等已在 M88、F100、F110、F414、F119 等推重比 8 至推重比 10 级发动机上应用。除军用机外，GE、R-R、Honeywell、P&W、波音等航空制造业巨头还大力推进 SiC 纤维增强陶瓷基复合材料在民用航空发动机领域的应用。图 9-13 为航空发动机 SiC_f/SiC 复合材料试验件。

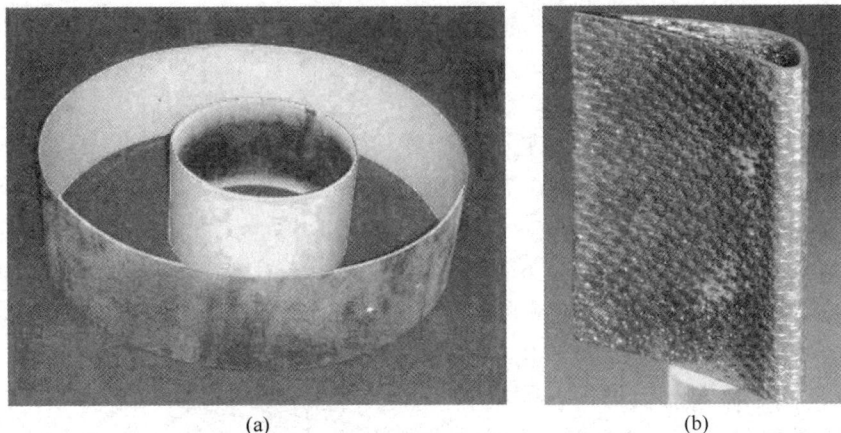

(a)　　　　　　　　　　　(b)

图 9-13　航空发动机 SiC_f/SiC 复合材料试验件

（a）燃烧室内衬；（b）涡轮叶片

9.4　连续氧化铝纤维增强氧化物陶瓷基复合材料

氧化物陶瓷具有低密度、耐高温、高强度、高模量、高硬度、耐磨损、耐腐蚀和抗氧化等优异特性，在国民经济和国防领域具有重要作用。然而，陶瓷材料脆性大，严重制约了其在高温结构材料领域的应用。将高性能连续氧化铝纤维引入氧化物陶瓷中形成连续氧化铝纤维增韧氧化物（$Al_2O_{3f}/Oxide$）陶瓷基复合材料，是提升氧化物陶瓷材料韧性最有效的途径之一。

连续氧化铝纤维增韧氧化物（$Al_2O_{3f}/Oxide$）复合陶瓷材料的研究与开发始于 20 世纪 90 年，目前已成为与 C_f/SiC、SiC_f/SiC 等非氧化物陶瓷基复合材料并列的一类连续陶瓷纤维增韧陶瓷基复合材料。氧化铝纤维是常用高性能纤维增强剂，而常用基体主要为 $α-Al_2O_3$、Mullite（莫来石）、Cordierite（董青石）、YAG（钇铝石榴石）、ZrO_2、LAS（锂铝硅）和 BAS（钡铝硅）玻璃等高温金属氧化物。与高温合金相比，$Al_2O_{3f}/Oxide$ 陶瓷基复合材料密度小，长时耐温能力提升 $100\sim200$ ℃；与 C_f/SiC、SiC_f/SiC 等非氧化物陶瓷基复合材料相比，$Al_2O_{3f}/Oxide$ 陶瓷基复合材料无需环境障涂层，且具备良好高温抗氧化和耐水汽腐蚀性能，同时成本更低，复合材料工艺简单，环保性好，在航空发动机、地面燃气轮机、民用工业等领域具有广阔的应用前景。

9.4.1　氧化铝纤维

与连续碳纤维和碳化硅纤维相比，连续氧化铝纤维的原料易得、生产过程简单、对设备要求低。自 20 世纪 70 年代起，以美国和日本为代表的国家就开展了连续氧化铝纤维的研发工作，其发展历程概况如下：

1974 年，美国 3M 公司采用溶胶-凝胶法制备了 Nextel 312 纤维，并在此基础上开发了性能优异的 Nextel 系列氧化铝纤维。

1978 年，美国杜邦公司研制出了首款牌号为 FP 的连续高纯氧化铝纤维［$α-Al_2O_3$ 含量（质量分数）为 99.9%］，随后，在此基础上，研发出拉伸强度更高，牌号为 PRD 166

的连续氧化铝纤维（ZrO_2 含量为 20%）。

1985 年，日本住友公司采用先驱体转化法研制出牌号为 Altex 的连续氧化铝纤维。同期，日本 Nitivy 公司推出了牌号为 Nitivy ALF 的连续氧化铝纤维。1992 年，日本 Mitsuiminig 公司在 FP 纤维工艺的基础上开发了牌号为 Almax 的连续氧化铝纤维。

1993 年，美国 3M 公司成功研制了直径和拉伸强度分别为 12 μm 和 2.1 GPa 的连续氧化铝纤维——Nextel 610，优化后该纤维的拉伸强度提升至 3.1 GPa，为制备高性能连续氧化铝纤维增韧复合材料奠定了基础。为进一步提升氧化铝纤维的高温稳定性能，美国 3M 公司又研发了高温抗蠕变性能更好的 Nextel 720 纤维，商品化产品强度可稳定在 2.1 GPa。

2015 年，德国 CeraFib Gmbh 公司研发出牌号为 CemFib 75（似莫来石中 Al_2O_3 和 SiO_2 的摩尔比）和 CeraFib 99 [α-Al_2O_3 含量（质量分数）为 99%]的连续氧化铝纤维。

国内氧化铝陶瓷纤维的研发起步较晚，连续纤维的研发及生产技术水平与国际先进水平的差距较大。但近年来发展较快，其中以山东大学和中国科学院上海硅酸盐研究所为代表的两家单位已初步具备了 Nextel 550 级的连续氧化铝纤维的工程化能力。

9.4.1.1　性能与特点

随着先进复合材料的开发及其在高新技术领域中的应用，氧化物陶瓷纤维日益受到重视。氧化铝纤维（Alumina Fiber），又称多晶氧化铝纤维，属于高性能无机纤维，是一种多晶陶瓷纤维，具有长纤、短纤、晶须等多种形式。氧化铝纤维直径 10~20 μm，密度 2.7~4.2 g/cm³，抗拉强度 1.4~2.45 GPa，抗拉模量 190~385 GPa，最高使用温度为 1100~1400 ℃，以 Al_2O_3 为主要成分，并含有少量的 SiO_2、B_2O_3、ZrO_2、MgO 等。氧化铝纤维除具有一般陶瓷纤维的高强度、高模量、小热导率、低热膨胀系数、良好的抗化学侵蚀能力、超常的耐热性、耐高温氧化性等优点外，还具有原料成本较低、生产工艺简单等特点，具有较高的性价比和商业价值，广泛应用于工业、军事、民用复合材料领域。

根据纤维的化学成分和物相结构，氧化铝基陶瓷连续纤维可分为三类：（1）Al_2O_3-SiO_2 纤维，主要由过渡相的氧化铝和非晶态的 SiO_2 组成，Al_2O_3-SiO_2 纤维密度为 2.7~3.2 g/cm³，弹性模量为 150~200 GPa，Al_2O_3-SiO_2 纤维主要用于高温隔热制品；（2）结晶的 α-Al_2O_3 纤维；（3）结晶的 Al_2O_3 复相纤维，即由 α-Al_2O_3 和莫来石或结晶的 ZrO_2 组成。结晶 α-Al_2O_3 纤维和结晶 Al_2O_3 复相纤维完全由结晶物相组成，具有更高的弹性模量和密度，在高温下不发生相变，具有优异的化学和热稳定性能。结晶 α-Al_2O_3 纤维和结晶的 Al_2O_3 复相纤维主要用于复合材料的增强。但结晶 α-Al_2O_3 纤维和结晶的 Al_2O_3 复相纤维密度较高，弹性模量大，从而降低了使用过程中的应变和柔韧性，很难进行 2.5D 和 3D 编织。主要商业化氧化铝基连续纤维的物理与力学性能见表 9-8。

表 9-8　主要商业氧化铝基连续纤维性能

纤维类型	牌号	制造商	质量分数 /%	直径 /μm	抗压强度 /MPa	拉伸模量 /GPa	密度 /(g·cm⁻³)
α-Al_2O_3 纤维	FP	Dupont	99.9%Al_2O_3	20	1.50	414	3.92
	Almax	Sumitomo	>99%Al_2O_3	10	1.80	344	3.60
	Nextel 610	3M	>99%Al_2O_3	11~13	2.80	370	3.90
	CeraFib 99	CeraFib	>99%Al_2O_3	10~12	2.90	370	3.90

续表 9-8

纤维类型	牌号	制造商	质量分数 /%	直径 /μm	抗压强度 /MPa	拉伸模量 /GPa	密度 /(g·cm⁻³)
Al₂O₃-SiO₂ 纤维	Altex	Sumitomo	$85\%Al_2O_3$-$35\%SiO_2$	15	1.80	210	3.20
	Nextel 312	3M	$62.5\%Al_2O_3$-$24.5\%SiO_2$-$13\%B_2O_3$	8~12	1.63	150	2.80
	Nextel 440	3M	$70\%Al_2O_3$-$28\%SiO_2$-$2\%B_2O_3$	10~12	1.84	190	3.00
	Nextel 550	3M	$73\%Al_2O_3$-$27\%SiO_2$	10~12	2.00	193	3.03
	NITIVY ALF	Nitivy	$73\%Al_2O_3$-$27\%SiO_2$	7	1.80	190	2.90
	HILTEX ALF G2	Hiltex Semi	$60\%Al_2O_3$-$40\%SiO_2$	7	1.90	180	2.80
	HILTEX ALF F2	Hiltex Semi	$72\%Al_2O_3$-$28\%SiO_2$	7	1.80	190	2.90
	HILTEXALF E3	Hiltex Sem	$80\%Al_2O_3$-$20\%SiO_2$	10	1.70	200	3.00
	HILTEXALF FB3	Hiltex Semi	$70\%Al_2O_3$-$28\%SiO_2$-$2\%B_2O_3$	10	1.75	190	3.00
	CeraFib 75	CeraFib GmbH	$75\%Al_2O_3$-$25\%SiO_2$	10~12	2.00	225	3.26
Al₂O₃ 复合纤维	PRD-166	Dupont	$80\%Al_2O_3$-$20\%ZrO_2$	20	2.10	366	4.20
	Nextel 650	3M	$89\%Al_2O_3$-$10\%ZrO_2$-$1\%Y_2O_3$	11	2.50	350	4.10
	Nextel 720	3M	$85\%Al_2O_3$-$15\%SiO_2$	12~14	1.94	250	3.40

多数氧化铝基陶瓷连续纤维中含有 SiO_2，质量百分比为 0~40%，这会降低纤维固有的弹性模量。氧化铝基陶瓷连续纤维的杨氏模量与 SiO_2 的含量成反比，SiO_2 含量越高，氧化铝基陶瓷连续纤维杨氏模量就越低。

9.4.1.2　氧化铝纤维的生产工艺

氧化铝陶瓷纤维的原料大多为容易得到的金属氧化物粉末、无机盐、水、聚合物、黏胶丝等，生产简单，可直接从水溶液、悬浊液、溶胶或其他有机溶液中纺丝，也可以黏胶丝为载体来制备，生产设备要求不高，烧结可在空气中直接进行，不需要惰性气体保护，因此氧化铝连续纤维的制备方法很多，包括熔融法、泥浆法、预聚合法和溶胶-凝胶法等。

泥浆法也称杜邦法，是由美国杜邦公司首次提出，该方法是以 α-Al_2O_3 粉体（直径

<0.5 μm）为主要原材料，并将其与分散剂、流变助剂及烧结助剂共同分散在水中，制成可纺的混合泥浆，采用干法纺丝得到前丝，经两步法烧结得到连续氧化铝纤维。美国杜邦公司采用泥浆法制备了 FP 纤维，其断口形貌见图 9-14。FP 纤维中 α-Al_2O_3 含量（质量分数）高达 99.9%，密度为 3.92 g/cm^3，纤维直径为 20 μm，拉伸强度和模量分别为 1.2 GPa 和 414 GPa。

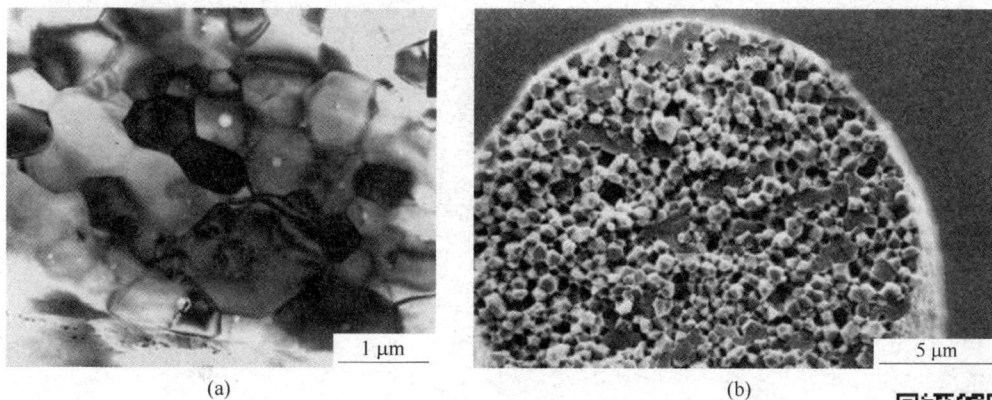

(a)　　　　　　　　　　　　　(b)

图 9-14　氧化铝纤维的 TEM 分析结果和断口形貌

(a) TEM 分析结果；(b) 断口形貌

图 9-14 电子图

　　由于采用原料粉体的粒径较大，泥浆法制备的纤维表面凹凸不平，与用其他方法制备的纤维在形貌上存在明显区别。由于泥浆含水量较高，在干燥、烧结过程中收缩过快会导致纤维破裂，纤维直径偏大且柔性差，使用价值低。

　　熔融法是指通过高温加热含有氧化铝、氧化硅及助剂的粉状物料得到熔体，并进行拉丝得到连续纤维的方法。这一方法最早是由美国 TYCO 公司提出的，他们将氧化铝在坩埚中高温熔化，将钼质细管插入氧化铝熔体中，利用毛细作用使熔融液升至毛细管顶端，在顶端缓慢向上牵引即可制得 α-Al_2O_3 连续陶瓷纤维。

　　熔融法制备 Al_2O_3 纤维具有设备相对简单、成本低、易操作等优点，成纤后不需要进一步热处理，避免了热处理过程中纤维晶粒长大等一系列问题。但由于氧化铝熔点高且熔体黏度低，这种方法一般只能用于低氧化铝含量纤维和硅酸铝纤维的制备。这些纤维一般在低于 1200 ℃ 的条件下应用，纤维品质相对较低。对于耐温要求更高的高氧化铝含量纤维，目前还无法通过熔融法制备。

　　预聚合法或先驱体转化法是日本住友公司制备连续氧化铝纤维的方法，也称住友法。预聚合法主要过程是先将烷基铝与水聚合成可用有机溶剂溶解的聚铝氧烷聚合物（—O—Al(R)—O—Al(R)—）$_n$，聚合度可达 200。支链 R 可以是烷基、烷氧基、酰氧基、苯氧基等。引入支链是为了避免高分子聚铝氧烷链之间的交联。接着将该聚合物溶解于有机溶剂，如乙醇、四氢呋喃或碳氢化合物；再加入硅酸酯或有机硅化合物浓缩成黏稠液，干法纺丝成先驱体纤维；再在 727 ℃ 以上烧结，即可得到微晶聚集态的连续氧化铝纤维。

　　先驱体转化法得到的连续氧化铝纤维为多晶成分，主要由（质量分数）85% 的 γ-Al_2O_3 和 15% 的无定形 SiO_2 组成，纤维直径和密度分别为 15 μm 和 3.2 g/cm^3，拉伸强度和拉伸模量分别为 1.8 GPa 和 210 GPa。日本住友公司采用先驱体转化法制备的 Altex

纤维的断口形貌见图 9-15。Altex 纤维是由粒径约为 5.0 nm 的 γ-Al$_2$O$_3$ 晶粒与无定形 SiO$_2$ 聚集而成。因先驱体为线性聚合物形式，纺丝性能较好，因此先驱体转化法可以获得小直径的连续氧化铝纤维（10 μm），但存在原料成本高、稳定性差、合成过程不容易控制等问题。

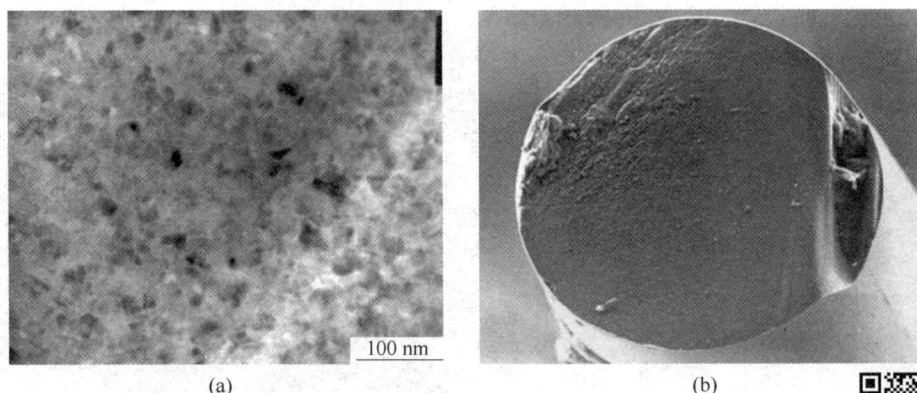

(a)　　　　　　　　　　(b)

图 9-15　Altex 纤维 TEM 分析结果和断口形貌
(a) TEM 分析结果；(b) 断口形貌

图 9-15 电子图

溶胶-凝胶法又称胶体化学法，是指将金属无机盐、金属醇盐、金属乙酰丙酮盐、金属有机酸盐或者几者的混合物通过水解缩聚过程使其逐渐凝胶化、根据所需材料的要求进行相应的后处理、最终得到金属氧化物或其他化合物的湿化学方法。溶胶-凝胶法是目前工业上制备氧化铝基陶瓷连续纤维最常用的方法，其工艺流程一般为：将无机铝盐、铝醇盐、溶剂、助剂、催化剂等原料混合均匀，控制反应温度使其水解，制得溶胶；将溶胶浓缩、老化，即可得到有一定黏度的纺丝溶胶，再经干法纺丝制得凝胶纤维；最后，对凝胶纤维进行干燥、煅烧等处理，即得到氧化铝基陶瓷连续纤维。

溶胶-凝胶法制备氧化铝纤维过程经历了溶液、溶胶、凝胶等阶段，能够从分子甚至原子层面对纤维组分进行调控，更容易控制纤维的均匀性，有利于提升纤维性能。溶胶-凝胶法制备氧化铝纤维具有成分可调控、纤维纯度高、均匀性好、合成及烧结温度低等优点，已成为连续氧化铝纤维的主要制备方法。

9.4.1.3　氧化铝纤维的应用

氧化铝纤维是一种多晶高性能陶瓷纤维，与碳纤维、碳化硅纤维等非氧化物纤维相比，氧化铝纤维不仅具有高强度、高模量、耐高温等优良性能，而且还有很好的高温抗氧化性、耐腐蚀性和电绝缘性。氧化铝纤维可与树脂、金属或陶瓷进行复合制备高性能复合材料，在航空、航天、军工及高科技领域应用广泛。比如，氧化铝纤维具有突出的耐高温性能，作为隔热材料用于冶金炉、陶瓷烧结炉或其他高温炉中做护身衬里；连续莫来石纤维增强的金属基与陶瓷基复合材料可用于超音速飞机；也可制造液体火箭发动机的喷管和垫圈，能在 2200 ℃以上使用。氧化铝纤维增强的金属基复合材料已在汽车活塞槽部件和旋转气体压缩机叶片中得到应用。

9.4.2 连续氧化铝纤维增强氧化铝陶瓷基复合材料

与 SiC 基复合材料相比，Al_2O_{3f}/Al_2O_3 陶瓷基复合材料的优势是其内在的抗氧化特性，能在高温中保持稳定的力学性能。本节将主要介绍 Al_2O_{3f}/Al_2O_3 陶瓷基复合材料的热物理性能和力学性能。

9.4.2.1 热物理性能

表 9-9 列出了两种典型 Al_2O_{3f}/Al_2O_3 陶瓷基复合材料 GE-610/GEN-Ⅳ（N610/Al_2O_3-SiO_2）和 COI-720/A（N720/Al_2O_3）的热膨胀系数和热导率。室温中复合材料 GE-610/GEN-Ⅳ的热膨胀系数、热导率和比热容都略高于 COI-720/A；随温度的升高，两种 Al_2O_{3f}/Al_2O_3 陶瓷基复合材料的热膨胀系数和比热容增大，而热导率减小。两种复合材料热物理性能参数随温度的变化趋势与氧化铝陶瓷的变化趋势一致。

表 9-9 典型 Al_2O_{3f}/Al_2O_3 复合材料热物理性能

物理性能	温度/℃	GE-610/GEN-IV	COI-720/A
线膨胀系数/℃$^{-1}$	23	4.50	3.50
	1000	8.20	6.20
热导系数/[W·(m·K)$^{-1}$]	23	4.50	4.25
	1000	2.50	2.30
比热容/[J·(g·K)$^{-1}$]	23	0.80	0.75
	1000	1.45	1.30

9.4.2.2 力学性能

表 9-10 列出了典型 Al_2O_{3f}/Al_2O_3 陶瓷基复合材料的常温力学性能。可以看出，Al_2O_{3f}/Al_2O_3 陶瓷基复合材料都具有较为优异的力学性能，其拉伸强度为 125~366 MPa，弯曲强度为 159~352 MPa，断裂韧性为 9~14 MPa·m$^{1/2}$。目前，更多的 Al_2O_{3f}/Al_2O_3 陶瓷基复合材料采用多孔基体来实现裂纹偏转，基体的弹性模量要远低于纤维弹性模量，这也就造成复合材料的性能呈现出各向异性的特点，即力学性能沿纤维轴向方向最高。不同纤维取向、测试时不同载荷取向都会影响复合材料的强度。Al_2O_{3f}/Al_2O_3 陶瓷基复合材料多采用二维 Al_2O_3 纤维布作为增强体，缺少 Z 向纤维增强，同时基体具有多孔特性，都导致复合材料层间剪切强度普遍偏低，为 12~15 MPa。如何提高层间剪切强度是 Al_2O_{3f}/Al_2O_3 陶瓷基复合材料制备和研究工作的重点之一。

表 9-10 典型 Al_2O_{3f}/Al_2O_3 复合材料的力学性能

复合材料	生产工艺	抗拉强度/MPa	拉伸模量/GPa	弯曲强度/MPa	弯曲模量/GPa	断裂韧性/(MPa·m$^{1/2}$)
N312/Al_2O_3-SiO_2	溶胶-凝胶法	125	31	159	48.3	—
N610/Al_2O_3（±30°）	泥浆法	170	145	284	—	11.5
N610/Al_2O_3-SiO_2	溶胶-凝胶法	366	124	352	141	—
N610/Al_2O_3-SiO_2	前驱体浸渍裂解法	205	70	—	—	—

续表 9-10

复合材料	生产工艺	抗拉强度 /MPa	拉伸模量 /GPa	弯曲强度 /MPa	弯曲模量 /GPa	断裂韧性 /(MPa·m$^{1/2}$)
N610/Al$_2$O$_3$-ZrO$_2$	泥浆法	190	123	340	—	14.7
N610/fug./Al$_2$O$_3$·SiO$_2$-SiC	前驱体浸渍裂解法	181	98	257	—	8.9
N720/Al$_2$O$_3$	溶胶-凝胶法	169	60	—	—	—
N720/Al$_2$O$_3$-Mullite	泥浆法	169	67.5	—	—	—
N720/Al$_2$O$_3$-SiO$_2$	溶胶-凝胶法	179	77	216	98.6	—
N720/Al$_2$O$_3$-SiO$_2$	泥浆法	173	71	218	90.9	—

Al$_2$O$_{3f}$/Al$_2$O$_3$ 陶瓷基复合材料具有高温抗氧化性，能在高温有氧等恶劣环境中长时服役。多孔复合材料的力学性能由纤维强度和基体多孔特性决定，纤维是复合材料承载相，多孔基体保证裂纹发生偏转。然而，由于氧化铝纤维存在极限使用温度，多孔氧化铝基体会在过高温度中烧结致密，二者特性的变化都会导致复合材料力学性能下降。环境温度是制约 Al$_2$O$_{3f}$/Al$_2$O$_3$ 陶瓷基复合材料性能的关键因素。研究 Al$_2$O$_{3f}$/Al$_2$O$_3$ 陶瓷基复合材料的高温力学性能尤为重要。

表 9-11 为 Al$_2$O$_{3f}$/Al$_2$O$_3$ 陶瓷基复合材料 N720/Al$_2$O$_3$（N720/A）、N720/Al$_2$O$_3$-mullite（N720/AM）和 N720/Al$_2$O$_3$-SiO$_2$（N720/AS）的高温拉伸性能，由表可知，三种陶瓷基复合材料的拉伸强度可以在 900~1200 ℃内保持稳定。这主要是因为纤维在高温环境中呈现出优异的稳定性。N720 纤维在 1100 ℃中拉伸强度保留率超过 90%，在 1200 ℃中强度保留率超过 80%，保证了复合材料力学性能的稳定性。如果当服役温度超过纤维的使用温度时，将会导致复合材料力学性能明显下降。图 9-16 是三种 Al$_2$O$_{3f}$/Al$_2$O$_3$ 陶瓷基复合材料在 1200 ℃条件下拉伸测试后的断口形貌，可见知复合材料断口处均有较多纤维拔出。

表 9-11　典型 Al$_2$O$_{3f}$/Al$_2$O$_3$ 复合材料高温拉伸力学性能

复合材料	温度 /℃	抗拉强度 /MPa	抗拉模量 /GPa	断裂应变 /%
N720/Al$_2$O$_3$	900	190	70.1	0.33
	1000	188	73.5	0.32
	1100	190	69.6	0.33
	1200	189	74.7	0.38
N720/Al$_2$O$_3$-mullite	900	187	74.3	0.36
	1000	190	72.1	0.36
	1100	186	70.7	0.35
	1200	169	74.0	0.37
N720/Al$_2$O$_3$-SiO$_2$	1200	207	59.6	0.47

对于大多数非氧化物陶瓷基复合材料而言，疲劳损伤较为显著，而多孔氧化物陶瓷基复合材料却有所不同，其蠕变损伤更为突出。Al$_2$O$_{3f}$/Al$_2$O$_3$ 陶瓷基复合材料的服役目标是

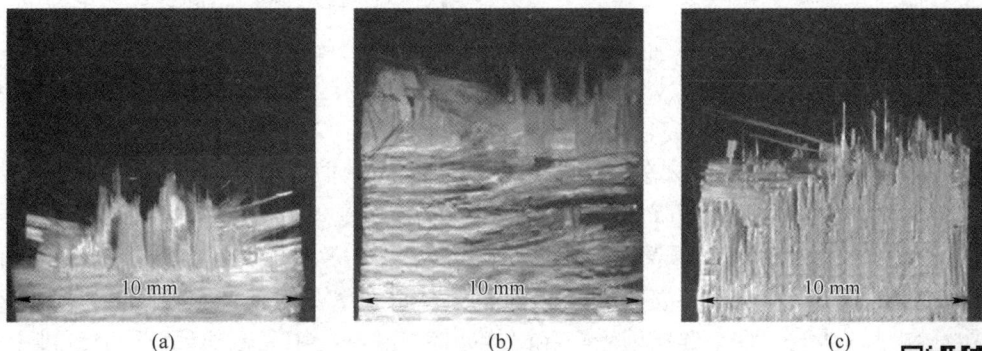

图 9-16 复合材料在 1200 ℃测试后的拉伸断口形貌

(a) N720/A；(b) N720/AS；(c) N720/AM

图 9-16 电子图

高温长时承载，氧化铝陶瓷基体和氧化铝纤维都会在高温应力作用下出现蠕变现象，这将导致复合材料发生蠕变破坏。Al_2O_{3f}/Al_2O_3 陶瓷基复合材料在高温中的蠕变行为非常重要。图 9-17 为不同测试环境（空气和水汽）、不同温度和不同应力对 N720/Al_2O_3 复合材料拉伸蠕变行为的影响。

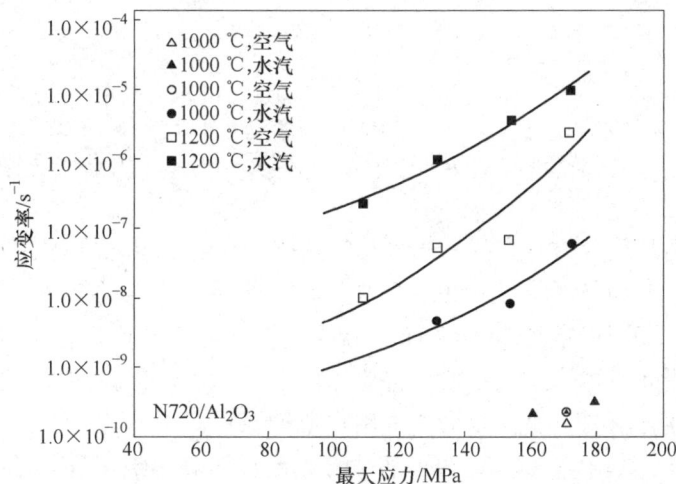

图 9-17 N720/Al_2O_3 复合材料在不同温度、不同压力、不同环境下的蠕变速度

在 1000 ℃中，应力 135 MPa、150 MPa 和 160 MPa 作用 100 h 后 N720/Al_2O_3 复合材料发生破坏，水汽没有明显影响陶瓷基复合材料的蠕变行为。当温度升至 1100 ℃，空气中 N720/Al_2O_3 陶瓷基复合材料在 150 MPa 应力作用 100 h 发生破坏，而在水汽中仅 10 h 后即发生破坏，表明水汽已开始显著加剧 N720/Al_2O_3 复合材料的蠕变。当温度升至 1200 ℃，N720/Al_2O_3 复合材料仅在 80 MPa 的应力作用 50 h 后发生破坏。总体来说，环境温度越高、应力越大，基体致密度增加和纤维受损，使得复合材料的蠕变速率增加；当温度高于 1000 ℃，水汽会使基体多孔特征和纤维强度显著降低，进而加剧复合材料的蠕变行为。

高温蠕变损伤对氧化物陶瓷基复合材料的拉伸强度和层间剪切强度影响较大，对压缩强度影响并不显著。在相同温度和蠕变载荷下，当基体为氧化铝时，氩气中复合材料的服役时间最长；当基体为莫来石-氧化铝时，空气中复合材料的服役时间最长，且蠕变应变较小；当基体为硅酸铝时，空气中复合材料的服役时间最长。可见氧化物陶瓷基复合材料的蠕变行为受其服役环境（气氛和温度）及基体成分的限制，较优的服役气氛为空气、服役温度为 1200 ℃、基体组成为硅酸铝或莫来石-氧化铝。

经高温长时服役后，晶粒增长和缺陷增多会导致纤维强度下降，导致 Al_2O_{3f}/Al_2O_3 陶瓷基复合材料的力学性能下降，即老化现象。图 9-18 是 N610 纤维和 N720 纤维经不同温度热处理 25 h 后拉伸强度保留率。由图可知，两种纤维在经 900 ℃ 热处理后强度即开始下降，随着热处理温度的升高，N610 纤维的强度保留率要低于 N720 纤维。高温处理后氧化铝纤维力学性能下降主要是因为经高温热处理导致纤维中晶粒长大，同时纤维中少量 SiO_2 开始通过界面扩散至基体中，进而降低了复合材料力学性能。

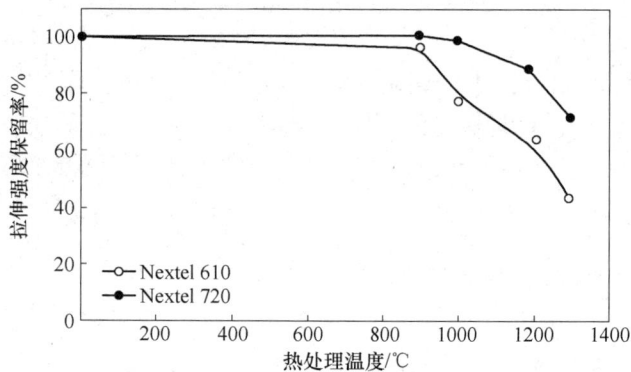

图 9-18   N610 纤维和 N720 纤维经不同温度热处理 25 h 后拉伸强度保留率

当氧化物陶瓷基复合材料主要采用氧化铝基体，在航空发动机高温服役过程中，氧化铝容易发生晶粒长大和二次烧结现象，且在发动机燃烧气流（含有 $O_2/H_2O/CO_2$ 等）的高速冲刷作用下，氧化铝会形成 $Al(OH)_3$ 等挥发相，均会导致复合材料性能的降低，即耐烧蚀性能。利用环境障涂层（EBC）将氧化物陶瓷基复合材料和发动机燃气气流隔离，有望提升氧化物复合材料的服役寿命。常用环境障涂层材料有 Y_2O_3、ZrO_2、YAG、YSZ、Mullite 和锆酸盐等，其中 Y_2O_3 和 YAG 的热膨胀系数和氧化铝接近，且高温稳定性优异，更适用于氧化物陶瓷基复合材料。

9.4.3   连续氧化铝纤维增强氧化铝陶瓷基复合材料的制备工艺

Al_2O_{3f}/Al_2O_3 陶瓷基复合材料的制备过程决定了纤维的强度、基体结构与特性及界面特性，从而决定了复合材料的综合性能。制备过程应尽量不造成纤维的机械损伤，保证纤维按照预定方向规则排布。Al_2O_{3f}/Al_2O_3 陶瓷基复合材料的制备工艺主要包括缠绕、层铺、液相成型三种。

缠绕成型工艺是将连续氧化铝纤维束在基体浆料中充分浸润，再缠绕在芯模上，经过干燥、脱模、烧结等工序完成 Al_2O_{3f}/Al_2O_3 陶瓷基复合材料制备（见图 9-19）。缠绕成型工艺的优点为力学性能可设计性强、自动化程度高等，适合制备回转体部件；缺点是成型形状受限，难以成型非回转体，且纤维束缠绕交织区域易产生层状缺陷，降低 $Al_2O_{3f}/$

Al_2O_3 陶瓷基复合材料承载能力与可靠性。

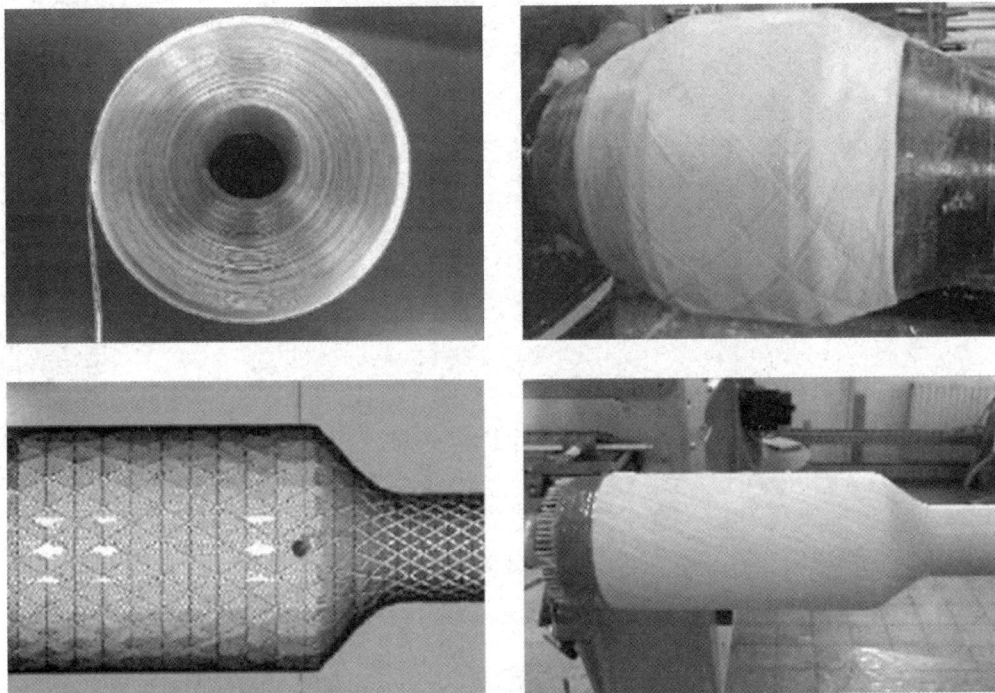

图 9-19　Al_2O_{3f}/Al_2O_3 陶瓷基复合材料缠绕成型工艺照片

图 9-19 电子图

层铺成型主要包括手糊法和预浸料法两种。手糊法首先通过刷涂或刮涂工艺使基体浆料充分浸润纤维织物，层铺达到设定材料厚度后，经干燥、脱模、烧结完成 Al_2O_{3f}/Al_2O_3 陶瓷基复合材料制备，如图 9-20 所示。预浸料法与树脂基复合材料工艺类似，目前已经开发出 Al_2O_{3f}/Al_2O_3 陶瓷基复合材料专用预浸料可长期储存，层铺过程更方便快捷，后续通过加压、加热等方式可实现整体成型。层铺成型的优点是工艺简单、成本低，可制备复杂形状部件；缺点是复合材料厚度方向无纤维，材料层间强度不高，生产大型复杂部件过程中面临着质量控制的严峻挑战。

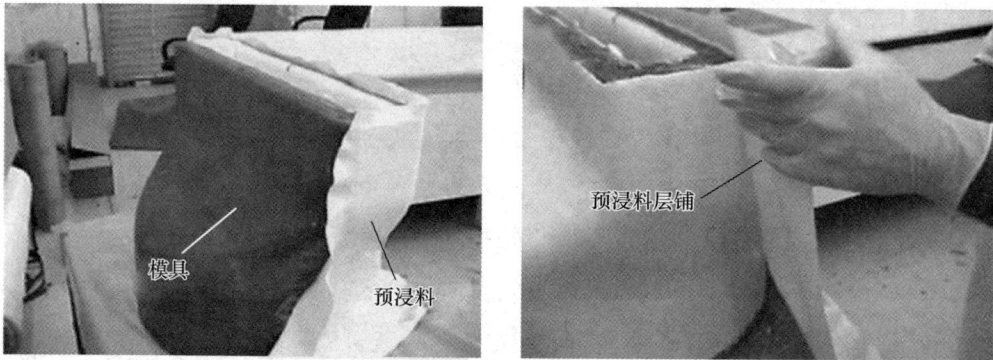

图 9-20 Al_2O_{3f}/Al_2O_3 陶瓷复合材料层铺成型工艺照片

图 9-20 电子图

液相成型是通过压力或真空辅助等方法将液相基体原料引入纤维织物内部并充分填充，后经干燥、高温处理等方式形成复合材料，必要时可经历多次基体致密化过程。液相成型工艺可采用三维纤维织物作为增韧相（见图 9-21），根据基体原料的不同，液相成型主要分为溶胶-凝胶法和陶瓷浆料法两种。

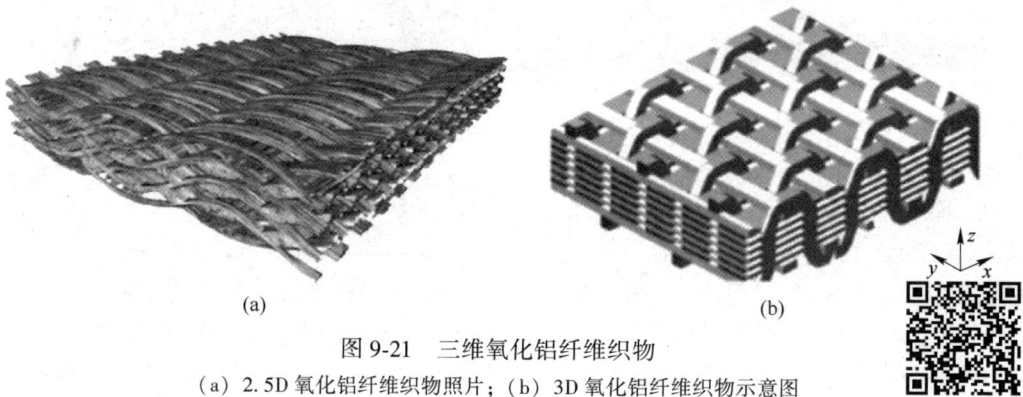

(a)   (b)

图 9-21   三维氧化铝纤维织物
(a) 2.5D 氧化铝纤维织物照片；(b) 3D 氧化铝纤维织物示意图

图 9-21 电子图

溶胶-凝胶法具有较好的流动性和渗透性，易于填充纤维织物，但溶胶的陶瓷产率低（一般小于 20%），通常需要 10 次以上的反复致密化过程；溶胶在高温处理过程存在复杂的物理与化学变化，易对纤维造成损伤，并形成强的界面结合，因此溶胶-凝胶法制备的 Al_2O_{3f}/Al_2O_3 陶瓷基复合材料力学性能普遍不高。

陶瓷浆料是将陶瓷粉体分散于液相介质中形成的悬浮液体系，液相介质可以是水或有机物等挥发性物质，也可以是硅树脂等可转化为陶瓷基体的有机先驱体。陶瓷浆料固含量（质量分数）高（可大于 70%），热处理过程以粉体烧结为主，物理化学过程相对简单，对纤维损伤小，制备周期短；浆料法的技术难点是高固相含量且稳定的陶瓷浆料的制备；缺点是浆料渗透织物过程中易形成"滤网效应"，陶瓷粉体易在织物表面堆积，制备大厚度材料时易形成皮芯结构。

液相法具有以下优点：（1）氧化铝溶胶的均一性较高，转化为氧化铝的温度相对较低，能够减少对氧化铝纤维的热损伤；（2）溶胶具有较好的渗透性，适合制备具有复杂形状的三维构件；（3）氧化铝溶胶的成本较低，适合工业化生产。溶胶-凝胶法也存在自身的缺点，不足之处在于：（1）氧化铝溶胶的陶瓷产率一般低于30%，这就需要进行多个浸渍-干燥-烧结周期才能实现复合材料的致密化，易加剧纤维的热损伤；（2）溶胶经干燥凝胶后，会经历高温热处理过程，凝胶会发生一定的体积收缩，导致在基体中形成裂纹和孔隙等缺陷；（3）氧化铝溶胶在陶瓷化过程中涉及复杂的化学反应，容易对氧化铝纤维造成损伤。

9.4.4　连续氧化铝纤维增强氧化铝陶瓷基复合材料的应用

随着高速飞行器飞行马赫数的提高，越来越高的燃气温度和速度对航空发动机及其周边部位材料提出了更高的耐温要求，热端部件温度可达到1600 ℃。尽管 SiC_f/SiC 陶瓷基复合材料在航空发动机上已成功通过了演示验证试验，且在尾喷管调节片和燃烧室内衬等航空发动机组件有了一定的应用，但 SiC_f/SiC 陶瓷基复合材料在航空发动机服役环境下（高温、含有氧气、水蒸气、二氧化碳等）容易发生氧化而失效，极大地限制了其应用。连续氧化物纤维增强氧化物基复合材料（Al_2O_{3f}/氧化物复合材料）具有成本低、抗氧化等特点，可以在高温有氧环境中长时服役并能保证力学性能，可以有效地克服对裂纹和热震的敏感，是目前最有潜力应用于航空发动机和引擎等高温部位的复合材料。典型 Al_2O_{3f}/Al_2O_3 陶瓷基复合材料基本性能参数见表9-12，断口形貌如图9-22所示。

表9-12　多孔基体 Al_2O_3/Al_2O_3 陶瓷基复合材料基本性能参数

复合材料	制造商	纤维体积分数/%	基体孔隙率/%	总孔隙率/%	密度/(g·cm^{-3})
$N312/Al_2O_3$-SiO_2	COIC	48	42	22	2.30
$N610/Al_2O_3$（±30°）	WPX	51	51	25	2.85
$N610/Al_2O_3$-SiO_2	COIC	30	35	25	2.82
$N610/Al_2O_3$-SiO_2	GE	40	40	25	2.90
$N610/Al_2O_3$-ZrO_2	Pritzkow	40	29~35	17~21	—
$N720/Al_2O_3$	COIC	46	46	24	2.71
$N720/Al_2O_3$-Mullite	COIC	40		27	
$N720/Al_2O_3$-SiO_2	COIC	48		22	2.60
$N720/Al_2O_3$-SiO_2	GE	37		22	—

注：COIC，美国 COI 陶瓷公司；GE，美国通用电气公司；Pritzkow，德国 Walter E. C. Pritzkow 特种陶瓷公司；WPX，德国 WPX 纤维陶瓷公司。

Al_2O_{3f}/Al_2O_3 陶瓷基复合材料是一种重要的高温结构材料，是航空发动机等高温部件的重要备选材料。目前，国内外已掌握 Al_2O_{3f}/Al_2O_3 陶瓷基复合材料的制备方法，同时在性能表征和工程应用等方面都开展了深入研究，制备了高温异形构件，逐步在航空发动机热端构件领域进行考核和应用。美国 NASA 的格林研究中心和美国 COI Ceramics 公司联合采用 Al_2O_{3f}/Al_2O_3 陶瓷基复合材料制备了发动机尾部混合器的缩比件，与合金材料混合器相比，该混合器的重量减轻20%，如图9-23（a）所示。美国 Boeing 公司采用 Al_2O_{3f}/Al_2O_3 陶瓷基复合材料研制了发动机尾喷，如图9-23（b）所示，有效减轻了重量，提高了使用寿命。

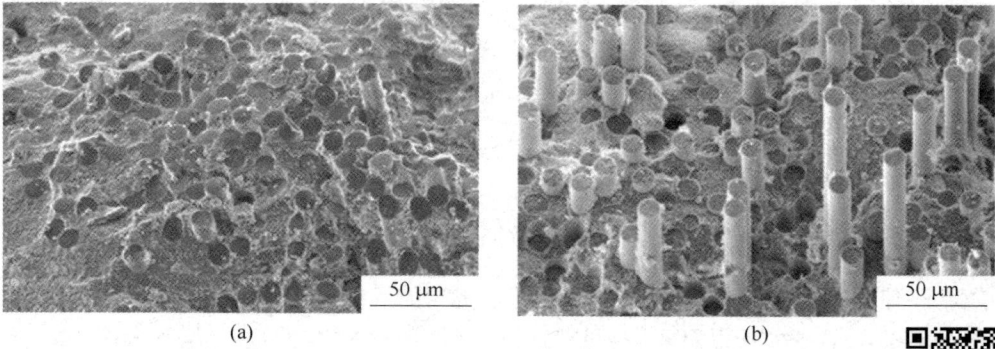

(a)　　　　　　　　　　　　(b)

图 9-22　无界面相（a）和含独居石界面相 Al$_2$O$_{3f}$/
Oxide 复合材料的断口形貌（b）

图 9-22 彩图

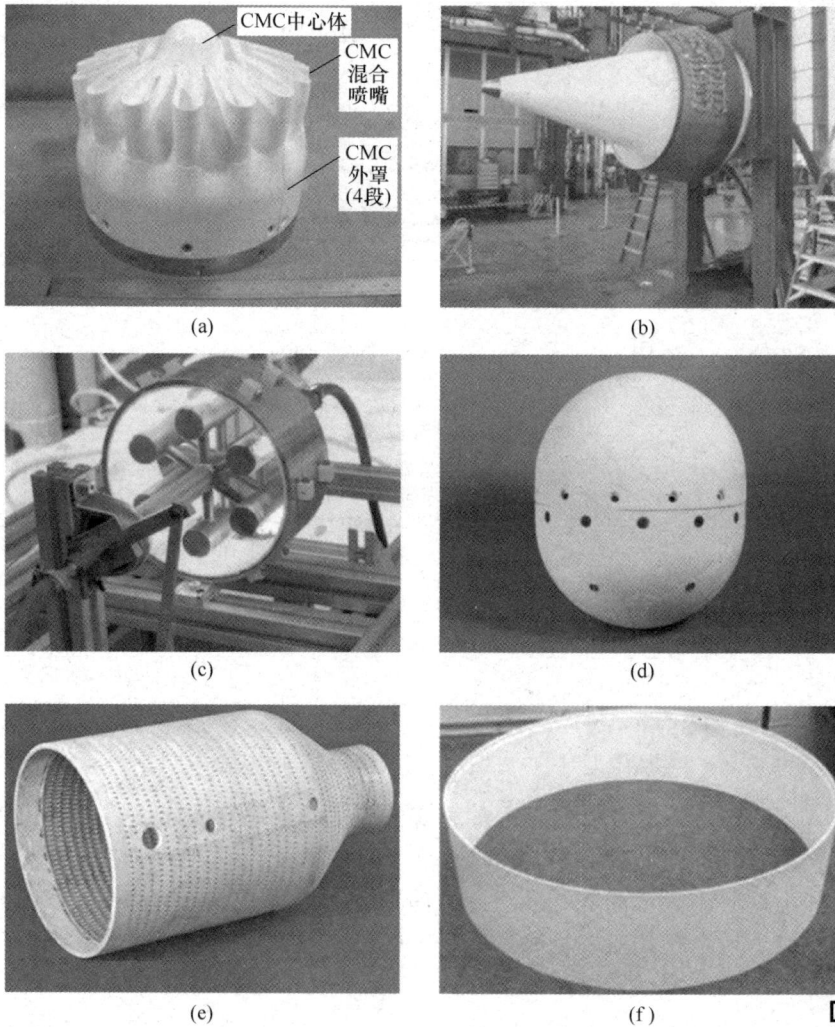

(a)　　　　　　　　　　　　(b)

(c)　　　　　　　　　　　　(d)

(e)　　　　　　　　　　　　(f)

图 9-23　Al$_2$O$_{3f}$/Al$_2$O$_3$ 陶瓷基复合材料在航空器件上的应用

图 9-23 彩图

德国宇航中心（DLR）、空中客车公司（Airbus Group Innovations）和罗尔斯-罗伊斯公司（Rolls-Royce）研究了三种氧化物陶瓷基复合材料（WHIPOX^{TM}，UMOX^{TM}，OXIPOL）的性能，如表 9-13 所示。三种氧化物陶瓷基复合材均采用氧化铝纤维为增强体，基体各不相同。WHIPOXTM 陶瓷基复合材料是 Al_2O_{3f}/Al_2O_3，其力学性能优于 UMOXTM 和 OXIPOL 复合材料。DLR 采用 WHIPOXTM 陶瓷基复合材料制备了燃烧室隔热瓦，如图 9-23（c）所示，并已通过环境模拟考核。DLR 还采用 WHIPOXTM 陶瓷基复合材料研制了一款具备热防护和隔热系统的返回舱，如图 9-23（d）所示，于 2015 年从国际空间站返回，在经历大气层时外界环境高达 2000 ℃，而其内部温度稳定在 35 ℃。德国 DLR 采用 WHIPOXTM 复合材料制备了航空发动机燃烧室衬套，如图 9-23（e）所示，衬套表面涂覆了厚度约 1 mm 的热障/环境障涂层，该衬套通过了发动机真实环境的考核。

表 9-13 三种典型氧化物/氧化物复合材料的概况

材料	UMOX^{TM}	WHIPOX^{TM}	OXIPOL
厂商	EADS，Munich	DLR，Cologne	DLR，Stuttgart
工艺	PIP	Slurry	PIP
增韧相	Al_2O_3	Al_2O_3	Al_2O_3
基质	Mullite/SiOC	Al_2O_3	SiOC
纤维体积分数/%	50	37	43
孔隙率/%	12	25	15
密度/$(g \cdot cm^{-3})$	2.46	2.72	2.36
抗拉强度/MPa	98.0	145.0	89.0
弯曲强度/MPa	257.0	284.0	207.0
断裂韧性/$(MPa \cdot m^{1/2})$	8.9	11.5	9.8
层间剪切强度/MPa	10.5	15.0	5.5

如图 9-23（f）所示为美国 Solar Turbines 公司和 COI Ceramics 公司采用 Al_2O_{3f}/Al_2O_3 陶瓷基复合材料制备的发动机（Centaur 50S）燃烧室的外衬，该衬套在模拟环境中完成了 109 次循环、超过 25000 h 的考核。

Al_2O_{3f}/Al_2O_3 陶瓷基复合材料具有高抗氧化性和低成本的特点。德国 Pritzkow Spezialkeramik 公司和 WPX Faserkeramik GmbH 公司制备了一批具有复杂形状的构件，应用范围涉及冶金、热防护系统等众多领域，这些构件能够在 600~1200 ℃ 中使用，且能够保持结构完整而不失效。图 9-24（a）为 Al_2O_{3f}/Al_2O_3 陶瓷基复合材料的火焰管，其服役寿命超过 60000 h。与金属火焰管相比，Al_2O_{3f}/Al_2O_3 陶瓷基复合材料构件的制造成本高于金属构件，其使用寿命显著延长。

作为高温结构材料，Al_2O_{3f}/Al_2O_3 陶瓷基复合材料可主要应用于航空发动机等高温部件。近年来，国外已深入展开了 Al_2O_{3f}/Al_2O_3 陶瓷基复合材料的制备和性能研究工作，涉及多种材料体系，并已在航空发动机等高温部件达到实用阶段。如图 9-25 所示为 Al_2O_{3f}/Al_2O_3 陶瓷基复合材料制备的航空发动机尾部混合器和尾喷。图 9-26 为 Al_2O_{3f}/Al_2O_3 陶瓷基复合材料制备的 F414 发动机尾喷管封严片。

(a)　　　　　　　　　　　　　　　　　　(b)

图 9-24　氧化物/氧化物复合材料（a）和金属材料制备的
火焰管使用前后（b）图

图 9-24 彩图

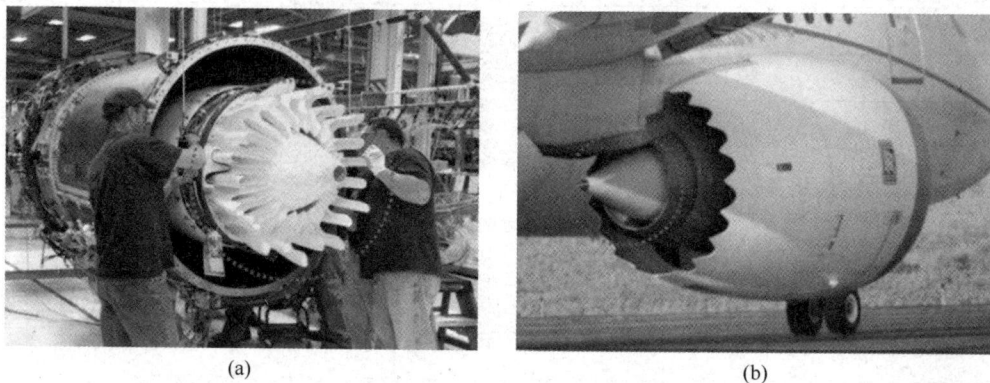

(a)　　　　　　　　　　　　　　　　　　(b)

图 9-25　Al$_2$O$_{3f}$/Oxide 陶瓷基复合材料制备的航空发动机尾部
（a）混合器；（b）尾喷

图 9-25 彩图

图 9-26 彩图

图 9-26　Al$_2$O$_{3f}$/Oxide 陶瓷基复合材料制备的 F414 发动机尾喷管封严片

📖 课程思政

由于 SiC 纤维被列为战略性物资，国外对中国严格禁运。国防科技大学在 20 世纪 80 年代起就着手开展了 SiC 纤维的研究，但由于条件和经费的限制，发展缓慢。目前，国防科技大学开发了 KD-Ⅰ 和 KD-Ⅱ纤维，相当于第一代和第二代纤维的水平，含氧量和含碳量偏高，性能不佳。后来采用类似于宇部的工艺，通过掺杂 Al，降低了碳含量和氧含量，制备的纤维具备了第三代 SiC 纤维的特征。厦门大学在张立同院士的带领下，注重可工程化工艺的研究，采用电子束交联工艺和类似于碳素公司的工艺，制备了第二代和第三代 SiC 纤维，并成功在立亚公司实现第二代 SiC 纤维的产业化，突破了关键纤维材料受限于人的困境，为我国先进高温复合材料的研制提供了重要支撑。国内外典型纤维性能对比见表 9-14。

表 9-14　国内外典型纤维的性能

纤维牌号	生产公司	代次/代	氧含量（质量分数）/%	直径/μm	密度/(g·cm⁻³)	拉伸强度/GPa
Hi-Nicalon	日本碳素公司	Ⅱ	约 0.5	14	2.74	2.8
Hi-Nicalon Type S	日本碳素公司	Ⅲ	约 0.2	12	3.05	2.6
Tyranno SA	日本宇部公司	Ⅲ	约 0.3	8~10	3.02	2.8~3.0
Sylramic	美国道康宁公司	Ⅲ	约 0.5	10	3.05	3.2
Sylramic-iBN	美国 NASA	Ⅲ	约 0.5	10	3.05	3.2
KD-I	中国国防科技大学	Ⅱ	1.05	14	2.7	2.7

课 后 习 题

9-1　阐述陶瓷材料增韧/补强方法和机理，并举例说明。

9-2　阐述晶须和纤维的差别。

9-3　举例说明 SiC 晶须增韧陶瓷材料的应用。

9-4　阐述连续纤维增韧陶材料的种类、性能特点及应用。

9-5　阐述连续纤维增韧陶瓷基复合材料的制备方法及其优缺点。

参 考 文 献

[1] 裴立宅. 高技术陶瓷材料 [M]. 合肥: 合肥工业大学出版社, 2015.

[2] 谢志鹏. 结构陶瓷 [M]. 北京: 清华大学出版社, 2011.

[3] 木本恒, 詹姆士 A. 库珀; 碳化硅技术基本原理: 生长、表征、器件和应用 [M]. 夏经华, 等译. 北京: 机械工业出版社, 2018.

[4] 陈国清, 祖宇飞. 陶瓷材料微观组织形成理论 [M]. 北京: 科学出版社, 2022.

[5] 朱海, 杨慧敏, 朱柏林. 先进陶瓷成型及加工技术 [M]. 北京: 化学工业出版社, 2016.

[6] 傅正义, 李建保. 先进陶瓷及无机非金属材料 [M]. 北京: 科学出版社, 2007.

[7] 智欧, 钱立军. 高性能 SiC 纤维的进展 [J]. 山东陶瓷, 2018, 41 (6): 10-21.

[8] 张颖, 余煜玺. 高性能陶瓷纤维 [M]. 北京: 国防工业出版社, 2018.

[9] 王玥. 连续 SiC 纤维增强 SiC 陶瓷基复合材料的现状研究 [J]. 纤维复合材料, 2022, 39 (1): 77-81.

[10] 张卫中, 陆佳佳, 马小民, 等. 连续 SiC 纤维制备技术进展及其应用 [J]. 航空制造技术, 2012, 55 (18): 105-107.

[11] 陈明伟, 谢魏杰, 邱海鹏. 连续碳化硅纤维增强碳化硅陶瓷基复合材料研究进展 [J]. 现代技术陶瓷, 2016, 37 (6): 393-402.

[12] 刘巧沐, 黄顺洲, 何爱杰. 碳化硅陶瓷基复合材料在航空发动机上的应用需求及挑战 [J]. 材料工程, 2019, 47 (2): 1-10.

[13] 张立同. 纤维增韧碳化硅陶瓷复合材料: 模拟、表征与设计 [M]. 北京: 化学工业出版社, 2009.

[14] 冯小明, 张崇才. 复合材料 [M]. 重庆: 重庆大学出版社, 2007.

[15] 尹洪峰, 魏剑. 复合材料 [M]. 北京: 冶金工业出版社, 2010.

[16] Baker A A, Dutton S, Kelly D, et al. Composite Materials for Aircraft Structures [J]. American Institute of Aeronautics and Astronautics, 2004.

[17] 王荣国. 复合材料概论 [M]. 哈尔滨: 哈尔滨工业大学出版社, 1999: 8.

[18] 肖力光, 赵洪凯. 复合材料 [M]. 北京: 化学工业出版社, 2016: 6.

[19] 刘海韬. 连续氧化铝纤维增韧陶瓷基复合材料 [M]. 北京: 科学出版社, 2022: 7.

[20] 张云龙, 胡明, 张瑞霞. 碳化硅及其复合材料的制造与应用 [M]. 北京: 国防工业出版社, 2015.

[21] 施尔畏. 碳化硅晶体生长与缺陷 [M]. 北京: 科学出版社, 2012.

[22] 成来飞, 张立同, 梅辉. 陶瓷基复合材料强韧化与应用基础 [M]. 北京: 化学工业出版社, 2018.

[23] 马铁成. 陶瓷工艺学 [M]. 2 版. 北京: 中国轻工业出版社, 2011.

[24] 张锐, 王海龙, 许红亮. 陶瓷工艺学 [M]. 2 版. 北京: 化学工业出版社, 2013.

[25] 焦宝祥. 陶瓷工艺学 [M]. 北京: 化学工业出版社, 2019.

[26] 朱海, 杨慧敏, 朱柏林. 先进陶瓷成型及加工技术 [M]. 北京: 化学工业出版社, 2020.

[27] 黄启忠. 高性能炭/炭复合材料制备、结构与应用 [M]. 长沙: 中南大学出版社, 2010.

[28] 俞婷友, 金丹, 尹洪峰, 等. SiC 纤维及其复合材料吸波性能研究进展 [J]. 硅酸盐学报, 2024, 52 (6): 2131-2147.

[29] 闫联生, 崔万继, 崔红, 等. 超高温抗氧化碳陶复合材料研究进展 [J]. 宇航材料工艺, 2014, 44 (3): 6-11.

[30] 郭玉明, 冯志海, 王金明. 高性能 PAN 基碳纤维及其复合材料在航天领域的应用 [J]. 高科技纤维与应用, 2007, 32 (5): 1-7.

[31] 焦浩洋, 刘宁, 张世杰. 国产 T800 级碳纤维本征特性研究进展 [J]. 化工新型材料, 2024, 52 (S1): 37-42.

[32] 张俊龙. 揭秘"被保密"的高新复合材料 碳/碳复合材料工艺技术装备及应用 [J]. 纺织服装周刊, 2012（11）：13.

[33] 罗瑞盈. 炭纤维复合材料 [M]. 北京：化学工业出版社，2017.

[34] 田道靖博，安田荣一，王亮. 碳/碳复合材料 [J]. 新型碳材料，1990（2）：19-21.

[35] 迟波，于博. 碳/碳复合材料的发展及应用研究 [J]. 纤维复合材料，2023，40（4）：76-80.

[36] 汶欣媛，孙粲，何志，等. 碳/碳复合材料氧化的研究进展 [J]. 化工技术与开发，2023，52（11）：34-40.

[37] 中国材料研究学会组织，黄伯云，韩雅芳，等. 中国战略性新兴产业—新材料（碳/碳复合材料）[M]. 北京：中国铁道出版社，2018.

[38] 布里亚 A. N.，拜古舍夫 B. B.，冯向明. 碳/碳复合材料应用领域、制备工艺和发展前景 [M]. 西安：西北工业大学出版社，2017.

[39] 刘文静，杨国荣，赵晓曼. 碳纤维复合材料研究进展及其应用 [J]. 纺织科技进展，2023（7）：1-4.

[40] 林德春，潘鼎，高健，等. 碳纤维复合材料在航空航天领域的应用 [J]. 玻璃钢，2007（1）：11.

[41] 程明，刘柳，蒋文良，等. 碳纤维复合吸波材料研究进展 [J]. 化工新型材料，2024，52（8）：51-54，59.

[42] 贺福. 碳纤维及石墨纤维 [M]. 北京：化学工业出版社，2010.

[43] 方国东，王章文，李赛，等. 碳纤维增韧陶瓷基复合材料高温氧化性能研究进展：氧化机制、氧化损伤实验与模型 [J]. 复合材料学报，2024，41（9）：4518-4534.

[44] 穆柏春. 陶瓷材料的强韧化 [M]. 北京：冶金工业出版社，2002.

[45] 陈代荣，韩伟健，李思维，等. 连续陶瓷纤维的制备、结构、性能和应用：研究现状及发展方向 [J]. 现代技术陶瓷，2018，39（3）：151-222.

[46] 张俊敏，蔡飞燕，靳喜海，等. 连续纤维增强陶瓷基复合材料研究与应用进展 [J]. 陶瓷学报，2023，44（2）：195-207.

[47] 李学武. 连续氧化铝纤维增强氧化锆陶瓷基复合材料的制备和性能研究 [D]. 上海：上海交通大学，2020.

[48] 姜如. 连续氧化铝纤维增强氧化铝基复合材料的制备与性能研究 [D]. 长沙：国防科技大学，2019.

[49] 刘海韬. 连续氧化铝纤维增韧陶瓷基复合材料 [M]. 北京：科学出版社，2022.

[50] 焦秀玲，陈代荣. 氧化铝基陶瓷连续纤维研究进展 [J]. 硅酸盐学报，2024，52（8）：2738-2754.

[51] 景茂祥，沈湘黔. 氧化铝纤维的研究现状与发展趋势 [J]. 矿冶工程，2004，24（2）：69-71.

[52] 汪家铭，孔亚琴. 氧化铝纤维发展现状及应用前景 [J]. 高科技纤维与应用，2010，35（4）：49-54.

[53] 王义，刘海韬，程海峰，等. 氧化物/氧化物陶瓷基复合材料研究进展 [J]. 无机材料学报，2014，29（7）：673-680.

[54] 吴玉胜，李明春. 功能陶瓷材料及制备工艺 [M]. 北京：化学工业出版社，2013.

[55] 王秋野，韩琳，赵洛宇. C/SiC复合材料制备技术及应用现状 [J]. 纤维复合材料，2023，40（1）：115-119.

[56] 穆锐，刘元雪，刘晓英，等. SiO_2 气凝胶复合材料及其在航空航天领域的研究进展 [J]. 复合材料学报，2024，41（7）：3355-3371.

[57] 韩旭，耿洪滨，王铀，等. 锆基陶瓷热障涂层的腐蚀研究进展 [J]. 航空制造技术，67（4）：89-103.

[58] 李红英，汪冰峰. 航空航天用先进材料 [M]. 北京：化学工业出版社，2019.

[59] 王康，田洪翼，杨威，等. 镁铝尖晶石透明陶瓷的研究进展 [J]. 现代技术陶瓷，2023，44（2）：77-116.

［60］曹学强．热障涂层材料［M］．北京：科学出版社，2007．

［61］高元明，马文，冯雪英，等．热障涂层材料制备技术的研究进展及失效分析［J］．陶瓷学报，2024，45（2）：248-268．

［62］潘伟，万春磊，冯晶，等．热障涂层低热导陶瓷材料的设计理论与方法［M］．北京：科学出版社，2021．

［63］曹学强．热障涂层新材料和新结构［M］．北京：科学出版社，2015．

［64］袁忠大，王大伟．热障涂层在航空发动机涡轮叶片上的应用、失效与维护［J］．上海涂料，2024，62（2）：49-53．

［65］胡彦．陶瓷在航空领域中的应用［J］．江苏陶瓷，2006，39（3）：4-7．

［66］张伟儒，李伶，王坤．先进陶瓷材料研究现状及发展趋势［J］．新材料产业，2016（1）：2-8．

［67］王树海．先进陶瓷的现代制备技术［M］．北京：化学工业出版社，2007．

［68］王昕，田进涛．先进陶瓷制备工艺［M］．北京：化学工业出版社，2009．